心灵哲学丛书

高新民　主编

# 心灵的神秘性及其消解

## 柯林·麦金心灵哲学思想研究

陈　丽　著

科学出版社

北京

**图书在版编目（CIP）数据**

心灵的神秘性及其消解：柯林·麦金心灵哲学思想研究 / 陈丽著.
—北京：科学出版社，2016

（心灵哲学丛书）

ISBN 978-7-03-048615-8

Ⅰ.①心… Ⅱ.①陈… Ⅲ.①麦金，C.-心灵学-哲学思想-
研究 Ⅳ.① B846

中国版本图书馆 CIP 数据核字（2016）第 126716 号

责任编辑：邹 聪 刘 溪 程 凤 / 责任校对：赵桂芬
责任印制：徐晓晨 / 封面设计：黄华斌
编辑部电话：010-64035853
E-mail：houjunlin@mail.sciencep.com

科学出版社 出版
北京东黄城根北街 16 号
邮政编码：100717
http://www.sciencep.com
北京京华虎彩印刷印刷有限公司 印刷
科学出版社发行 各地新华书店经销
*
2016 年 9 月第 一 版 开本：720×1000 B5
2017 年 1 月第二次印刷 印张：14 1/4
字数：280 000
定价：70.00 元
（如有印装质量问题，我社负责调换）

# 总　序

心灵可能是世界上人们最为熟悉，也最为神秘的现象了，正所谓"适言其有，不见色质；适言其无，复起思想，不可以有无思度故，故名心为妙"①。在一般人看来，"心"无疑是存在的，然而却不曾有哪个人看到或碰到过它，但若据此就说它不存在，似乎又说不通，因为心不只存在，而且还可将自身放大至无限，正如钱穆先生所说：心"并不封闭在各个小我之内，而实存于人与人之间"，它能"感受异地数百千里外，异时数百千年外他人之心以为心"②。

人类心灵观念的源头可追溯到原始思维。尽管其形成掺杂有杜撰的成分，其本体论承诺也疑惑重重，但它所承诺的心灵却在后来的哲学和科学中享有十分独特的地位。例如，迄今为止，它仍是哲学中的一个具有基础性地位的研究对象。正是由于存在心灵，才有了贯穿哲学史始终的"哲学基本问题"。当然它也历经坎坷，始终遭受着两方面的待遇：一方面是建构、遮蔽；另一方面是解构、解蔽。

心灵问题常被称为"世界的纽结""人自身的宇宙之谜"，是一个千古之谜、世界性的难题。它像一个强大的磁场，吸引着一

---

① 天台智者.法华玄义.卷第一上∥大正藏.第33卷：685.
② 钱穆.灵魂与心.桂林：广西师范大学出版社，2004：18，90.

代又一代睿智之士，为之殚精竭虑、倾注心血，而这反过来又给这个千古之谜不断地穿上新的衣衫，使之青春永驻、历久弥新。当然，不同的文化背景和致思取向在心灵的认识方面也会判然有别。例如，西方哲学在科学精神的影响下，更关注心灵的本质、结构、运作机制等"体"的问题，而东方智慧由于更关注人伦道德问题，因而更重视寻觅心灵对"修、齐、治、平"的无穷妙用。但不管是哪一种取向，在破解心灵之谜的征程上仍然任重道远，甚至可以说我们目前对心灵的认识尚处于"前科学"的水平。其原因是多方面的，但其中一个重要原因是我们的认识和方法犯了某种根本性的错误（如吉尔伯特·赖尔所说的"范畴错误"），未能真正超越二元论，因而对心灵的构想、对心理语言的理解是完全错误的。这样一来，当务之急就是要重构心灵的地形学、地貌学、结构论、运动学和动力学。

应该承认，常识和传统哲学确有"本体论暴胀"的偏颇，但若矫枉过正而倒向取消主义则无异于饮鸩止渴。从特定意义上说，心灵既是"体"或"宗"，又是"用"，它不仅存在，还有无穷的妙用。说心是"体"，是因为人们所认识到的世界的相状、色彩等属性，以及世界呈现给人们的各种意义都离不开心，因而心是一切"现象"的本体和基质，是一切价值的载体，也是获得这些价值的价值主体。说心是"用"，是因为人的生活质量好坏、幸福指数高低、能否成为有德之人，在很大程度上取决于心之所使，正如天台智者所言："三界无别法，唯是一心作，心能地狱，心能天堂，心能凡夫，心能圣贤。"[①]由此看来，心不仅有哲学本体论和科学心理学意义上的"体"、本质和奥秘，也有人生价值论意义上的"体"和"用"。由于有这样的认识，中国自先秦以降很早就形成了一种独特的"心灵哲学"：从内心来挖掘做人的奥秘，揭示"成圣为凡"的内在根据、原理、机制和条件。从内在的方面来说，这是名副其实的心学，可称为"价值性心灵哲学"，而从外在的表现来看，它又是典型的做人的学问——"圣学"。

在反思中国心灵哲学的历史进程时，我们同样会遇到类似于科学史上的"李约瑟难题"：17世纪以前，中国心灵哲学和中国科学技术一样，远远超过同期的欧洲，长期保持着领先地位，或者说至少有自己的局部优势，但此后，中国与欧洲之间的差距与日俱增。李约瑟也承认，东西方人的智力没多大差别，但为什么伽利略、牛顿这样的伟大人物来自欧洲，而不是来自中国或印度？为什么近代科学和科学革命只产生在欧洲？为什么如今原创性的心灵哲学理论基

---

① 天台智者.法华玄义.卷第一上//大正藏.第33卷：685.

本上都与西方人的名字连在一起？带着这样一些疑惑、觉醒意识和探索冲动，一些中国青年学者踏上了探索西方心灵哲学、构建当代中国心灵哲学的征程。本丛书是其中的一部分成果。它们或许还不够成熟，但毕竟是从中国哲学田园的沃土里生长出来的。只要辛勤耕耘、用心呵护，中国心灵哲学的壮丽复兴、满园春色一定为期不远。

高新民　刘占峰

2012 年 8 月 8 日

# 前　言

　　对于我们来说，心灵可能既熟悉又陌生。熟悉，是因为我们不但与之须臾不离，而且能轻松地知道它的存在；陌生，则是因为如果要求我们解释它，我们却往往张口结舌、不知所措，因此心灵问题也曾被称为"世界的纽结""人自身的宇宙之谜"。尽管心灵哲学的概念是在现代才出现的，当代意义的心灵哲学研究也是在20世纪下半叶才开始成为西方哲学的中心问题之一的，但关于心灵的哲学思考可谓源远流长、历久弥新，吸引着一代又一代睿智之士为之倾注心血。

　　关于心灵或意识问题[①]，马克思主义经典作家并未写过专门的论著，也未建立独立的意识论或心灵哲学，但由于心灵问题本身的重要性，他们在建构"新唯物主义"的过程中，也对心灵问

---

① 马克思主义哲学中的"意识"与当代心灵哲学中的"意识"含义不同。在马克思主义哲学中，意识是指人所特有的精神活动，既包括感性认识，也包括理性认识，还包括感情、意志等心理活动形式，是人的心理活动、精神现象的统称。因此，在马克思主义哲学中，"意识""精神""思维""观念""思想"等可作同义词使用。当代心灵哲学在述说心理现象时通常使用的是"心灵"。它的含义很宽泛，不仅表示各种心理现象（包括带有智慧特性的高级心理现象），而且还表示作为心理现象的主体或支撑物的心灵、灵魂或精神实体，即表示一切心理现象，以及作为其主体、支托的东西。而"意识"一般指的是贯穿于人的各种有意识心理现象中的共同的"觉知""知晓""察觉"特征，它们通常称为现象学状态或现象学心灵。参阅韩树英．马克思主义哲学纲要．北京：人民出版社，2004：66；夏甄陶．人是什么．北京：商务印书馆，2000：205；肖明，李培松．现代科学意识论．北京：经济科学出版社，1993：21-25；高新民．现代西方心灵哲学．武汉：武汉出版社，1996：2.

题有过各种阐述和规定，因此，我们也可以说，在马克思主义哲学的总体框架中包含意识论或心灵哲学思想。大致来说，马克思主义意识论思想包括以下六个方面的内容：①从意识与大脑的关系看，意识是人脑的机能或属性；②从意识的社会本质看，意识是社会实践的产物；③从意识的内容和结构看，意识是对客观实在的反映，根据内容结构，意识可分为对象意识（又可分为自然意识、社会意识）和自我意识；④从意识的起源和进化看，意识是物质世界长期进化发展的结果，在意识的进化中有三个决定性的环节，即由一切物质所具有的反应特性到低级生物的刺激感应性、由刺激感应性到高级动物的感觉和心理、由一般动物的感觉和心理到人的意识；⑤从意识的功能和作用看，意识对物质世界具有能动的反作用；⑥从人的意识与动物心理的区别看，人的意识是一种反思的意识或自我意识，而动物只有感觉。[①]客观地说，马克思主义经典作家关于意识问题的论著并不多，而且大多数论述都是零散的，但他们运用唯物辩证法和唯物史观对意识的起源、进化、本质、内容、结构、作用和独特性等所作的阐述有新颖独到之处。总体来看，他们既坚持意识统一于物质，贯彻了世界的物质统一性原则，又肯定意识的相对独立性和能动的反作用，坚持了辩证法；既继承了以往理论的精华，又吸收了当时科学研究的成果，还立足于新的哲学观有所超越。可以说，马克思主义意识论思想与现当代心灵哲学的主要倾向、占有主导地位的思想在基本精神上是一致的，是我们进一步探讨心灵问题的理论基础和方法论背景。

当然，马克思主义意识论的生命力在于不断地发展和创新，而且历史和现实也对丰富和发展马克思主义意识论提出了迫切的要求。一方面，当代心灵哲学研究提出了一些马克思主义经典作家未曾涉及的新问题。例如，主观的观点或感受性质（qualia）问题、思想语言或心语（metalese）问题、随附性（supervenience）问题、心理语言的语义学问题等。它们都是马克思主义意识论很少涉及的，因此发展马克思主义哲学理应关注这些新问题，并将有关的理解和阐释充实到马克思主义意识论体系之中。另一方面，马克思主义经典作家在意识问题上有自己的研究重点和独特视角，即他们更关注物质和意识的关系问题，更注重从人的社会性、从社会历史发展来考察意识，说明意识的起源和本质，但为当时科学发展水平所限，他们在有些问题上的论述还不够清晰。例如，从"意识是人脑的机能"我们能否说马克思主义意识论是一种功能主义理论？如果是，那么功能主义所遇到的难题和挑战，如颠倒光谱问题（inverted

---

① 参阅刘占峰. 解释与心灵的本质. 北京：中国社会科学出版社，2011：5-9.

spectrum）、无心人问题（zombie）等，就是我们在丰富和发展马克思主义意识论时必须回答和回应的问题；如果不是，那么这里的"机能或属性"应该作何理解？它指称的是什么？有些哲学家根据对"机能或属性"之类语词的指称的分析指出，唯物主义心灵理论的逻辑终点要么是还原论，要么是二元论，要么是取消论，三者必居其一，但每种选择都有其自身的局限性。①这样一来，如果马克思主义意识论要想避免在上述三种立场中作出选择，就必须拿出新的解释方案，对有关问题作出进一步澄清。还要看到，过去人们在理解和解释马克思主义意识论时，所用的理解范式渗透着根深蒂固的民间心理学（folk psychology，FP）构架，因此不仅没能将其深刻内涵和革命性思想表现出来，反而出现了许多与唯物主义精神相悖的误读、曲解之处，如将马克思主义意识论置于属性二元论的境地，甚至把它推向一元论和二元论相互矛盾的困境。②那么，要想丰富和发展马克思主义意识论，我们首先要依据当代研究成果，对理解范式进行彻底的转换，即把基于民间心理学的范式转换成既符合马克思主义哲学基本精神又融合当代心灵哲学和科学发展最新成果的范式，并据以对马克思主义意识论思想作出全面而准确的解读。

20 世纪下半叶以来，随着西方语言哲学研究的深入，人们发现要揭示语言的本质，只研究语言的形式、结构是不够的，更重要的是揭示语言的意义、内容，以及与语言有关的事实问题，而按照通常的理解，语言是思维的外壳，因此要揭示语言这个"外壳"的本质，必然要涉及"外壳"之下的心灵问题。同时，随着神经科学、计算机科学、生物学、心理学及认知科学等对大脑结构、内部机制、运动学、动力学、智能模拟、心灵进化等认识的深化，英美哲学界发生了一场"认知转向"，哲学家和科学家越来越关注心灵的本质和心身关系问题，从而使心灵哲学成为西方哲学特别是英美哲学中的"第一哲学"。③各领域的哲人智士围绕心灵的本质问题进行了广泛而深入的对话和针锋相对的论战，在一些重大问题上提出了各种新颖别致的理论或假说。在当代心灵哲学研究的"大合唱"中，大多数人尽管承认心灵是人类"最后的未解之谜"，破解这个谜题是一项艰巨的任务，但一般都对研究的前景抱乐观主义态度，都矢志要"唱响"心灵哲学"好声音"，然而也有一些哲学家想"唱衰"心灵哲学，他们大唱反调，不断"泼冷水"，试图将人们从心灵哲学必定凯歌猛进的"幻梦"中惊醒。这些人中的一个突出的代表就是英国著名哲学家柯林·麦金（Colin

---

① 参阅高新民，沈学君.现代西方心灵哲学.武汉：华中师范大学出版社，2010：30-31.
② 高新民.试论马克思主义意识论阐释的范式转换.华中师范大学学报（人文社会科学版），2008，(1)：43.
③ 约翰·塞尔.心灵、语言和社会.李步楼译.上海：上海译文出版社，2001：1.

McGinn )。

麦金出生于 1950 年 3 月 10 日，其家乡是英格兰东北部杜伦郡（Durham）的矿业小镇西哈特普尔（West Hartlepool），其祖父、父亲都是普通矿工。3 岁时，他举家迁到了英格兰东南部与其家乡相距 300 英里[①]的肯特郡（Kent）的吉林厄姆（Gillingham），八年后又迁到了西北部兰开夏郡（Lancashire）的黑池镇（Blackpool），最初在一所二流中学读书，16 岁时因在"O 级"学科测验中表现优异而得以转入当地的语法学校，并进入"A 级"学习系统。1968 年，他进入英国曼彻斯特大学心理学系。大学期间，他深受罗素（B. Russell）、梅斯（W. Mays）、乔姆斯基（N. Chomsky）等思想的影响，并在梅斯的影响下认真研读了法国哲学家萨特（Jean-Paul Sartre）的《存在和虚无》，从而激发了对心灵哲学的兴趣。他后来在回忆录中说：研读萨特"加深了我对心灵哲学的兴趣，尤其是关于意识与意向的问题。此刻埋下的种子，在日后得以开花结果"[②]。1971 年，他获得了心理学一级荣誉学士学位（First Class Honors），1972 年又获得心理学硕士学位。同年，他进入了牛津大学耶稣学院，最初是攻读文学学士学位（Bachelor of Litterature），不久又转而攻读哲学学士学位（Bachelor of Philosophy）[③]，师从迈克尔·艾尔斯（Michael R. Ayers）、斯特劳森（P. F. Strawson）、艾耶尔（A. J. Ayer）等著名哲学家，1973 年荣获久负盛名的"约翰·洛克"奖金，1974 年获得哲学学士学位，并在艾尔斯和斯特劳森指导下撰写了关于戴维森（D. Davidson）的语义学的学位论文。1974～1985 年，他一直在伦敦大学学院任教；1985～1990 年又继埃文斯（G. Evans）之后担任牛津大学心理哲学威尔德荣誉讲师。1990 年，他加入美国罗格斯大学，担任哲学系教授；2006 年至今在美国迈阿密大学担任哲学系教授。另外，他还先后在美国加利福尼亚大学（1979 年）、德国比勒费尔德大学（1982 年）、美国南加利福尼亚大学（1983 年）、美国罗格斯大学（1984 年）、芬兰赫尔辛基大学（1986 年）、美国纽约城市大学（1988 年）、美国普林斯顿大学（1992 年）等作过访问教授。

麦金涉足的研究领域很广，在心灵哲学、哲学逻辑、形而上学、语言哲学、科学哲学等方面均有建树，撰写了大量论著，如《心灵的特征》（*The Character*

① 1 英里 =1.609 344 公里。
② 柯林·麦金. 从矿工少年到哲学家——我的二十世纪哲学探险. 傅士哲译. 台北：时报文化出版企业股份有限公司，2003：39.
③ 英国的学士学位分为三等五级，即一等一级荣誉学位、一等二级荣誉学位、二等一级荣誉学位、二等二级荣誉学位和普通学位。在英国，哲学学士一般比文学士、理学士（Bachelor of Science）等级要高，是大学毕业之后才可以攻读的学位。

of Mind，1982）、《意识的难题》（*The Problem of Consciousness*，1991)、《神秘之光》（*The Mysterious Flame*，1999)、《意识及其对象》（*Consciousness and its Objects*，2004)、《实在的基本构造》（*Basic Structures of Reality*，2011）、《运动：哲学家的指南》（*Sport: A Philosopher's Manual*，2008）、《逻辑属性》（*Logical Properties*，2001）、《知识与实在》（*Knowledge and Reality*，1999）、《心与身：哲学家及其思想》（*Minds and Bodies: Philosophers and Their Ideas*，1997）、《哲学问题》（*Problems in Philosophy*，1993）、《心理内容》（*Mental Content*，1989）、《主观的观点》（*The Subjective View*，1983）、《维特根斯坦论意义》（*Wittgenstein on Meaning*，1984）等，而其《我们能解决心身问题吗》（*Can We Solve the Mind-Body Problem*）、《意识与内容》（*Consciousness and Content*）、《意识与空间》（*Consciousness and Space*）等论文的引用率也位居当代心灵哲学论著前列，特别是其《我们能解决心身问题吗》一文"在很大程度上促使现象学意识重新成为哲学关注的前沿问题"[①]。除了哲学研究之外，麦金还以其文风犀利的书评而闻名。他经常给《伦敦书评》《纽约书评》《自然》《纽约时报》《英国卫报》《华尔街日报》《时代周刊》和《泰晤士报文学增刊》等撰写书评文章。另外，他还爱好创作小说，如《空间陷阱》（*The Space Trap*，1992)和《倒霉时光》（*Bad Patches*，2012)等。

当然，麦金最擅长的还是心灵哲学研究。其"新神秘主义"思想[②]最为著名。在他看来，意识是一种自然现象，发生和存在于大脑之中，因此，它"不可能通过魔法产生，而是必定有某种物质基础"[③]，但人的心灵却没有能力理解自身的起源和工作方式。那么，要解决心身问题就要认真审视人的认知能力，变革我们理解物质和意识的概念图式。对麦金的这一立场，我们可以从以下几个方面来说明。

第一，心身关系问题是心灵哲学的核心问题。心身关系涉及两个方面，即

---

① Rowlands M.Mysterianism // Velmans M. The Blackwell Companion to Consciousness. Oxford: Blackwell, 2007：337.

② "新神秘主义"最初是弗拉纳根（O.Flanagan）提出的一个术语，用以称呼内格尔（T.Nagel）、麦金等人的心灵哲学立场。他认为，新神秘主义的灵感可以追溯到戴维森关于心理自主性的论证，新神秘主义者是一个后现代的学术群体，尽管他们坚持自然主义立场，认为心灵或意识是存在的，包含着自然的属性，也依据自然原则运转，但怀疑科学最终能解释意识的本质，能对心身问题作出满意解答。新神秘主义也可称作认识论的神秘主义，它与旧神秘主义或本体论的神秘主义不同，因为后者认为意识是内在地神秘的或超自然的，而前者只认为人的心灵不能理解意识，而不是认为它有任何超自然的东西。参阅 Flanagan O. Consciousness Reconsidered. Cambridge：MIT Press, 1992：2；Flanagan O. The Science of the Mind. Cambridge：MIT Press, 1991：313-314.

③ McGinn C. The Mysterious Flame. New York：Basic Books, 1999：99.

具身性（embodiment）关系和意向性（intentionality）关系，前者将意识与身体和大脑联系了起来，为意识状态提供了物理基础，后者将意识状态与其所表征的对象和属性联系了起来，为意识状态提供了内容和意义。这两者尽管相互关联、密不可分，"构成了意识与物理世界的全部关系"①，但意向性问题的解决取决于具身性问题的解决，没有自然的具身性，就没有自然的意向性，因此解决心身关系问题，必须先解决具身性问题再探讨意向性问题。也就是说，解决心身问题，关键是解决意识的具身性问题，即为下述问题给出令人满意的解答：意识状态何以能依赖于大脑状态？大脑是如何产生或引起意识的？或者说，"多彩的现象学何以能从沉闷的大脑灰质中产生……物理大脑之水……何以能酿出意识之酒"②？因此，心灵哲学研究的重心应当放在意识及其如何从自然界产生出来这类问题之上。

第二，心身关系之谜源于认知的封闭性（cognitive closure）。对于心身关系问题，过去主要有两类解答：一类是构成性的（constructive）解答，即试图指定大脑或身体的某种自然属性来说明意识的产生，如功能主义所诉诸的自然属性是某种因果作用；另一类是二元论，即认为解释意识的产生、存在和作用必须诉诸上帝等超自然的实在或力量。但上述两类解释都有无法克服的问题，难以成为正确的意识解释，因此，正确选择应该是既坚持自然主义立场又坚持非构成性解释。在他看来，意识必定是一种自然现象，是从特定的物质组织中自然地产生的，或者说，有某种被大脑例示的自然属性（称之为 P），它"对意识负责"，但 P 既不是神秘的也不是奇迹的，而是像电磁波属性一样是自然秩序的一部分，因此我们除了说心脑之间是一种自然关系之外别无选择，这就意味着自然主义显然是正确的。但是，为我们的认知构造所限，我们都无法认识 P，无法形成 P 的概念，因此我们不能构成性地解决心身问题，心灵与大脑的联系"是人类无法揭开的一个谜"。他说："意识确实是一个难解之谜，是我们根本无法在理论上把握的一种自然现象。"③换言之，心理物理联系对于我们来说是认知封闭的。这种封闭性是正常的生物现象。例如，狗有灵敏的嗅觉，但不可能掌握量子力学，人可用手做出灵巧的动作，但不能像鸟一样飞翔。同样，人的认知能力长于解决物理学问题，但在试图解决心灵问题时，却捉襟见肘。④

第三，组合范式是造成认知封闭性的原因。人类有一种特殊的认知结构

---

① McGinn C. The Problem of Consciousness. Oxford：Basil Blackwell，1991：48.
② McGinn C. The Problem of Consciousness. Oxford：Basil Blackwell，1991：1.
③ McGinn C. The Mysterious Flame. New York：Basic Books，1999：xi.
④ McGinn C. The Mysterious Flame. New York：Basic Books，1999：214.

或思维方式，即"带有似规律映射的组合原子论"（combinatorial atomism with lawlike mappings，CALM）或"组合范式"。根据 CALM，一切复杂事物都是依据特定的规律由基本元素构成的，因此，只要你知道某种东西的组成成分、组合规律及它们如何随时间而发生变化，你就会对这种东西有所理解。这种认知结构或思维模式实质上是一种空间化的或几何学的思维方式。然而，尽管意识是由大脑活动产生的，但神经元并不是意识的"原子"，意识不是由神经元及其活动组合而成的，意识状态本身也不是空间性的实体，因此空间性的 CALM 思维模式是不适于解释意识的。

第四，破解心身关系之谜的出路是进行彻底的概念变革。如前所述，意识的神秘性并不是源于心灵或意识本身，而是源于我们的思维方式，是由于我们"缺乏概念，缺乏概念框架"。他认为，心身关系之谜并不表明心灵在客观上比我们能够理解的东西更复杂，而只是说明人的智能存在难以理解意识的偏向，人的能力不适于洞察意识的潜在本质，认知封闭性就源于我们的大脑概念未涵盖大脑的全部客观本质，因此心身问题"产生于我们的思维方式，而不是产生于意识本身，敌人就在内部"①。那么，要对心身问题作出令人满意的解答，首先要正视人类的认知能力，要对人的认知能力形成合理的概念框架，而这就需要发动一场"彻底的概念革命"，变革我们的概念图式和思维方式，重构新的物理概念和心灵概念。而由于我们认知结构中所隐藏的空间概念图式未能反映空间的真正本质，所以革命概念首先要变革空间概念，而这需要重新审视宇宙大爆炸理论。

第五，心灵哲学研究之所以陷入"DIME 模型"②的困境，是由于人们将本体论问题与认识论问题混为一谈，要摆脱困境，就要对心身问题采取超验自然主义（transcendental naturalism）的立场，即坚持意识在本体论上并不神秘，心身关系是一种自然关系，但从认识论上看，这种关系超越了人的认识能力，人们难以形成解决它的概念图式。

还要注意的是，麦金在心身问题上并不是一个绝对的悲观主义者。在他看来，人对世界的认识确实有局限性，或者说，有些自然现象对于人来说是认知封闭的，但这种封闭性有相对和绝对之分。心灵及其与大脑的联系主要是属于相对的封闭性，即并不是人绝对不知道的，如我们对大脑的生理学、意识的表层结构等会有所认识。另外，我们还可对意识深层结构或隐结构作出合乎情理

---

① McGinn C. The Mysterious Flame. New York：Basic Books，1999：65.
② "DIME 模型"指的是四种典型的哲学立场，分别是物理主义还原论、非还原论、超自然的神秘主义、取消主义。详见第一章第一节。

的推测和描述，可根据关于空间的新理论来讨论心灵、物质的本质，揭示两者联系的机制、条件和中介，并进而提出关于意识的产生和本质的新假说。当然，对于位于意识底层的隐结构、在大爆炸之前就存在的非空间结构等，又确实存在绝对的封闭性。关于意识本身的概念存在难以避免的局限性，因为对意识的现象学扫描总要受时间、地点、能力等的影响。鉴于上述事实，他说：在心灵的认识和心身问题的解答上，他"既是悲观主义者，又是乐观主义者"①。

总之，麦金认为，破解意识之谜，既要抛弃同一论、还原论，又要避免平行论、副现象论，而应达成这样的共识：①存在某种大脑属性，它能对意识作出自然的解释；②这种属性对于人的认知既是封闭的，又是开放的；③不存在不同于科学的心身问题的纯哲学的心身问题，要解决心身问题，哲学与科学必须相互结合；④解决心身问题，既要清醒地认识到科学的有限性，又要对科学的最新成果保持敏锐的嗅觉，而他关于意识的"隐结构"、心理原子论、意识是物质的另一种形式等的思想就借鉴吸收了相关科学的成果；⑤要变革实在观或存在观，即抛弃传统以物理实在为全部存在的实在观，而建立一种形而上学的实在观，它承认超越实在（即远离我们认知能力的实在）的存在；⑥要解决心身问题，关键是发动一场概念革命，特别是变革我们的空间概念。②

麦金在当代心灵哲学家中算得上一个"另类"。我们今天之所以研究他的心灵哲学思想，是因为他的哲学探险和独特思路能够给我们深化心灵哲学研究带来新的视角，为我们丰富和发展马克思主义意识论提供启发和借鉴。首先，他的一些主张尽管听起来像"奇谈怪论"，甚至有点"离经叛道"，但从中我们可以觉察到当代心灵哲学发展的一些新动向，如关于心灵哲学研究困境的"诊断、把脉"之风、试图将自然主义与二元论或多元论融合起来的潮流等，而且他与其他心灵哲学家的辩驳、论战，也能让我们从一个侧面窥探到当代心灵哲学研究的总体面貌和前沿动态。其次，他的元哲学视野，特别是对人类的思维方式和认知能力之本质及其局限性的分析，也是发人深省的。我们在从事心灵哲学乃至其他哲学研究时，一定程度上也受到了空间化思维方式、自然主义或物理主义方法论的影响，从而也出现了一些研究困境，但我们对此尚缺乏足够的警觉。麦金的研究至少给了我们这样的启示，即在从事哲学研究时，必须经常"反观自照"，关注所用的认知能力、概念图式等适切性。最后，麦金所涉及的很多问题也是马克思主义意识论关注的问题，而且两者的某些主张也有相近之处。例如，麦金基于其对物质概念的认识，提出了一种假说：世界万物都是物

---

① McGinn C. The Problem of Consciousness. Oxford：Basil Blackwell，1991：16.

② 参阅高新民. 心灵与身体——心灵哲学中的新二元论探微. 北京：商务印书馆，2012：539-540.

质的不同表现形式或存在方式,"意识本身是物质的另一种形式"①,而构成世界的基本物质或者"宇宙物质"(universal matter)是物质 / 能量的统一体。这尽管与马克思主义意识论的相关论述存在差异,但它实际上也是想维护世界的物质统一性,而且与马克思主义经典作家关于"意识是物质的高级运动形式"的论述具有广阔的对话空间。再如,他关于意向性的"形而上学问题"的探讨,对我们深入分析意识内容的存在地位也有积极意义。

　　本书不打算系统研究麦金的全部思想,而是想围绕当代心灵哲学关注的意识和意向性(内容)两大问题,重点考察麦金对相关研究困境及其症结的诊断,梳理他在上述两个问题上的基本主张和主要论证,为国内心灵哲学研究提供借鉴。

陈　丽

2016 年 5 月 23 日

---

① McGinn C. Basic Structures of Reality. Oxford: Oxford University Press, 2011: 178.

# 目 录

# 第一章

## 元哲学的审视：心灵哲学的困境及其根源

　　总体来看，尽管当代心灵哲学发展迅速、成果众多、空前繁荣，但从整体上看并未取得实质性突破，如果考虑到在心身关系问题研究方面所遇到的困境，甚至可以说心灵哲学当前陷入了"危机"。一方面，虽然心灵哲学家所提出的心身关系学说层出不穷、各有所长，但也都有缺陷，无一能圆满解决心身关系问题；另一方面，各种心身关系学说虽千差万别，但似乎都逃不出麦金所说的"DIME模型"①，即哲学们都是在还原论、非还原论、神秘主义②和取消主义这四种学说中绕圈子。面对心灵哲学的这一困境，人们不禁要问：心身关系问题为什么如此难解？造成当前研究困境的原因究竟是什么？我们能否摆脱"DIME模型"这一"魔咒"的控制？麦金心灵哲学研究的一个重要特点就是，他在批判反思传统元哲学的基础上，创造性地提出了"超验自然主义"（transcendental naturalism，TN）这样一种别具一格的元哲学思想，并把它作为一道"普照的光"，用以审视当代心灵哲学的困境之源和心身关系问题的难解之谜。在他看来，心灵哲学之所以停滞不前，是由人类认知能力的局限性所导致的，"人类具有某种认知结构，形塑了我们对宇宙的知识；然而，这个结构并不适合解决

---

① McGinn C. Problems in Philosophy. Oxford：Blackwell，1993：31-35.

② 这里的神秘主义主要指旧神秘主义，即传统的有神论和超自然的神秘主义等二元论学说，这与当代的新神秘主义是不同的。根据弗拉纳根（O.Flanagan）的看法，新神秘主义的灵感可以追溯到戴维森关于心理自主性的论证，代表人物主要是内格尔、麦金等人。新神秘主义者坚持自然主义立场，是一种后现代的学术群体，他们虽然认为心灵和意识是存在的，包含着自然的属性，也依据自然原则运转，但并不认为科学最终能解释意识的本质，能对心身问题作出满意解答。参阅 Flanagan O. Consciousness Reconsidered. Cambridge：MIT Press，1992：2；Flanagan O. The Science of the Mind. Cambridge：MIT Press，1991：313-314.

关键性的哲学问题"①。而心身关系之所以成了一个谜，是由于我们犯了"投射谬误"，即把人类认识的缺陷投射到了意识本身之上，误把认知的缺陷当成了意识的客观特征。②

# 第一节 "DIME 模型"与心灵哲学的困境

20 世纪下半叶以来，心身关系研究开始走出低谷，迎来蓬勃发展的"春天"，意向性、意识、人格同一性、自由意志等问题纷纷成为哲学家们关注的焦点，各种理论和学说也不断涌现、"争奇斗艳"，心灵哲学的"百花园"呈现出欣欣向荣的景象。不过，在麦金看来，这些学说尽管千差万别，但由于受传统元哲学思想的影响，也陷入了一个"怪圈"，表现出一种典型的模式，他称之为"DIME 模型"，其中 D、I、M、E 代表典型的哲学立场。

"D"是"驯化的"（deomesticated）、"祛魅"（demythologized）、"缴械"（defanged）、"降级"（demoted）等语词的首字母，D 立场实际上是物理主义还原论立场。根据这种立场，哲学研究的对象之所以让我们困惑，是由于我们以误导或夸张的方式呈现了这些对象，夸大了它们的本体论的独特性，只要我们以某种方式对它们作出重新描述，将它们还原为一些基础性的、相对没有问题的东西，就可以让它们变得平淡无奇。因此，对于一些看似奇妙的事情，如果我们认真考察它的内容，就会发现它们其实并不奇妙，"在除掉它们的面具之后，我们就能看出它们在大自然的客栈里仍有空间。它们看起来与众不同，其实它们不过是穿着伪装的平凡事物而已"③。就心身关系研究来说，行为主义、同一论、功能主义等还原主义心身理论尽管存在明显差异，但都对心灵采取了还原论的态度和策略，即要么将心理现象、事件或状态还原为行为或行为倾向，要么还原为大脑神经生理状态，再要么还原为因果作用或功能状态，也就是说，它们都是用自然科学接受的属性、实在或语言来解释心理的东西，都"采用相对普通而易于理解的东西，即看起来不太神秘的东西，并宣称意识能用这些术语作出解释"④，

① 柯林·麦金.从矿工少年到哲学家——我的二十世纪哲学探险.傅士哲译.台北：时报文化出版企业股份有限公司，2003：171.

② McGinn C. Problems in Philosophy. Oxford：Blackwell，1993：13.

③ McGinn C. Problems in Philosophy. Oxford：Blackwell，1993：15.

④ McGinn C. Problems in Philosophy. Oxford：Blackwell，1993：32.

从而对心灵进行自然化，使之在自然秩序中占有一席之地。在它们看来，心身之间的鸿沟只是一种错觉，随着我们对物理世界认识的深化、物理知识的增多，这种错觉可以通过将心灵还原为某种自然事实的方法消除。

"I"是指"不可还原"（irreducible）、"不可定义"（indefinable）、"不可解释"（inexplicable）等，I立场实际上是非还原论立场。它认为，哲学研究的对象不可还原、无法定义，也难以解释，它们有自身的本体论地位，不能还原为其他东西。还原论立场是源于不合适的一元论还是偏执的统一化思想，其实我们无须过分地简化世界，无须使世界在本体论上整齐划一，而是应把这些对象归入自成一格的概念图式之中。我们之所以认为它们与其他事物格格不入，是受到了错误的哲学理论或我们的一些思维错误的影响，实际上实在中就包括这些事实，我们的解释必须在某个地方终止。对于心灵或意识来说，非还原主义心灵理论认为心灵是最基本的自然事实，因而是不可还原、不可解释、不可定义的。具体来说，它包括下列四种主张：一是实体物理主义，即世界完全由物质及其集合构成；二是心理的非还原性，即心理属性不能还原为物理属性；三是心身的随附性或实现：要么心理属性随附于物理属性之上，要么心理属性由物理属性所实现；四是心理的因果有效性，心理属性是因果有效的，心理事件有时候是其他物理和心理事件的原因。①尽管在具体主张上存在分歧，但非还原主义心灵理论认为心灵是世界上的一种基本实在，是内在地不可还原的，它的本质已充分地表达在了我们的日常概念之中；心灵与物理世界之间的关系是一个无法解释的事实，尽管心理属性依赖于物理属性，但它们之间并无内在明了的关系，我们必须承认"心理物理关系、生物学的突现性和物理的随附性都是不可解释的原始事实"②，必须接受心理和物理、心灵和身体的二元性。

"M"代表"神奇"（magical）、"奇迹"（miraculous）、"神秘"（mystical）、"发疯"（mad）等，M立场就是超自然的神秘主义立场。M立场既不承认哲学研究的对象是不可解释的，又不承认它们符合自然秩序。它认为，世界比人们认为的要神奇得多，科学的世界并不是唯一存在的世界，实在的范围也不仅仅限于自然界，哲学所涉及的现象包含神性的痕迹，因此，我们无法对它们作出融贯的自然主义解释，要解释它们的本质或基础，我们需要一幅更大的、能容纳这些事物的世界图景或者一种超自然的形而上学，而这就要诉诸上帝或某种超自然力量。在心灵或意识问题上，神秘主义认为，世界是不能完全根据原因、规律、机制和自然力量来认识的，存在终极的反常之物，心灵是由上帝或某种超

---

① 参阅 Kim J. Philosophy of Mind. 3rd edition. Colorado：Westview Press，2011：123-124.

② McGinn C. Problems in Philosophy. Oxford：Blackwell，1993：33.

自然物创造的，是神奇的、不可思议的，因而破解心身关系之谜的任务应由上帝或超自然的东西来完成。例如，有神论的二元论把心灵看成与上帝一样的纯精神存在，并用上帝的超自然力量来解释心灵的起源、存在和作用。由于上帝分别以两种方式造成了心与身的存在，所以世界上便有两种在本质、作用、存在方式方面截然不同的事物。

"E"表示"取消"（elimination）、"驱逐"（ejection）、"逐出"（exstrusion）等意义，E立场就是取消主义立场。它既认为还原主义没有希望，又认为非还原论和神秘主义也不可行，因为哲学所涉及的对象要么是前科学的残余，要么是某种逻辑的谬误，与它们有关的本体论是一种错觉。因此，我们应该取消哲学的概念和话语，只要我们取消了它们，让人头疼的哲学之谜就会消除。在取消主义者看来，根本不存在心灵或意识，应当将它从我们的本体论中取消，而在否定心灵的存在之后，我们就避开了心身问题，这个问题其实是想把神秘的领域与严肃的实在联系起来的假问题，"如果存在意识之类的东西，它肯定是不可思议的，但世界上不存在魔法，因此意识也不存在……在我们新兴的科学世界观中没有意识的空间，抗拒科学综合的东西最好完全取消"①。

在上述四种立场中，E与D、I与M具有天然的联系，E是D的一种极端的情况，而M是I的逻辑结论，因此，反对D的人会指责它是E，而M也常被看成I的支持者的潜台词，在一些特殊情况下，人们甚至无法清晰准确地说出某个哲学命题究竟是D还是E，是M还是I。不同哲学家会选定DIME模型中的某种立场作为自己的立场，而当他们发现这种立场有问题时，又会转向其他某种立场。例如，当他发现还原无法进行时可能会接受非还原主义立场，但当他又不愿意承认相关现象具有自身的本体论地位时又会倒向神秘主义立场，而当他觉得神秘主义与科学发展不相符时又会接受取消主义。

上述四类心身学说虽各有所长，也都流行一时，但也都有各种各样的问题。①还原主义立场符合解释的经济原则，也维护了世界的物质统一性，但它试图将心灵塞进不适当的概念框架之中，也无法解释现象学的方面，而且我们还可以设想有些生物满足了还原条件却没有任何意识。②非还原论立场虽然尊重心灵的独特特征，但未说明它在世界上的位置，因而它放弃了解释之责，在弥合心身之间的鸿沟方面无所作为。③神秘主义立场虽说是一种融贯的立场，也符合哲学理论的必备条件，但夸大了意识的神秘特征，也不能解释心身关系，它充其量只是诗意的、修辞学的夸夸其谈，它留下的问题比解决的还多。例如，

---

① McGinn C. Problems in Philosophy. Oxford：Blackwell，1993：35.

"说意识是超自然的意指什么"、"超自然物概念究竟有什么内容"等问题，它都未作回答。④取消主义立场代表了统一科学的理想，但它在解决身心关系问题上显得过于惊慌失措，更重要的是它犯了从认识论前提推出本体论结论的唯心主义错误。另外，它是难以置信的，因为离开了信念、愿望等心理状态，日常生活将举步维艰。由此可见，DIME 模式中的任何一种立场都不完美，都不能对心身问题作出令人满意的回答，但 DIME 模式又是解释心身问题的常见模式，虽然人们的具体见解或有不同，但都会采取其中的某种立场，"你方唱罢我登场"。于是，心身关系研究似乎陷入了一个怪圈：尽管四种立场都不可行，但人们又不得不选择其中之一，周而复始，循环往复。

遇到这种情况，按照哲学发展的一般规律，我们就要考察一下 DIME 模式的前提预设了。不难看出，上述四种立场虽然观点分歧，但至少有三点共同之处：①它们对心身问题的解答都是麦金所说的"构造性的"解答，即都想规定某种属性或理论来解释大脑如何能产生意识；②它们都认为这四种立场穷尽了心身问题上的所有立场，除此之外不可能有其他立场；③它们都认为我们的理性和认知能力适合于解释心身问题，我们的概念图式是完备的，可以把握心身关系的本质。

麦金认为，首先，"我们能否解释心身关系"这个问题其实包含两个问题："心灵或意识的基础是什么"和"心身关系为什么给我们造成了哲学的困惑"。前一个问题要求"构造性的"解答，但这是我们不能回答的问题；后一个问题只需要"非构造性的"解答，即它只要求我们找到认为存在解释心身关系的属性或理论的理由，而不管我们能否提出这种属性或理论，因为如果我们有理由相信这种属性或理论存在，也有理由相信我们不可能确认它，那么我们就解释了为什么我们感觉心身问题深奥难解及为什么我们倾向于提出各种不令人满意的构造性解答。根据这种分析，他认为，我们对心身问题是不可能作出构造性解答的，而应当着眼"诊断而非反驳"，建立一种"紧缩性的"或非构造性的解答。他说："哲学问题的本质——它使心脑关系在概念上令人如此费解——就是我们似乎陷入了这种 DIME 模式。换言之，所有能得到的选择本质上都没有说服力，所有这些似乎都是对深奥的解释问题的毫无希望的回答。特别是我们感觉到这样的压力：要么接受世界上有本体论上的独特之物，要么否认意识的存在。我们所称的哲学的心身问题就是摆脱这种压力的问题，因此我们可以承认意识既是真实的，也并不是一种奇迹。这项任务就是要证明意识是如何可能的，尽管有这些表象。因此，当我说哲学问题能够解释时，我是想谈论那个问题——摆脱 DIME 模式的掌控，而不是屈从它所产生的压力。我的建议是：我们能够做到这一点，而无须构造性地解决这个问题，即无须实际地确认意识的客观基础。"①其次，DIME模式并未穷尽关于心身问题的所有回答，而且它们大多混淆了本体论问题和认识论问题，常常犯从认识论前提推出本体论结论的错误。事实上，除了DIME模式所述的四类立场之外，我们还可以选择超验自然主义的立场，将关于心灵的认识论问题与本体论问题严格分开，既坚持心身关系是一种自然事实，必然有一种自然的解释，又主张在心身之间起中介作用的属性或原则是人类理性不能认识和理解的。最后，我们的概念图式并不完备，并不适于解决心身问题。麦金说："心身问题与物理学及其他科学的问题是同一类问题，我们只是缺乏解决它的概念工具。"②解决心身问题，彻底的概念革命是一个必要的前提条件，但它超出了人类的理智能力。

总之，心灵哲学陷入"DIME模型"的怪圈，是由于我们高估了自己的认知能力和概念图式，认为它们对于解答心身关系问题是充分的，实际上"DIME模型"并不是这一问题的解决方案的全部选项，如果我们承认人类认知能力有其自身的局限性，就能找到摆脱"DIME模型"的办法，这种办法就是"超验自然主义"。他说："我的论题就是：① TN是DIME中所有立场的一个被忽略了的选项；②它无疑比那些立场更可取。"③根据TN，我们既能保留心灵哲学问题所涉及的事实，也不会低估或曲解它们，更无须说它们根本无法解释或者诉诸超自然的东西来解释它们。同时，我们在遇到深奥难解的棘手问题时，也不一定要选择取消主义，因为从我们的认知机能理解不了这些问题并不必然会推出取消主义，如果这样推理，就会犯从认识论前提得出本体论结论的唯心主义谬误。麦金指出："更好的观点是：这种看似具有强制性的DIME舞蹈是由完全忽视了超验自然主义立场造成的；因此，超验自然主义可以将那些觉得这些步骤枉费心机的人从其中解脱出来。"④

## 第二节　超验自然主义

麦金认为，由于我们高估了人类的认知能力，因此心灵哲学长期陷入

① McGinn C. Consciousness and its Object. Oxford：Clarendon Press，2004：63.
② McGinn C. The Mysterious Flame. New York：Basic Books，1999：212.
③ McGinn C. Problems in Philosophy. Oxford：Blackwell，1993：17.
④ McGinn C. Problems in Philosophy. Oxford：Blackwell，1993：17-18.

"DIME 模型"的困境无法自拔。要走出当前的怪圈，就要承认人类认知的局限性，承认人类可能缺乏解决心身关系问题的能力和概念图式，而这就是要接受超验自然主义。那么，什么是超验自然主义？通常认为互不相容的"超验的"与"自然主义"何以能和谐相处？我们先看麦金自己的一段论述，他说：

> 哲学的困惑发生在我们身上，是由于我们的认知能力有明显的、固有的局限性，而不是由于哲学问题所涉及的实体或事实是内在地成问题的、奇特的或可疑的。哲学是一种想超出我们心灵的基本结构的尝试。实在本身在任何地方都完全是自然的，但由于我们的认知限制，我们无法实现这条一般的本体论原则。我们的认识结构阻碍了对客观世界之真正本质的认识。我将这个论题称作超验自然主义。①

他认为，就实在本身或者从本体论上来说，世界中的一切都是自然的，没有任何复杂难解之处，但我们的认知能力是有缺陷的，因此难以洞察有些事物的本质。"超验自然主义"其实并不矛盾，因为其中的"超验的"考虑的是认识论问题，而自然主义强调的是本体论问题，它想表达的是这样的主张：世界上的一切在本体论上都是自然的，不可能有超自然的东西，但从认识论上说，人类的认知能力有其自身的局限性，因此我们不可能理解所有事物或事物的所有本质，有些东西对于人类来说是神秘的、不可理解的。也就是说，他主张在我们的世界中从本体上存在的一切对象都是自然的，并不存在着超自然的东西，而由于我们的知识是我们的认知能力与这个自然世界的关系形成的，因此有些事物超出了我们的认知能力，我们无法取得有关它们的知识，但它们不能归于超自然的事物之中。

对此我们可以作如下分析。

首先，从新哲学问题所属的问题类型看，人们经常遇到难题（problem）、谜题（mystery）、假象（illusion）和议题（issue）等四类问题②，难题处于我们的认知限度之内，是我们原则上能够解决的问题，日常生活和科学中的很多问题就属于这一类。所谓谜题，并不是就其所涉主题的自然性而言的，而是就我们所拥有的认知能力而言的，也就是说，它只是相对于拥有这种认知能力的我们才是谜题。假象指的是某种假问题，由于它是假问题，所以不存在任何答案。假象与谜题的区别在于它的病因在问题身上而不是在主体身上。议题指的是具有规范性特征的问题，我们很难对它们作出科学的回答，伦理学和政治学等方

---

① McGinn C. Problems in Philosophy. Oxford：Blackwell, 1993：2, 3.

② 参阅 McGinn C. Problems in Philosophy. Oxford：Blackwell, 1993：3.

面的问题就属于这一类。要特别注意的是，难题和谜题的区别是相对的——相对于认知者的认知构造或"认知空间"，某个问题对于一类认知者是谜题，对于另一类认知者却可能只是难题，反之亦然。以飞机为例，假如春秋战国时期的人看到它，会觉得很神秘、不可思议，但我们现代人认为它并不神秘，可以作出自然的解释，飞机还是飞机，其本体论并无变化，但由于人们的认识能力提高了，原来的谜题也就变成了现在的难题。所以，难题和谜题的区别并没有本体论的意义，而只有认识论的意义，它涉及的是认知或心灵而不是客观世界。麦金认为，哲学问题对于我们人类就是上述意义上的谜题，它超出了我们的认知能力，因而是我们永远无法解答的，但也许在某个可能世界上存在着某种认知者，他们的心灵构造和认知能力与我们截然不同，哲学问题对于他们只是难题而非谜题，他们早就解决了意识、自由意志等哲学问题，因此，哲学问题所涉事物在本体论上并无变化，变化的只是认知能力。总之，"就某个存在者 B 的某个问题 Q 来说，关于它的超验自然主义认为，Q 所涉及的事物具有三个属性：①实在性；②自然性；③相对于B的不可认识性"①。由于Q不包含假象，所以实在性成立；由于它也未谈及非自然的实体或属性，所以自然性成立；然而，对Q 的回答超出了 B 的能力，因而不可认识性也成立。

其次，超验自然主义与内在的自然主义（immanent naturalism）、内在的非自然主义、超验的非自然主义是对立的。内在自然主义是一种彻底的自然主义，它主张，对于某个认知者来说，一切真正的问题都能用他所能掌握的理论来解答。内在的非自然主义承认自然 / 非自然这种本体论的二分法，并认为对立的双方都能为认知者所理解，这是由于他拥有超自然的能力。超验的非自然主义认为，有些问题所涉及的事实既是超自然的，又超出了认知者的理解能力。超验自然主义并未作出自然 / 非自然的本体论划分，而只是作出了一种可答 / 不可答的认识论划分，因此，TN 与非自然或超自然的观点是截然相反的。麦金说："TN 是反对非自然主义的（anti-non-naturalistic）：它是这样的否定性论题，即本体论的非自然范畴是说不通的。它认为这些概念是对认识困境的歪曲反映，而不是表示有意义的客观范畴。"②TN 接受了一种强实在论形式，特别是它对认知者所思所谈的事物的本质持实在论立场。实在不受认识的限制，虽然某些事物客观地存在于世界上，我们也能思考、谈论它们，却不一定能提出合适的理解来解释它们。麦金指出，TN 包含两方面的自然主义，它既是关于实在的自然主义，又是关于我们对它的认识的自然主义，自然界超越了我们对它的认识，

① McGinn C. Problems in Philosophy. Oxford：Blackwell，1993：4.

② McGinn C. Problems in Philosophy. Oxford：Blackwell，1993：5.

这恰好是因为我们的认识是关于我们的一个自然事实。像我们这样进化出来的有机体，由于受特定生物构造的影响，都会在某些领域表现出认知缺陷，我们在认知上不是上帝，理解力必然具有天然的限度。他说："生物的心理能力是自然界之物，具有自然的起源、功能和结构，此部分的世界并不必然应该能理解彼部分的世界。TN 的'超验'成分就是表达了这种关于心灵的自然主义。"①

再次，TN 所设想的超验性有强弱之分，对此我们可以根据偏向性论题（bias theses）与封闭性论题（closure theses）的区别来理解。偏向性论题是说认知者的能力适合解决某些问题而不适合解决其他问题，可分为两种情况：一种情况是认知者的每个认知模块都有其偏向性，即都有特定的认识领域，如语言模块擅长处理语言，感觉模块擅长处理感觉，但某个模块的偏向可由另一个模块弥补，因此这种偏向性对于认知者来说是局部的；另一种情况是整体的偏向性，即认知者的所有模块加在一起也不能处理某种知识，这种认知偏向是摆脱不掉、无法补救的。形象地说，如果把心灵看成一把瑞士军刀，每种小工具对应一种认知机能，那么对于有些认知任务来说，军刀上根本就没有对应的工具，这即是整体的偏向性，而对于有些认知任务来说，为某项工作设计的工具又可以临时用于执行另一项任务，这就是局部的偏向性。整体的偏向性会导致封闭性，但偏向性并不蕴含封闭性，封闭性也不蕴含偏向性，"偏向性论题蕴含一种特殊的关于认知结构的观点，而封闭性论题只是暗示着存在认知的限度……偏向性论题比封闭性论题要弱，因为它承认我们有可能解决哲学问题；不过，它所主张的是：就哲学而言，模块与问题之间是不相匹配的。因此，得到哲学知识是很困难的：哲学问题的认识论特征产生于对这些问题之主题的系统偏离"②。当然，麦金本人更倾向于封闭性论题。

综上所述，超验自然主义是本体论的自然主义与认识论的神秘主义两者的结合，它承认认识的超验性，又否认超验的就是非自然的。它认为，从本体论上说，世界上的一切都是自然的，但从认识论上说，虽然人类对世界的认识越来越深入，有些事物我们现在无法理解，但今后可能会理解，然而，由于我们的心灵有特殊的结构，其认知能力具有某种固有的局限性，所以一定有我们终究无法认识的事物。心身关系之谜深奥难解，从根本上说是工具与任务不相符合，是它的一些问题超出了人类的认知能力，成为人类永远无法解答的谜题。但这并不意味着它们完全无解，而只是说它们相对于人类是不可解的，也许存在其他的认知者，他们的心灵具有不同的结构，从而是有能力解决心身关系问题的。

---

① McGinn C. Problems in Philosophy. Oxford: Blackwell, 1993: 5.
② McGinn C. Problems in Philosophy. Oxford: Blackwell, 1993: 7.

# 第三节　心身之谜与认知封闭性

心灵哲学的根本任务是解决心身问题，而完成这项任务的一个前提是要对"心身问题如何构成"、"能否解决"及"如何解决"等问题的本质作出正确诊断。麦金指出，要想说明当前我们在心身问题上的认知困境，首先要搞清楚为什么会存在一个心身问题，或者说我们如何知道有一个心身问题。他认为，我们之所以感觉存在心身问题，是由于我们对心和身有不同的知识：我们对心灵或意识的本质具有亲知的知识，对身体或大脑具有描述的知识，而亲知的知识不能还原为描述的知识，因此我们就遇到了两种知识如何沟通的问题，从而感到心身之间的关系是个真实存在的问题。心身问题难以解决是认知结构的原因，即受人自身认知能力的限制，我们在心身问题上遇到了认知封闭性。对此，麦金曾风趣地说："我们不能解决心身问题，不过是由于我们的认知运气不佳，是因为我们的心灵碰巧没有被那样设计。……心身问题是更一般的认知缺陷的一个症候：它反映了我们理解世界的能力存在系统的缺陷。"[1]

关于描述的知识（knowledge by description）与亲知的知识（knowledge by acquaintance）之间的区别，罗素有一段著名的论述：

> 若是认为人类在认识事物的同时，实际上可以绝不认知有关它们的某些真理，那就未免太轻率了；尽管如此，当有关事物的知识属于我们所称为亲自认知的知识那一类时，它在本质上便比任何有关真理的知识都要简单，而且在逻辑上也与有关真理的知识无关。
>
> 我们说，我们对于我们所直接察觉的任何事物都是有所认识的，而不需要任何推论过程或者是任何有关真理的知识作为中介。因此，我站在桌子面前，就认识构成桌子现象的那些感觉材料——桌子的颜色、形状、硬度、平滑性等；这些都是我看见桌子和摸到桌子时所直接意识到的东西。关于我现在所看见的颜色的特殊深浅程度可能有很多要谈的——我可以说它是棕色的，也可以说它是很深的，诸如此类。但是像这类的陈述虽然可以使我认知有关颜色的真理，却不能使我对颜色本身知道得比过去更多：仅就与有关颜色的真理的知识相对立的有关颜色本身的知识而论，当我看见颜色的时候，我完完全全地认知

---

① McGinn C. The Mysterious Flame. New York: Basic Books, 1999: 214.

它，甚至于在理论上也再不可能有什么关于颜色本身的知识。因此，构成桌子现象的感觉材料是我所认识的事物，而且这些事物是按照它们的本来样子为我所直接认知的。①

另外，我们也能亲知意识状态，如看见太阳、感觉疼痛等。罗素说：这种亲知"可以称为自觉，它是我们关于内心事物所具有的一切知识的根源"②。他认为，这些自我意识是人区别于禽兽的一个方面，因为尽管动物也能亲知感觉材料，但它们从来不能亲知这种亲知，即不能形成意识的意识或二阶意识，因此我们知道自己的心灵，动物却不知道它们的心灵，我们是通过认识心灵而知道自己的心灵的。

如上所述，有关事物的知识可分为亲知的知识和描述的知识两类，两者既相互区别又有联系。首先，从概念上来说，亲知的知识与描述的知识是相互独立的，两者之间不存在蕴含与被蕴含的关系，这意味着我们借助于亲知有可能认识到某种事物的本质，但这种认识却可能无法描述。其次，亲知的知识是完备而可靠的，是一切知识的基础，描述的知识预设了亲知的知识，如果我们对某种事物没有亲知的知识，就不可能获得有关它的描述知识。最后，我们对自己的意识状态及其意向对象有亲知的知识，"它是我们关于内心事物所具有的一切知识的根源"③。

麦金指出，意识概念是以亲知为基础的，也就是说，要具有意识概念，我们就要知道意识是什么，而这种知识是通过我们对意识的亲知获得的。由此我们可以得出两个结论：首先，我们认识意识的本质是通过亲知，而认识大脑不是通过亲知，因此就会遇到亲知的意识与非亲知的大脑如何联系的问题，简言之，单纯对意识的亲知就让我们认识到存在一个如何将心灵与大脑联系起来的问题。其次，亲知的知识并不蕴含描述的知识，因此我们就有一种无法用命题进行描述的知识。就意识来说，我们对它有亲知的知识，但由于这种知识难以用命题来描述，我们往往不得不诉诸隐喻，如说意识像镜子、溪流、光、容器、剧场等。正是存在这些说不出来但又真实的知识这种可能性，解释了我们在阐述心身问题时所遇到的认知困境。麦金说："我们对于意识所具有的知识就是这种基于亲知的知识，由此可以推出存在一个心身问题；但这种知识并不是以命题的形式详细说明有关意识的什么使之与大脑发生可疑的关联的知

① 罗素.哲学问题.何兆武译.北京：商务印书馆，2009：35-36.
② 罗素.哲学问题.何兆武译.北京：商务印书馆，2009：37-38.
③ 罗素.哲学问题.何兆武译.北京：商务印书馆，2009：35-40.

识。"①

麦金认为，与那些根据意识的独特属性来推断存在心身问题的方法相比，这种根据两种知识的区别来确认心身问题的方法更为根本。通常认为，意识具有一些特殊的属性或者符合某些描述，如它有主观性、意向性、反映性，在认识上也是不会错的，而大脑没有这些属性，因此心身或心脑之间如何联系的问题就是一个真实存在的问题。麦金指出，这些属性只描述了"意识的独特性的结果的方面而不是内在的方面"。例如，主观性和认识的不可错性与我们的认知能力有关，它们只涉及意识的外在的认识论特征，而不是内在的本体论特征；意向性和反映性对于意识状态则既不是必要条件也不是充分条件，它们根本不是处于意识的核心。所有这些都未能把握我们关于意识本质的基于内省的直观感觉，而我们只根据对意识的亲知就知道哪些事物有意识、哪些事物无意识，只根据自我意识就知道意识的本质是什么，而这些都是上述这些说明意识的本质的企图所办不到的。他说："我们基于亲知的意识概念，是这些在描述知识方面的努力所不能把握的。因此，我们只需内省意识而无须详细说明所列的这些属性，就能感觉到关于意识的问题。"②

既然意识概念以亲知为基础、大脑概念以描述为基础，那么解决心身问题就是要弥合这两类概念之间的鸿沟，就是要找到某种能在两者之间起中介作用的新概念，以此来消除我们面对的概念二元论。但麦金认为这超出了我们的认知能力，因此，心身关系之谜难以破解，源于人的认知能力所固有的局限性，或者说源于人的认知封闭性。

所谓认知封闭性是指："某种心灵 M 对于属性 P（或理论 T）是认知封闭的，当且仅当由 M 使用的概念形成程序不能用于掌握 P（或理解 T）。"③世界上的各种生物都是进化的产物，其认知能力各有殊胜之处，但也都有各自的局限性、偏向或盲点。不同物种可以知觉世界的不同属性，但没有一个物种能在不借助于工具的情况下知觉事物的所有属性。例如，蚂蚁是觅食和筑穴的高手，但却对代数和语法一窍不通；狗和猫嗅觉灵敏，但对餐桌礼仪学习就要笨拙得多；鸟类通常具有极其敏锐的运动知觉，但其凹视力却很差。同样，人类智力发达、心灵手巧，可用手做出灵巧的动作，但却不能像鸟一样飞翔。一句话，"智能始终是针对或者为了某种东西的智能"④。同样，当代认知心理学研究也表明，人的

---

① McGinn C. Consciousness and its Object. Oxford：Clarendon Press，2004：11.

② McGinn C. Consciousness and its Object. Oxford：Clarendon Press，2004：12.

③ McGinn C. The Problem of Consciousness. Oxford：Basil Blackwell，1991：3.

④ McGinn C. The Mysterious Flame. New York：Basic Books，1999：39.

智能不是一种适合于一切目的的解题装置，而是具有天赋性、模块性和适应性等特征。就天赋性来说，某种认知机能由什么大脑区域负责在一定程度上是先天决定的；就模块性来说，心灵是由不同的机能组成的，每种机能都专门完成某项认知任务；就适应性来说，心灵的内部结构及其功能是在漫长的进化过程中被选择的。总之，人的智能是由不同的模块承担的，而这些模块都有天赋的基础和特定的功能。但任何模块都不是万能的，都有自身的局限性，如语言模块就只能处理人类语言，不能处理火星语。智能中还没有一种模块适合于解答心身问题。从物种的角度看，不同物种的心灵都有自身的长处和局限性，都表现出了一些认知偏向。人类的心灵主要用于处理社会关系、应付空间世界。我们不能解决心身问题，是"由于人类智能的结构。心灵与身体的关系问题是完全真实的，但我们的心灵不适合于解决它，就像猫的心灵不适合于发现相对论或自然选择的进化论一样"[1]。

麦金认为，意识是生物进化的产物，是一种自然现象，是从特定的物质组织中产生的。自然界中存在某种由大脑所例示的属性 P，正是借助于它，大脑才成为意识的基础。同样，也存在某种理论 T，它借助属性 P 能对心身关系作出充分的解释。因此，对于心身问题必然存在某种自然的解释。但是这种解释心身关系的属性 P 对于我们来说是认知封闭的。因此，我们在心身问题上的神秘感源于碰上了我们认知封闭的领域，从而我们难以把握用以说明心身关系的大脑（或意识）属性，无法形成解释心理物理关系的概念和理论。

大体来说，麦金关于认知封闭性的论证可分为五个步骤。

（1）内省不能揭示出 P 是什么，通过内省我们无法形成 P 的概念。

（2）对大脑的知觉也不能揭示出 P 是什么，通过知觉我们也无法形成 P 的概念。

（3）由（1）和（2）可以推出我们对 P 是知觉封闭的。

（4）对于不能内省也不能知觉的对象，我们可以通过最佳解释推理形成相关概念，但这种推理要遵守同质性原则，因此最佳解释推理也无法形成 P 的概念。

（5）由（3）和（4）可以推出我们对 P 是认知封闭的。

下面我们具体考察一下麦金的论证过程。首先，我们是通过内省或自我觉知活动形成意识的概念的。以疼痛为例。所谓疼痛就是小刀划破指头或脚趾猛烈撞击石头时的感觉，是我"从内部"体验到的感觉，由此我们可以形成"疼

---

[1] McGinn C. The Mysterious Flame. New York：Basic Books, 1999：212.

痛"这个概念。但内省仅限于意识的表层，只能说明你当前的意识是什么，不能说明你的意识是如何产生的。也就是说，我们对心身关系中的其中一个相关项有直接的认知通道（即内省），但我们对这种关系的本质却没有这样的通道。"内省不能以某种可以理解的方式把意识状态依赖于大脑呈现出来，因此我们不能内省 P。……我们仅仅基于持续而认真地内省并不能获得 P 的概念。纯粹的现象学根本不能解决心身问题。"当然，我们用概念分析方法也无法从现有的意识概念中分析出 P 的概念。"P 肯定处于可内省的领域之外，它并未隐含在我们在第一人称归属中所具有的概念。因此，内省能力作为一种概念形成能力，对于 P 就是认知封闭的。"①

其次，我们形成大脑的概念是借助于知觉。我们可以观察、触摸、切割及用 PET 扫描等手段对大脑及其活动进行研究，从而获悉大脑的属性，但这些知觉只能揭示意识状态的神经关联物，而不能认识意识状态本身。意识本身或特定意识状态的属性，并不是可以观察或可以知觉的大脑属性。你可以盯着一个有意识的活体大脑，看它的形状、颜色、质地等属性，但你看不到它正在经验什么、它有什么感觉。"意识状态并不是知觉的潜在对象：它们依赖于大脑，但它们是无法从大脑中观察到的。换言之，意识对于关于大脑的知觉来说是本体。"②因此，大脑中的有些属性对于知觉必然是封闭的。麦金说："大脑是一个可知觉的物体，因而可用相应的术语进行设想。但它也是意识的基础，其本质的这个方面是无法为知觉揭示的。换言之，从知觉的角度看，大脑和其他物质性的东西完全一样，但它又明显不同于其他物质性的东西，因为它产生了意识状态。这种不同根本不能从基于知觉的立场来揭示。就知觉而言，大脑不过是另一个物理对象。然而，我们从内省的角度知道它在物理对象中是独一无二的。因此，知觉提供的是大脑本质的极其片面的画面。"③

如上所述，大脑产生意识是一个客观事实，心身或心脑的关系中必然有一种潜在的统一性。但是，我们是内在地觉知意识、外在地觉知大脑。内省不能给我们有关大脑的知识，尽管意识是大脑的属性。同时，知觉也不能了解意识，尽管意识是由大脑产生的。因此，我们用以认识心灵和大脑的能力就有了一种不可还原的二元性。也就是说，大脑和意识是以某种方式联系在一起的整体，按理说我们应该有能力把握这个整体，但现实是我们对心灵必须从内省的角度来理解，而从大脑又被局限于知觉的角度，这就像盲人摸象一样，我们要么只

① McGinn C. The Problem of Consciousness. Oxford：Basil Blackwell，1991：8.

② McGinn C. The Problem of Consciousness. Oxford：Basil Blackwell，1991：11.

③ McGinn C. The Mysterious Flame. New York：Basic Books，1999：50-51.

能摸到鼻子，要么只能摸到大腿，根本无法认识整个大象。

再次，有些对象是思想对象而非感觉经验，对它们，我们可以通过最佳解释推理而引入理论概念。麦金认为，这种方法对于我们观察不到的物质对象是有效的，但不适合于解决心身问题，因为在特定领域引入理论概念要遵循同质性原则，也就是说，我们是通过对所观察之物作类推扩展而引入理论概念的。例如，在引入分子概念时，我们是以宏观对象的知觉表征为范例，并设想同一类的尺度更小的对象。但我们不能用心理概念来解释物理现象，也不能用物理概念来解释心理现象。那么，由于我们知觉大脑所得到的数据不包含任何意识的东西，我们解释这些数据所需的理论属性也就不会包括意识。因此，如果 P 在知觉上是本体性的，它对于基于知觉的解释推理就也是本体性的。总之，不论在知觉上还是概念上，内省和知觉都不能让我们理解心脑之间的联系，"这两种能力对于它们的对象肯定给我们提供了一幅片面而扭曲的画面，因而不能揭示潜在的心脑的统一性。认知的封闭性产生于这一事实，即这种片面性是这两种理解模式所固有的。我们没有办法对内省和知觉作出修正或扩展，以便它们能超越目前的局限性"[①]。要解决心身问题，我们需要另外一种能力，需要我们掌握我们目前不掌握的概念。但由于受制于与知觉和内省相联系的概念能力，我们根本无法解决概念二元论问题。麦金说："我们的'现象世界'（康德语）是由我们内省与知觉的理解模式，以及与这些能力相符合的概念塑造的，我们不可能离开这个世界进入一个全新的概念图景，但这种离开是心身问题对我们的要求。我们必须牢记：我们的概念只是人类的构造，受生物学限制，是有限的存在者的偶然的工具，没有什么能保证它们能到达创造了我们的宇宙的每个角落。"[②]

当然，认知封闭性有绝对和相对之别。就一个问题来说，如果任何可能的心灵都不能解决它，它就是绝对认知封闭的，而如果有某种心灵原则上能够解决它而其他心灵不能解决它，那么它就是相对认知封闭的。大多数问题都只是相对认知封闭的，如狗和猫不会做算术题，但人类的心灵可以。那么，心身问题究竟是绝对认知封闭的还是相对认知封闭的？麦金认为，这取决于我们对"形成概念的心灵"的认识。如果我们认为有的心灵形成大脑和意识概念并不依赖于知觉和内省，那么就存在能解决心身问题的心灵，因而这个问题是相对认知封闭的；如果我们认为一切概念的形成都与知觉和内省密不可分，那么就不可能有能解决心身问题的心灵，从而这个问题就是绝对认知封闭的。至于心身问题的认知封闭性究竟是绝对的还是相对的，目前至少还是悬而未决的。但可

---

① McGinn C. The Mysterious Flame. New York: Basic Books, 1999: 51.

② McGinn C. Consciousness and its Object. Oxford: Clarendon Press, 2004: 24.

以肯定，如果它只是相对封闭的，那么能解决它的心灵肯定与我们的心灵迥然不同。[1]

最后，认知封闭性并不反映实在的情况。就某种属性来说，我们能否知觉或想象它与它是否存在无关。例如，电磁波频谱看得见的部分与看不见的部分同样实在，人能否对这些不可知觉的部分形成概念表征并不决定它们是否存在。麦金说："对于 P 的认知封闭性并不蕴含关于 P 的非实在论。P 对于 M 来说是本体的，这并不表明 P 不会出现在某种自然主义的科学理论 T 中，它只是说明 T 从认知上看是 M 所无法了解的。"[2]也就是说，这种封闭性纯粹是认识论的，是相对于特定的心灵或认知者的，上帝或者具有不同认知能力的生物可能就没有我们这样的认知偏向，从他们的"观点"看，心身问题就是认知开放的，他们完全能理解属性 P 并形成 P 的概念，从而对心身问题作出满意的解答。因此，从客观上说，意识并无特别之处，它不过是一种极其简单的自然事实。心身问题之谜并不表明意识在客观上比我们能够理解的东西更复杂，而只是说明人的智能存在难以理解意识的偏向，人的能力不适于洞察意识的潜在本质。这里重要的是要将大脑这种客观实在与我们的大脑概念区别开，认知封闭性就源于我们的大脑概念未涵盖大脑的全部客观本质，因此心身问题"产生于我们的思维模式，而不是产生于意识本身。敌人在内部。"[3]

## 第四节　组合范式与人类理性的局限性

既然心身之谜是由人的认知局限性造成的，是源于人类特殊的认知结构，那么，我们这种认知结构究竟是什么？它的局限性的根源何在？是否存在能解决哲学问题的其他认知系统？对此，麦金提出了一种猜想：带有似规律映射的组合原子论（combinatorial atomism with lawlike mappings，CALM），认为人类

---

[1] 我们认为，麦金本人对于人最终能否解决心身问题方面倾向于相对的认知封闭性。一方面，他认为从上帝的观点看，心身问题是可以解决的，他能把握促进大脑产生意识的属性 P，拥有解决概念二元论的中介性概念；另一方面，他还提到通过选择育种和基因工程的方法，可以改变人脑的结构，使人获得解决心身问题的能力，尽管这两种方法都有代价，但这无疑是破解心身关系之谜的一条可能路径。参阅 McGinn C. The Mysterious Flame. New York：Basic Books，1999：219-223；McGinn C. Consciousness and its Object. Oxford：Clarendon Press，2004：51.

[2] McGinn C. The Problem of Consciousness. Oxford：Basil Blackwell，1991：3-4.

[3] McGinn C. The Mysterious Flame. New York：Basic Books，1999：65.

的认知结构是"组合范式"，它的局限性源于我们的理性的局限性，另外，有的认知系统已经解决了一些让人困惑的哲学问题，因此，我们在寻求哲学真理的过程中应该坚持认识的多元论。

CALM 猜想描述的是与某些主题相适应的一种思维方式，即组合式的思维方式。大致来说，CALM 猜想认为，一切复杂事物都是依据特定的组合原则由基本元素构成的，因此，如果你知道了某种东西的组成成分、组合规律及它们如何随时间而发生变化，你就会对这种东西有所理解。例如，如果我知道原子、分子和夸克，也知道控制它们之间组合的规律及其运动变化的情况，我们对世界上的物体就会有所理解。同样，如果我们知道了某种语言的字、词、短语、语句及语法规则，我们就理解了这种语言。这种组合的思维方式不仅表达了基本元素之间的共时态关系，还表达了它们之间运动变化的动态关系。它实质上是借助元素之间明显的组合关系来理解某个领域，特别是它的创造性方面。可见，这里的"理解"就是"分解和重组的过程"，是"看看自然是如何'凑在一起'的，它的解剖图是什么模样。借此，我们掌握了某些实体之间的依附关系"①。麦金说："如果我们前理论地知道了这些东西之间存在原则性的关系，那么 CALM 理论就告诉我们这些关系的本质是什么——它详细说明了这个领域的构成方式。因此，掌握了这种理论就理解了这个领域。"②

CALM 猜想处于科学理论的核心，是我们最普遍的理解方式，一切自然事物都符合它。我们也正是借助于 CALM 结构，才得到了物理学、生物学、语言学、数学等方面的知识，这些学科都具有 CALM 特征。例如，在物理学中，我们处理的是分布于空间之中并接受组合操作的元素，最后组合出来的东西（即宏观的物体）受似规律的关系控制，因此，物理的"新奇事物"就是组合规则与随时间变化的规律的一个函数。语言学也是如此：字词、音素等简单元素组合起来就构成了复杂的短语、句子及整个语言，而整体的属性能从这些元素及其组合原则的属性投射而来，这里的组合规则就是语法，即句法和语义规则，所谓言语就是根据语法规则对音素和字、词、句等进行组合的产物，因此，语言学的新奇事物可以根据这些组合规则和它们所操作的元素来解释，我们依据语法理论就能明白如何产生新的语言结构。CALM 特征在几何学中尤为明显，因此，我们甚至可以把 CALM 结构看作"被转移到了其他领域的几何学思维方式"③。在几何学中，点、线、面、体等元素依据组合规则就可以构成复杂的几

---

① 柯林·麦金. 从矿工少年到哲学家——我的二十世纪哲学探险. 傅士哲译. 台北：时报文化出版企业股份有限公司，2003：172.

②③ McGinn C. Problems in Philosophy. Oxford：Blackwell，1993：19.

何图形，定理也是根据基本的几何学关系来证明的，整个几何学领域都有我们在理解中所寻求的这种简单易懂的透明性。不仅数学中的空间的或准空间的部分符合 CALM 猜想，而且数论和集合论也符合。总之，"元素和组合规律占据上风，映射和功能关系俯拾皆是，用简单物建造复杂物的情况随处可见。空间、结构和可定义的关系就是一切"①。

不难看出，CALM 猜想实质上是一种空间化的或几何学的思维方式，它不适于解释意识，因为虽然意识由大脑活动产生，但神经元不是意识的"原子"，意识不是由神经元及其活动组合产生的，意识状态本身也不是空间性的实体，如当你感觉到你的大脚趾疼痛时，这种疼的确依赖于你的大脑皮层触觉区域神经元活动，但这并不是说你的痛感具有神经过程。经验和伴随着它的神经事件间的关系并不是组合关系。因此，我们从空间上理解世界的方法不适合于解释意识与大脑之间的关系，CALM 思维模式对于解决心身问题是无效的。麦金指出，我们的感官适合于表征空间世界，它们所呈现的东西本质上位于空间之中并具有从空间上进行定义的属性，但正是这些属性使我们内在地无法解决心身问题，因为我们无法根据大脑的空间属性来把意识与大脑联系起来。大脑是一个知觉的对象，处于空间之中，包含着空间分布的过程，但意识难以用这样的术语来解释。

在实践中，人们之所以总想把 CALM 思维模式运用于意识和心身问题，是因为这种思维模式在其他科学领域取得了巨大成就，是科学研究的主导性思维方式，因此人们不由自主会想：既然它在物理世界中如此成功，为什么不能将它用于心灵世界呢？但科学的进展并不意味着科学的思维方式和工具，也可以在心灵世界适用并取得同样的进展，除非心理现象也像其他现象一样是物理的。麦金指出，组合范式不能容纳心身关系，但这并不意味着需要借助非自然的东西，因为虽然我们用空间组合的术语进行思维，但大自然却并非总以这种方式运转，自然中必定存在某种非组合原则能将意识状态与大脑状态联系起来，因为大自然就是这样运转的。DIME 模式吸引我们，就是由于我们这种根深蒂固的关于自然界的空间组合论，但如果我们认识到自然界并不总以空间组合的方式运转，就能打破 CALM 对我们思维的控制，因此，要理解心身问题，"我们不仅需要来一次'范式转换'，而且本质上我们需要有一种全新的认知结构"②。

如上所述，根据 TN，我们不能解决心身问题，是因为我们受认知能力限制

① McGinn C. Problems in Philosophy. Oxford：Blackwell，1993：128.

② McGinn C. The Mysterious Flame. New York：Basic Books，1999：59.

提不出所需的解释理论；而根据 CALM，我们之所以提不出所需理论，是因为我们不能将所涉及的现象置于组合的理解模式之下。那么，造成这种理解模式的深层根源是什么呢？麦金认为，CALM 猜想与我们理性的一种属性有关，即它与意识密切相连。

众所周知，人是由各种身体器官和心理"器官"构成的，每种器官都有自身的功能、结构、执行和操作原则，都承担特定的任务，当然也都有自身的局限性。理性作为一种"语义器官"，是我们在研究哲学时使用的主要工具，它负责产生有关世界的理论知识，对各种主题形成有意识的信念。换言之，我们在从事哲学研究时，使用的"器官"主要是我们经由推理而形成信念的能力，我们期盼着理性能产生哲学真理，并用有意识的思想形式把它们表达出来。这种看法是老生常谈，但它背后隐藏着一个假设，即理性天生适合产生哲学真理，哲学家们研究的现象都有一些本质，它们可以利用人类的理性及其相关器官来研究。麦金认为，这个假设并不必然正确，因此人类理性并不与哲学真理彼此相合。他说："不能想当然地认为，人类的推理机能天然地适合于回答哲学问题：这些问题及其主题是一码事，而作为人的特性的理性机能是另一码事。从它是我们研究哲学所拥有的最好能力这一事实，并不能推出它是符合该目的的一种不错的或合适的能力。"因此，"哲学真理……可能不在理性的目标区内"[①]。

麦金认为，理解理性的这种局限性，就要考察理性机能的一种属性，即它是有意识的，这种意识属性对理性的解释有一些限制，"是有意识的这本身对理性的操作施加了内在的能力限制，因此，理性不能解决（特别是）意识问题恰恰是由于它是有意识的"[②]。那么，这些限制是什么？意识为什么要施加这些限制？首先，意识活动的运作方式是序列的而非并行的，它不能同时处理多项任务，这限制了它的加工能力，要求它忽略处于注意区域之外的东西。其次，有意识的推理很缓慢。最后，有意识的理性与我们关于世界的首要觉知模式紧密相连，并反映它们的特殊特征。它不可能与世界呈现给我们的表象偏离太远，正如康德所述："无感性则不会有对象给予我们，无知性则没有对象被思维。思维无对象是空的，直观无概念是盲的。"[③]在理性中，概念与经验相互交织，理性不可能完全摆脱感觉知觉而作为一个独立系统运转，这是由于理性和感觉都拥有意识这种表征媒介。事实上，渗透于我们概念中的空间性就反映了理性与感觉之间的这种联系。斯特劳森（P. F. Strawson）就曾指出，将概念与其实例区别

① McGinn C. Problems in Philosophy. Oxford: Blackwell, 1993: 20.

② McGinn C. Problems in Philosophy. Oxford: Blackwell, 1993: 131.

③ 康德. 纯粹理性批判. 邓晓芒译. 北京：人民出版社，2004：52.

开来是我们的思想的最基本特征，而它植根于空间分离的概念，即使是思考同一属性的几个实例，也要求我们拥有一般的空间概念，因此，如果没有空间觉知，我们就不可能有思想。①总之，有意识的理性是序列的、缓慢的和感觉性的，并且因而也是空间性的，但麦金认为它们并不是任何可能存在的信息系统都必然具有的，而且正是这些限制使理性无法成功地解决哲学问题。

虽然哲学问题是人类的理性难以解决的，但由此不能推出它们根本就无法解决，事实上它们不仅有可能被那些和我们具有不同心灵的存在者解决，而且也可能被我们的理性之外的能力解决，也就是说，只要接受认识的多元论，哲学问题也是有解的。

所谓认识的多元论，简单说就是世界上存在着多元的认识主体，每个认识主体也都有多样化的认知能力，某些问题即使不能被某类主体或者某种认知能力解决，也有可能被其他主体或者其他认知能力解决。我们知道，不同动物在认识上都有其优势，也都有其缺陷，如鸟类拥有比人类发达得多的运动知觉但其凹视力却很差，因此，我们可以对不同动物的感觉能力、记忆限度、学习潜力等进行比较。同样，我们也可以对某个人的视觉、语言和理性等认知能力进行比较，研究它们处理的内容和加工原则。科学研究发现，人的不同认知系统使用的语义元素不同，如语言能力表征语法属性，而视觉能力处理物体光反射阵列的特征。表达能力不同的系统，在其功能、稳定性及与行为的联系方面也不同，任何一个系统都很难完成大自然分配给其他系统的任务，如视觉系统就不能用来学习语言。如果依据与某项认知任务的合适程度对各种认知系统排序，可以发现理性并不是在每项任务上都名列前茅，如它就不能复制语言机能的表征能力。因此，"一旦我们接受了认知的多元论，就不能期望理性在语义上或理论上总像我们提到的其他表征系统那样能干。它只是众多系统中的一种，有其自身的目的和局限性，有其自身有效运作的领域"②。由此可见，虽然人类理性不适合解决哲学问题，但鉴于认识的多元论，并不能由此推出人的本质中没有任何东西能解决哲学问题。其实，我们内部的其他语义系统已经解决了这些问题，只不过我们缺乏通向其内容的意识通道。这与上述关于哲学和人类理性的超验自然主义也是一致的，因为认识的超验性是相对于认知模块的，谜题只是相对于某种能力才是谜题。

那么，我们真的拥有比理性更具哲学天赋的机能吗？要回答这个问题，首先要弄清楚我们的其他机能是否必须拥有哲学的知识或信息，什么样的系统会

---

① Strawson P F. Analysis and Metaphysics. Oxford：Oxford University Press，1992：53-57.

② McGinn C. Problems in Philosophy. Oxford：Blackwell，1993：137.

从获得这种信息中受益。麦金认为有两个系统——大脑和基因。

先看大脑。大脑是一个信息系统，其中的大多数信息是意识不到的，而且有一些信息与世界的状况有关，从而使大脑具有脑外的表征；由于大脑要对内部活动实施监测，有些信息就只与大脑自身的状态有关，因而大脑又有脑内表征。如果大脑要整合和协调内部的活动，可能就要有某种内隐的关于它自身运作的理论。而且如果大脑从信息的意义上说正确地执行了它的正常功能，那么我们就可以合理地认为，它应该包含某种关于整台机器如何工作的理论。神经信息只有内置于有关大脑和身体的运行的解释之中才能得到解释。总之，尽管大脑不会进行有意识的推理，但它必定包含一种关于它自身的理论。由此，我们就得承认这种可能，即大脑可能编码了与其自身的运行有关的信息，而这些信息是人类理性不能表征的，"大脑对其自身运转采用的描述层次，可能是我们过去根本想不到将来也不会想到的"[1]。倘若如此，那么人类理性无法破解的谜题，对于大脑自身的认识系统来说就根本不是谜题。例如，意识的产生之谜（即意识是如何从神经组织中产生的），就能由大脑在监测其意识状态时运用于它自身的理论来解答。我们可以认为，大脑关于其自身的理论既包含纯粹的神经信息，也包含心理物理信息，因为它必须在适当时候（如在使有机体睡眠或体验疼痛时）引起心理状态的变化。总之，建造大脑的遗传程序保证了大脑关于自身的理论是很丰富的，完全能解决心理物理的联系问题，因此，"大脑可能已包含有（至少有些）哲学问题的答案：它既是一位脑科学家，也是一位心灵哲学家，既是一位工程师，也是一位形而上学家。它以表征方式包含了这样一些深层次的原则——它们支配着令有意识的理性困惑的心理现象"[2]。当然，大脑和一切认知系统一样有自身内在的局限性，但这些局限性与理性的局限性不同。例如，理性是序列的、缓慢的和感觉性的，并且因而是空间性的，但大脑不一定有这些特征，因此它可以摆脱造成这些特征的理论的局限性。

再看基因。基因已经解决了心身关系问题，因为它们包含用于建造骨骼、肌肉、免疫系统等的指令，表征了用于建造这些器官的计划，所以纯物理的生物工程问题已经被它们解决了。这也同样适用于心灵：如果某个心理特征有生物学的基础，那么基因肯定包含用于建造拥有该特征的有机体的指令，因此基因就既表征了对这种特征的本质进行编码的计划，也表征了对它依赖于有机体的低层次特征的方式进行编码的计划。当然，我们对这些计划一无所知，但基因肯定了解，毕竟它们已完成了这项任务。麦金说：心理现象"是进化的有机

---

① McGinn C. Problems in Philosophy. Oxford：Blackwell，1993：138.

② McGinn C. Problems in Philosophy. Oxford：Blackwell，1993：139.

体的生物学特征,基因肯定包含了足以能产生它们的指令;因此,认为遗传编码包含了这种我们在从哲学上思考那些现象时所寻求的信息,并不是不合理的"①。如果我们能破译这种编码,使之为理性所理解,我们就能得到想要的答案,但是人的理性缺乏完成这项破译任务的认知资源。麦金指出:"心身问题的解答……或许是用一种不能翻译成人类语言的语言表达的,所涉及的属性和原则是理性掌握不了的,因为基因和人的理性有不同的'概念图式'。"①也就是说,哲学问题对于理性是神秘的,但对于基因一点也不神秘。我们要想得到想要的知识,需要的不是一种超自然的理性形式,而是一种摆脱了理性的特有限制的认识系统,基因体现的就是这种系统。麦金说:

> 根据认识的多元论,真理不是理性的专属领地,但这不是因为有些真理是内在地不可表征的。根据 TN,回答哲学问题的真理是有意识的人类理性得不到的,但我们……有充分的根据认为这些真理已经由其他认识系统表征了。意识状态并不必然是各种真理的最佳载体,因为它们定义了一种特殊的能力,这种能力携带有它自身固有的限制。这个假设,即哲学真理在某种程度上是理性的特有对象——哲学和理性的思想是内在地相互促进的——是我们一直在质疑的。事实上,理性的思想在基本的哲学问题上取得的真正进步非常小,尤其是在与我们的心理性质的本质有关的问题上。②

综上所述,TN 是一个关于人的推理机能的认知能力的假说。根据这种假说,人的理性不适合获得哲学真理,但这不意味着我们根本不会有一种具有所需的认识属性的能力。我们的大脑和基因可能无意识地包含了我们在自觉地寻求的信息,但这些信息却无法为我们的心灵所掌握,因此我们无法从它那里得到认知的满足。换句话说,心身问题问题的答案就在我们身上,但我们没有了解它的通道。

总之,麦金认为,对待心身问题我们应当坚持超验自然主义立场,因为这个问题的根源在于人的认知能力和概念的局限性,但心灵的限度并不是实在的限度,从客观上说,意识与其他自然事实一样平淡无奇,我们不能从自身的认识论困境得出"意识不是一种自然事实""心身问题根本无法解决"的本体论结论。实际上,"意识是否神秘"这一问题存在歧义性:从本体论的角度看,它是问"意识是否有一种神秘的非自然本质";但从认识论的角度看,它是问"我们

---

① McGinn C. Problems in Philosophy. Oxford: Blackwell, 1993: 141.

② McGinn C. Problems in Philosophy. Oxford: Blackwell, 1993: 142-143.

能否理解意识的本质"，意识仅在认识论意义上是神秘的。也就是说，从本体论上说，意识是一种自然现象，自然界并不存在什么意识之谜，也没有什么心身问题，意识的神秘性和心身关系之谜是相对于人类理智的，只是人类认识上的感觉，它反映了我们缺乏发现世界的某种客观特征的概念资源。对于心身关系的本质，肯定有某种科学能作出完备而不神秘的解释，只是这种科学是我们无法了解的。人们之所以陷入"DIME 模式"，源于高估了人类的认知能力，想把非知觉的对象强塞进人类能够得到的概念范畴，其实人类的认知能力是有偏向的，与"空间化思维方式"和"组合范式"交织在一起，它们擅长处理社会关系和空间世界而非意识。麦金说：意识肯定存在，但它不是奇迹，也不是不可还原的，当然也不能还原到普通的物理基础，"它只是看起来是奇迹，因为我们没有掌握解释它的东西；它只是看起来不可还原，因为我们找不到正确的解释；物理主义只是看起来是唯一可能的自然主义理论，因为这就是我们所受到的概念方面的限度；它也只是看起来会招致取消，因为我们从我们的概念图式找不到对它的解释"①。因此，心灵哲学的危机不是源于心灵和意识本身，而是源于我们的思维方式，是由于我们"缺乏概念，缺乏概念框架"，心身问题指出了我们的概念资源中有一个巨大的漏洞。②因此，要对心身问题特别是意识的本质问题作出令人满意的解答，首先要正视人类的认知能力，对人的认知能力形成合理的概念框架；要推进心身问题研究，就要进行激进的概念变革。

基于上述认识，麦金认为，我们对于"能否解决心身问题"应持既悲观又乐观的立场：对建设性地解答心身问题应持悲观态度，而对消除心身问题上的哲学困惑应持乐观态度。客观世界是确定无疑的，哲学问题在某种意义上只是概念问题，如果我们改变概念的含义就能将一个哲学问题变成一个非哲学问题。因此，某个问题是不是哲学问题，取决于谁在从事哲学探讨，也就是说，他们拥有什么样的概念和理论资源，这是先验自然主义的要义。就此而言，心身问题作为哲学问题的原因，是人受认知能力所限无法得到将这个问题变成一个纯科学问题的概念，这就意味着对哲学的心身问题并没有一种独特的哲学的回答，解决它的理论并不是一种与众不同的哲学理论，"心身问题有一种纯科学的解答，但在我们看来它像一个独特的哲学问题，这是因为所需的理论处于我们的认知界线之外"③。也就是说，心身关系的本质在某种科学中会有一种圆满而非神秘的解释，这种解释可称作"分析的中枢状态唯物主义"，它的形式必须是分析的同

① McGinn C. Consciousness and its Object. Oxford：Clarendon Press，2004：64.
② McGinn C. The Mysterious Flame. New York：Basic Books，1999：61-62.
③ McGinn C. Problems in Philosophy. Oxford：Blackwell，1993：42.

一性陈述,为此,必须引进全新的心理概念和大脑概念。这种解释像任何科学理论一样自然而平凡,它们对心身关系的解释就像对肝脏与胆汁之间关系的解释一样平淡无奇,但是这种解释理论原则上是我们无法理解的。麦金说:"产生哲学困惑的是这个假设,即这个问题在某种意义上肯定是科学问题,但我们能提出的任何科学都把事物表征为完全神秘的。解决办法就是要认识到这种神秘感来自于我们而非来自于世界。其实大脑如何产生意识并无神秘可言,也不存在形而上学问题。"[①]因此,在回答"我们能否解决心身问题"时,我们只能回答既能也不能。

---

① McGinn C. The Problem of Consciousness. Oxford:Basil Blackwell,1991:18.

# 第二章

## 具身性问题的新解：隐结构与心灵原子论

众所周知，意识是人脑的机能，它产生于大脑，并对包括大脑在内的身体有因果相互作用，但意识与大脑又如此的不同。比如，大脑占据空间，它是一个不规则的三维物体，而意识则没有空间性，我们难以把空间概念运用于意识；我们对大脑等物体能做空间方面的比较，对意识却难以这样做，如假如有人要你说出你关于红玫瑰的经验距离你的疼痛感觉多远，你可能会一头雾水，难以作答。总之，如果我们把空间属性归属给意识，似乎就会犯赖尔（G. Ryle）所说的"范畴错误"。再比如，对于大脑，我们可以看、摸、嗅，甚至还能敲一敲听发出的声音，我们对空间也能产生不同的情绪反应，如恐高症等，但我们却无法用感官感知意识，对于别人的意识，我们除了根据他们的行为进行推断之外，没有更直接的认识方式，对于自己的意识，我们也只能通过内省。因此，心身关系问题之难以解决的症结就在意识。对此，内格尔曾感叹道："如果没有意识的话，心身问题将是索然无味的；但如果有意识，心身问题又好像无望解决。"[①]布莱克摩尔（S. Blackmore）说：对于哲学家和科学家来说，意识都是一块"硬骨头"，"意识的主观性使意识成为一个令人烦恼、纠缠不清的事实。也许，正是这个事实决定了下述情况，即在 20 世纪，几乎整个意识问题都被排斥到了科学讨论的范围之外"[②]。对于这样一个难解的现象，"如果你认为你有了解决意识问题的方法，那么说明你尚未懂得这个问题"[③]。丹尼特（D. Dennett）也

① 托马斯·内格尔. 成为一只蝙蝠可能是什么样子 // 高新民，储昭华. 心灵哲学. 北京：商务印书馆，2002：106.

② 苏珊·布莱克摩尔. 谜米机器. 高申春等译. 长春：吉林人民出版社，2001：3.

③ 苏珊·布莱克摩尔. 人的意识. 耿海燕等译. 北京：中国轻工业出版社，2007：3.

指出，意识大概是人类最后的未解之谜了，我们对它至今仍如坠五里云雾之中，而且许多人认为意识的神秘性是根本无法祛除的。①

就此而言，心身问题之谜，说到底就是意识的本质之谜，而破解这个谜，关键是要对意识进行自然化，对意识的"具身性问题"（the problem of embodiment）和"产生问题"（the problem of emergence）作出自然主义的阐释。麦金认为，这两个问题其实是一回事，是从不同的角度或策略对同一问题的两种表述方式：一种是自下而上的策略，即要在大脑的本质中找到某种属性，由此说明大脑活动如何能支持意识，也就是说，从大脑物理基础出发向上推进，最后揭示意识何以能从大脑中产生，这就是产生问题；另一种是自上而下的策略，即要在意识的本质中找到某种属性，用以说明意识如何能依赖于或具身于大脑活动，也就是说，从意识这种结果出发向下掘进，最后抵达底层的物理基础，揭示意识何以能得到大脑活动的支持，这说的是具身性问题。因此，"意识如何能具身于大脑"的问题，不过是"意识如何能从大脑中产生"这一问题的另一种表达方式，反之亦然。他说："在自下而上进行时，我们的目标是弥补我们在大脑属性方面的无知，而在自上而下进行时，我们的目标是弥补我们在意识属性方面的无知。"尽管这两种策略的实行方式不同，但它们明显是等价的，"我们从一个方向所揭示的东西必然也适用于另一个方向。它们肯定会产生实质上相同的（形而上学）结果"②。基于上述分析，麦金指出，要回答产生问题和具身性问题，就要承认世界上存在某种属性（姑且称之为 P），它既自下而上地解释了意识的产生问题，又自上而下地解释了意识的具身性问题，它既是大脑的属性也是意识的属性，也就是说，它是将意识与大脑沟通或联系起来的中介属性或关系属性，"它之于意识和大脑，就像重力之于行星及其绕轨运行、动能之于分子及其所组成的气体的活动、DNA结构之于父母及其后代"③。它使意识成为大脑活动的一种可理解的（intelligible）产物，从而破解了我们所面对的意识之谜。就其本质来说，意识拥有一种隐秘结构，而 P 就是"意识的隐结构的一种属性"。要理解具身性，我们必须认识这种隐结构，因为"具身性取决于意识的隐结构的一种属性：意识……能够具身于（或内含于）大脑之中，仅仅是由于它有一种隐秘的实在"④。但由于受认知能力限制，我们不可能认识这种隐结构，正因为此才产生了我们的解释问题并进而导致了我们的形而上学困惑。

---

① 刘占峰. 解释与心灵的本质. 北京：中国社会科学出版社，2011：159.

② McGinn C. The Problem of Consciousness. Oxford：Basil Blackwell, 1991：59-60.

③ McGinn C. The Problem of Consciousness. Oxford：Basil Blackwell, 1991：58.

④ McGinn C. The Problem of Consciousness. Oxford：Basil Blackwell, 1991：59, 63.

# 第一节　内省的局限性

正如我们在阐述认知封闭性时所述，我们在用两种策略来寻找 P 属性时，使用了不同的认知能力：自下而上策略依靠知觉和相关推理，所得到的大脑概念是以感觉为基础的概念，而自上而下策略依赖于内省和相关推理，所得到的意识概念是以内省为基础的概念。大脑不是内省的潜在对象，意识也不是知觉的潜在对象，我们既不能内省大脑的本质也不能知觉意识的本质，这两种能力有不同的领域、针对不同的理解对象，也被用于探索不同的实在区域，或者说，它们是"领域特殊的"（field-specific）。显然，我们能否通过这两种策略来确认 P，关键依赖于这两个领域的范围。"仅当这两种能力（与一般的推理能力相结合）能够揭示其对象的一切真正的本质，我们才能确认这种解释性的 P。因为如果它们不能揭示，那么心身问题的解答原则上对我们就是封闭的。要解决这个问题，我们必须认为我们的理解能力所拥有的领域涵盖了从事这项工作的解释属性。我们必须认为它们适用于解决这个问题。它们独特的方法肯定'适合'这个问题。"①

麦金指出，意识尽管与众不同、神秘莫测，但它是一种自然现象，是从特定的物质组织中自然产生的。破解意识之谜，我们既不能仰仗上帝，又不能诉诸超自然之物，当然也不能取消意识，而是必须承认存在一种中介性的属性 P，它能揭示意识的本质、弥合心身之间的解释鸿沟。倘若如此，我们就必须承认意识有一种隐结构，而 P 就是意识的这种隐秘本质的属性。但我们通常很难承认这一点，究其根源就在于我们夸大了内省的认识能力，误认为它能把握意识的全部属性，事实上内省具有内在的局限性，它仅局限于意识的表层，不能通达意识的隐结构，不能让我们"越过意识最外面的前厅"②。

一方面，我们误解了内省的优越的认识地位。人们通常认为，内省是我们到达自己的心灵状态的"优越通道"（priviledged access），意识的内容对于内省是透明的，是自我亲密的，内省的知识也是不可错的。倘若如此，内省对于意识怎么会出现盲区呢？麦金认为，根据内省的这种认知地位，我们并不能否定意识隐结构的存在。

首先，内省的这些特征与意识存在隐结构并不矛盾，因为它们仅在其适用

---

① McGinn C. The Problem of Consciousness. Oxford：Basil Blackwell，1991：62.

② McGinn C. The Problem of Consciousness. Oxford：Basil Blackwell，1991：63.

领域内才成立。从内省是透明的、不可错的、自我亲密的，并不能推出它无所不知、它向你揭示了意识的全部本质，因为内省可能仅仅对意识的表层（即它的某些属性）才无不可知。以一个实体 x 和一种能力 F 为例。F 或许不可错地、详尽无遗地认识到了 x 的属性的一个子集 S，却不能发现 x 的其他属性。因此，"从一个对象的某些属性的优越认识地位推出它没有隐秘之物是错误的。从内省非常擅长于发现意识的某些属性这一事实，绝不能推出它对于意识的属性是无所不知的。假定意识拥有处于内省的范围之外的属性——尽管它们与可以内省的属性具有自然的亲密关系——是有充分的理论理由的"①。说内省对意识的某些属性是透明的与说它对其他属性是封闭的，这两者之间并不矛盾。由此可见，根据内省的认识特征并不能否认意识存在隐结构。

其次，从意识不符合关于隐秘之物的常见范式，也不能否认意识存在隐结构。例如，物质性的对象有空间性，因此，我们通过观察、拆解或者借助于仪器就知道它们有看不到的方面，如有反面、有封闭于内的状况、有微观的成分等，但这种范式不能用于意识，因为它没有空间性，我们不能观看、触摸或者分割它，因此我们不清晰它内部是否有看不见的部分。但麦金认为，鉴于意识与物质性的东西截然不同，用这种熟悉的范式来模拟意识的隐秘性是不合适的。对于意识状态的这些隐秘的方面，关键在于它们甚至连内省通道的潜在对象也不是，这与物质性对象的不可见的方面是不同的，但这不是否认存在这些隐秘的方面的充分理由，因为它们毕竟发挥着必不可少的理由作用。他说："我们不应该仅仅由于这种结构不同于知觉对象的反面或其内部构成，就排斥隐秘的意识结构。"②

最后，认知能力的适用范围与其可靠性成反比：范围越小，越不易出错；反之，范围越大，越容易出错。从可靠性来说，内省的可靠性最大，知觉其次，理论推理最小。内省为了保持可靠性，是不会超出意识的表层之外的，"它在其狭小范围内的显著能力，可能是推测它遗漏了大量未探索领域的一个理由。……给它装备探索意识深层的能力，可能会破坏它报告表层的能力"。因此，意识的隐结构的论题与承认内省的传统的认识优越性是相容的。

另外，内省也有其固有的局限性。如前所述，意识的自然化要求某种能将它与大脑联系起来的属性，这种属性是内省不到的。也就是说，在意识的本质中必然有某种东西能使它从物质世界中产生并与之发生相互作用，但内省认识不到这种东西，"内省在意识与大脑的联系处有一个盲点。因此，阻碍我们正确

---

① McGinn C. The Problem of Consciousness. Oxford: Basil Blackwell, 1991: 64.

② McGinn C. The Problem of Consciousness. Oxford: Basil Blackwell, 1991: 65.

地看待心身问题的，就是武断地坚持内省无所不知"[1]。麦金认为，内省的局限性主要表现在三个方面。

首先，内省的领域极其有限。我[2]的内省能力只能用于我的心理状态，不能延伸到你的心理状态；每个人都把自己的心理状态作为内省的对象，却不能将其他人的心理状态作为内省对象。因此，在内省判断中所使用的概念及通过内省判断所得到的知识，只能用于主体本人所拥有的一小部分心理状态。如果我想知道其他人的心理状态，就得转换能力，即停止内省，开始知觉。就内省来说，不管多不乐意，我们都是唯我论者，只有知觉能将我们从内省中所固有的唯我论中解放出来。如果我们只有内省，那么我们就是实际的唯我论者，因为我们没办法对别人作出心理归属，因此内省对其他的心灵是封闭的。

其次，内省所使用的心理概念是严重受限的，因此我们能够拥有的心理概念也严重受限，也就是说，如果一个人不具有意识状态，就不可能获得心理概念，但拥有物理概念并不要求拥有者例示相应的物理状态。只有我们能真正进行自我归属的心理概念才能被我们归属给其他人的心灵。自我例示是向他人归属（other-ascription）的一个必要条件。因此，我们能形成的心理概念被限制于我们能内省地运用的概念，而这些概念反过来又是由我们自己所拥有的这种意识状态决定的。我们自己的心理生活对我们形成关于别人心理生活的概念的能力设置了上限。[3]也就是说，虽然我们知道世界上有各种各样的意识形式，有些还与我们自己的截然不同，但基于内省的思想所采取的意识形式不可能与我们自己的截然不同，而基于知觉的思想却能延伸到与我们自己的自身有截然不同的属性的物理躯体。以内格尔关于蝙蝠的感觉的思想实验为例。[4]我们知道蝙蝠看起来是什么样子，却不知道成为一只蝙蝠是什么感觉；我们可以描述一只蝙蝠的身体，却不能对其心灵进行概念化。我们不能对蝙蝠的回声定位经验形成概念，因为我们自己没有这样的经验，这就像天生的盲人不能形成视觉经验概念一样。在这里，我们无知的根源是我们内省的范围太狭窄，它未包括我们不能想象的东西。麦金说，内省不仅对于向主体归属意识状态是一种极其有限的手段，而且它对于获得可以这样归属之物的概念也远不是一个普遍的基础，"关于心理世界的内省观点是以自我为中心的，但我们却无法补救这种自我中心性"[5]。

---

[1] McGinn C. The Problem of Consciousness. Oxford：Basil Blackwell，1991：68.

[2] 全书中的"我"均为泛指。

[3] 参阅 Nagel T. The View from Nowhere. Oxford：Oxford University Press，1986：ch.2.

[4] 参阅托马斯·内格尔. 成为一只蝙蝠可能是什么样子//高新民，储昭华. 心灵哲学. 北京：商务印书馆，2002：105-122.

[5] McGinn C. The Problem of Consciousness. Oxford：Basil Blackwell，1991：73.

最后，内省无法让我们了解意识状态的因果基础。如果每个主体的内省能力只能理解全部心理实在的一小部分，那么它能理解的实在就更少了，特别是它不能理解我们的意识状态所处的因果网络，即我们的意识状态的物理相关物，以及我们的意识状态的原因和结果。尽管上述这两种物理状态与意识状态密切相关，但它们都不能到达内省。内省本身既不能给我们提供神经系统条件方面的信息，也不处理物理概念，如果我们要了解我们的意识状态的因果背景，就必须在理论或工具的帮助下对大脑进行知觉。另外，内省也不能了解潜意识的认知过程，它"告诉我们了这些潜意识过程的最终结果，却没告诉我们这些过程本身的本质和路径"①。

总之，内省能力有多重的局限性和盲点："每种内省能力都只能发现唯一主体的意识状态；内省作为形成另类意识形式概念的方法是不合适的；内省根本不能让我们了解我们的意识状态的因果背景。"②当然，这些局限性本身并不直接蕴含意识的隐结构论题，但由于这个论题作为心身问题的解答很有吸引力，所以它们至少会促使我们思考内省的范围问题，从而使人们更容易接受这个论题。麦金说，我们的内省能力目的有限，它在适用范围内得心应手，但还有很多事情是它做不了的，其中之一就是它不能让我们觉知意识的隐结构，而这种缺陷就是我们无力解决心身问题的原因，正是由于它，我们才难以理解意识在自然秩序中的位置。

要注意的是，这里所说的意识有隐结构与物体有隐结构有相同的含义。例如，我们知道液体都有一种隐结构，其宏观属性就是从这种隐结构产生的，而且液体仅仅由于拥有了这样的隐结构才会有这些宏观属性。当然，意识与液体判然有别，液体的例子作为意识产生的一个模型也不完全准确③，但它有助于我们理解麦金的意识隐结构论题的含义。因此，意识的隐结构论题是说"这种结构是内在于意识的，是它的核心本质的一部分，而不仅仅是外在的或者并行的、与意识一起存在的"，"它就是意识本质的一部分，它与意识紧密相连，就像液体的分子构成与液体紧密相连一样"④。我们用裸眼观察水时只能看到其表层，而触及不到其深层的隐结构，同样，内省也只能了解意识的表层，不能洞察其内

① McGinn C. The Problem of Consciousness. Oxford: Basil Blackwell, 1991: 77.

② McGinn C. The Problem of Consciousness. Oxford: Basil Blackwell, 1991: 78.

③ 麦金本人也承认用液体来类比意识是有局限性的，因为液体与分子间的关系是一种空间组合关系，而意识从神经组织产生显然不是这种关系，因为神经元并不是构成意识整体的基本单元。参阅 McGinn C. The Problem of Consciousness. Oxford: Basil Blackwell, 1991: 63, n.30; Nagel T. The View from Nowhere. Oxford: Oxford University Press, 1986: 49f.

④ McGinn C. The Problem of Consciousness. Oxford: Basil Blackwell, 1991: 79.

部构成或隐结构。总之，有些属性只适合内省，但也有些是内省根本发现不了的，但"这些属性能为意识奠定物理基础"，"它们是意识的自然的基本属性"①。

对意识的隐结构论题，还可以从生物学角度来理解。假如你想设计一个有意识的生物，你必须保证两点：一是这种生物的意识能够以适当方式具身于物质组织之中；二是应当存在关于意识的意识这种属性，即能内省的属性。这样一来，你就必须建立一个深层和一个表层。这两个条件都必须满足，但满足的方式不可能相同，它们需要不同的设计特征。一方面，意识得将自身与大脑联系起来；另一方面，它又得将自身呈现给主体，能保证其中一个但不能保证另一个，因此，我们不能认为主体的内省觉知能够理解将他的意识与其物理基础联系起来的设计特征。然而，这种特征实际上是意识的一种内在的本质属性，但它并不是一种有意识的属性。因此，"从生物工程的角度看，意识的建筑学基础不可能处于主体心灵的最上层，""意识也是一种装备有隐结构的自然的生物器官。当我们被给予意识时，我们得到的肯定比我们看到的多，否则我们就不可能得到意识。隐藏于意识的表层之下的是一种自然结构，它是意识的存在所依赖的"②。

## 第二节　意识隐结构的根据

通过假定某种深层结构来解释未知的事物或现象，在科学史上是一种很常见也很有效的解释模式。人们一般认为，世界万物除了呈现出来的表面现象之外，都有一种难以观察的结构。例如，我们能看到桌子、石头的外面，但很难看出其化学组成和原子结构。我们身体的各个器官也有自身的隐秘结构。例如，血液虽然看起来就像番茄汁一样，但它执行自身的功能却离不开丰富的内在结构。不仅如此，对于未知事物，我们在解释其表面可以观察现象时，也往往假定一些内在的机制和原因，例如，解释物理事物，我们会假定原子、基因、夸克等作为外面现象的内部机制；对于心理现象，我们会假设无意识过程作为一些难以解释的行为的原因。总之，"要解释物体的能够观察到的行为，只能是假设它们具有的东西比呈现出来的多。我们是通过推断隐结构来解释外在表现的：

---

① McGinn C. The Problem of Consciousness. Oxford: Basil Blackwell, 1991: 80.

② 参阅 McGinn C. The Problem of Consciousness. Oxford: Basil Blackwell, 1991: 80, 81.

要拯救现象我们就得超越它们"①。

麦金认为，表层结构与深层结构的划分也适用于有意识的思想，意识除了能内省到的表层结构之外，也有一种隐秘的、内省不到的逻辑结构。②人们之所以反对通过假设隐结构来解释意识，是由于对意识的形而上学本质有错误的认识。通常，人们认为其他自然现象都既有表层也有底层，既有明显的表象也有潜在的实在，却认为意识不是一种"有层次的"东西，它像一种没有内部结构的"透明薄膜"，没有自然的"厚度"，也没有隐秘的方面，它的一切都是浅层的、透明的和开放的。麦金认为，这种传统意识观是错误的，意识实际上和其他现象一样，也"有一种隐结构、一种秘密的底层、一种隐秘的本质"③。

意识具有隐结构是麦金关于意识结构的一个新颖而大胆的假说。当然，这种隐结构不是我们在解剖大脑时找到的，也不是我们能直接观察到的，而是推论或想象的产物，是一种理论的假设。这个假说反映了麦金对意识结构的新认识：意识之中除了通常所说的表层意识、潜意识或前意识之外，还有某种更深层次的东西，潜意识并不是意识的底层，其下还有更隐蔽的东西，意识还"含有其自己的秘密地窖，有其自己隐蔽的洞穴"④。就此而言，意识并不像通常所认为的那样是个平面，我们对它的结构可以一目了然，其实它既有透明的一面，也有不透明的一面，它有一个隐藏于现象之后、对我们不透明的实在层次，这就是意识的隐结构。麦金说："意识就像一座冰山，水位线相当于内省的限度。我们所说心灵内部实际上有三个层次：意识的表层、意识的隐结构和无意识区域（它既包括情感性的无意识，又包括计算性的无意识）。"⑤内省只对第一个层次有效，后两个层次是无法内省的。换言之，对于某种意识经验，如果除了内省你还有其他更有效的认识工具，你就能看到更多的东西。要特别注意的是，意识的隐结构与无意识有根本的区别：无意识既包括弗洛伊德等人所说的无意识欲望，也包括无意识的心理计算过程，如眼、耳等感官对有关物理刺激的加工、加工后所进行的信息传递、无意识的符号处理过程等，而隐结构既是意识的本质，也是这些无意识现象的本质。如果是这样，那么描述或解释意识的本质就要诉诸这种隐结构，就要借鉴熟悉的科学解释模式。可以说，隐结构是意识王国中新发现的一片"新大陆"，它在意识的结构中处于真正的底层，"从作

① McGinn C. The Mysterious Flame. New York：Basic Books，1999：141-142.

② McGinn C. The Problem of Consciousness. Oxford：Basil Blackwell，1991：94-95.

③ McGinn C. The Mysterious Flame. New York：Basic Books，1999：140.

④ McGinn C. The Mysterious Flame. New York：Basic Books，1999：153.

⑤ McGinn C. The Mysterious Flame. New York：Basic Books，1999：144-145.

用上说，它是决定意识之为意识的东西，乃至是让意识从物质中产生出来的东西，因此是意识的真正本质，可称作'隐本质'。有了它，意识便可与物质发生因果作用，因此又可把它看作隐变量"⑥。

麦金认为，假设意识具有隐结构，不仅有解释或理论上的需要，而且还有逻辑的、形而上学的和经验的根据。首先，思想的逻辑属性支持意识的隐结构。语言哲学研究表明，由自然语句所表达的命题既有表面的语法结构又有深层的逻辑结构，有些逻辑的或形而上学的错误就源于对这种逻辑结构的无知。例如，"当今的法国国王是秃子"似乎蕴含当今法国国王是存在的，但由于法国实行共和制，因此并不存在当今的法国国王，"当今的法国国王"是没有指称的。之所以出现这种自然语言把存在赋予了非实在物的尴尬情况，就是由于我们不了解隐藏于表面语法结构之下的逻辑结构。根据罗素的摹状词理论，"当今的法国国王是秃子"可作如下分析："有且只有一个 X 是当今法国国王，X 是秃子。"这就是这个命题的逻辑结构。在上述分析中，"当今法国国王"这个摹状词不再是主词，而变成了谓词，这样，赋予"当今法国国王"的实在性就在分析中消失了，从而就剔除了自然语言造成的困惑。这就清楚地显示出自然语言的语法结构不一定与其逻辑结构相一致，而这种不一致是造成上述尴尬情况的根源。麦金指出，对自然语言的逻辑分析也有重要的心理学意义，逻辑分析在揭示语言的深层的逻辑结构时，也揭示了意识的隐结构。我们知道，思想先于语言，语言现在的结构源于思想所具有的结构，语言只是让意识覆盖在思想上的伪装有了外在的形式。这样一来，由于语言和思想共有一种伪装，所以，逻辑分析在揭示句子的隐结构的同时，也揭示了有意识的思想的隐结构。"当意识流泛起思想的细浪时，表面下就有一些模式——表层的搅动只部分地反映了这些模式——意识和语言一样，也掩盖了其底层的逻辑结构。"⑦也可以说，语言在逻辑上的误导源于意识在逻辑上的误导，语言的表层／深层结构源于思想的表层／深层结构。因此，思想具有一种二元性结构，它们既有可以内省的表层现象，又有底层的逻辑实在，"思想的逻辑形式就像有机体内部的骨架一样：它给思想提供了支撑性结构，但它不能呈现给朴素的外部观察。它是思想的内在的、本质的方面，但它不对内眼开放"⑧。

其次，从反事实的角度看，如果不承认意识有隐结构，我们就无法解释意识状态如何能与物质性的身体相联系。意识状态在因果上和构成上都依赖于物

---

⑥ 高新民. 心灵与身体——心灵哲学中的新二元论探微. 北京：商务印书馆，2012：545.

⑦ McGinn C. The Problem of Consciousness. Oxford：Basil Blackwell，1991：99.

⑧ McGinn C. The Mysterious Flame. New York：Basic Books，1999：147.

理状态，这是客观的自然事实，但是，无论是可内省的意识属性还是可知觉的大脑属性，都不能对这一事实作出合理的解释。那么，要说明意识与身体之间客观存在的因果关系，只能有三种方式：要么坚持取消论，要么诉诸超自然的奇迹，再要么是假设隐结构。然而，取消意识既违背直觉又自相矛盾①，诉诸奇迹又不符合科学解释的要求，因此我们只剩下了第三种选择，即假设或承认意识有某种隐结构，它既不是意识的现象学属性，也不是通常所认为的大脑物理属性，我们对它既不能内省也不能知觉，但它能够作为心身之间的中介，将两者协调沟通起来。麦金说，要解释意识的具身性问题，就要"承认意识状态有一种隐藏的自然（而非逻辑）结构，它在意识状态的表层属性与其构成上所依赖的物理事实之间起中介作用。这些表层属性本身不足以将意识状态与物理世界可以理解地联系起来，因此我们必须假设某些深层次的属性，它们提供了所需的这种联系。一定存在某些属性，以便将意识与大脑可以理解地联系起来，因为它就是这样联系的；我认为，这些属性就属于意识的隐秘本质。对意识状态的物理控制需要有一种隐结构来把这些状态与身体的物理属性联系起来"②。换言之，只有假设一种隐结构，我们才能解释意识在物理世界中的位置，否则意识就会成为奇迹，就是不可能的。

最后，盲视（blindsight）等现象也为意识的隐结构提供了经验性证据。盲视是一种矛盾的、令人困惑的神经学现象。它是由脑损伤引起的，患者能对某些简单的视觉信号作出反应，但否认能看见它们。具体来说，在一个人的初级视觉皮层 V1 区（纹状皮层）受到大面积损伤之后，如果你在患者面前左右移动某个物体，然后请患者回答物体向哪个方向移动，他会说什么也看不见，但如果你让他随便猜猜，他往往能猜对，这说明盲视患者的大脑里仍存有移动物体的信息。③麦金认为，在正常视觉中，意识经验的两种内在的属性在产生辨别行为中起着因果作用——一种是主体能够内省到的表层属性，另一种是内省不到的深层属性，只有在这两种属性的共同作用下，你才能有正常的视觉。盲视患者没有现象学的视觉经验，但能对某些简单的视觉信号作出反应。这是由于上述的两种属性出现了分离，外部刺激只激活了深层属性却没有激活表层属性，而深层属性到达不了内省，结果就是：虽然盲视病人的大脑能接收并加工

---

① 参阅高新民，刘占峰.心灵的解构.北京：中国社会科学出版社，2005：81-86.

② McGinn C. The Problem of Consciousness. Oxford：Basil Blackwell，1991：100.

③ 参阅丹尼尔·博尔.贪婪的大脑.林旭文译.北京：机械工业出版社，2013：141-143；克里斯托夫·科赫.意识探秘——意识的神经生物学研究.顾及凡等译.上海：上海世纪出版集团，2005：306-307.弗朗西斯·克里克.惊人的假说.汪云九等译.长沙：湖南科学技术出版社，2000：176-178.

视觉刺激信息，但它无法对这些信息进行内省并形成视觉经验。他说："当你看一个物体并报告它的属性时，你的经验既包含一种你能通过内省予以确定的成分，也包含一种你不能那样确定的成分——这后一种成分就是保存于盲视病例中的东西。"①换言之，视觉经验有两个层次的信息：一是可内省的现象学层次的信息，二是不能内省的隐结构层次的信息。因此，盲视现象也证明，我们必须接受意识状态的二元性，承认它"是一座复式楼"②。

总之，承认意识有隐结构，有利于解释思想的逻辑结构，有利于解释意识的具身性问题和产生问题，也能对大量经验事实作出合理解释。这种隐结构既不位于现象学的表层，也不能归于物理的硬件，它不是可内省的意识属性，也不是通常所说的大脑物理属性，但它是关于意识的产生问题和具身性问题的唯一正确的解释，它"所包含的机制能够将意识牢固地锁定在由大脑、行为和环境所构成的物理世界中"③，能够对心理物理关系作出圆满解释，从而将我们从心身问题的困境中解放了出来。

## 第三节　心灵原子论

众所周知，原子论是古希腊罗马时期最重要的唯物主义派别，其创始人是留基波和德谟克利特，伊壁鸠鲁和卢克莱修后来又对它有所发展。第欧根尼·拉尔修详细记述了原子论特别是德谟克利特的主张：

> 他（指德谟克利特——引者注）的学说是这样的：一切事物的始基是原子和虚空，其余一切都只是意见。世界上有无数个，它们是有生有灭的。没有任何东西从无中来，也没有任何东西在毁灭之后归于无。原子在大小和数量上是无限的，它们在整个宇宙中由于一种涡旋运动而运动着，并因此而形成一些复合物：火、水、气、土。因为这些东西其实也是由某些原子集结而成的，这些原子由于它们的坚固，是既不能毁损也不能改变的。太阳和月亮是由同样的原子构成的，这些原子是光滑的和圆的，灵魂也是由这种原子构成的，灵魂就是理性。

① McGinn C. The Mysterious Flame. New York：Basic Books，1999：149.
② McGinn C. The Mysterious Flame. New York：Basic Books，1999：150.
③ McGinn C. The Problem of Consciousness. Oxford：Basil Blackwell，1991：106，n.23.

我们看得见东西，是由于那些影像透入我们眼睛中的缘故。[①]

"原子"的希腊文是"atomos"，本义是"不可分"，因此原子就是最小的、坚实的、不可分的物质单位，它们内部没有更小、更简单的部分，我们不能根据组合来对它作出进一步解释。原子存在于虚空之中，它们在某种黏合力的作用下集结成了各种物质形式。换言之，世界的一切物质性实体都是由不可知觉的原子构成的，原子以各种方式组合就产生了我们所看到的实在。原子的属性解释了物体的运动和相互作用，因此我们根据微观原子世界的信息就能描述宏观的物质世界。当然，原子是肉眼看不到的，它们最初是理论的假设，其合理性要由其解释力来证明。不难看出，原子论实质上是一种还原论，它是用具有同质性的东西来解释自然的多样性：原子之间没有性质上的不同，只有大小、形状的区别，世界万物由于构成它们的原子在大小、形状、位置和次序上的不同而形成了千差万别的性质。

麦金认为，我们当前对心灵的认识状况，与前苏格拉底时期人们对物质世界的认识状况相似，对这两个时期的各种理论进行对比大有裨益。正如古希腊哲学家不仅未看到其理论的粗陋反而觉得它们精巧而成熟一样，我们在意识的理解上也是过于乐观。事实上，古希腊的理论与当代的各种心灵理论有惊人的相似之处：泰勒斯的"水本原说"、阿那克西美尼的"气本原说"与行为主义、中枢状态唯物主义相似（它们都属于还原论），毕达哥拉斯的"数本原说"相当于计算功能主义，巴门尼德的"是论"和芝诺悖论可归入取消主义，阿那克萨哥拉的"种子说"是当代泛心论的先驱，恩培多克勒的"四根说"属于非还原论阵营，苏格拉底的不可知论则与内格尔等的意识本质怀疑论神似。[②]

基于上述认识，麦金提出了一种"猜想"或"理论愿景"：原子论可能也适合于心灵特别是意识。[③]当然，他不认为构成心灵的原子与构成物质的原子是同样的原子，他主要考虑更抽象的问题，即是否有某种适合于意识的原子论形式。

我们知道，德谟克利特提出原子论只是基于推测，几乎没有经验的支持或解释上的成功，因此，它只是一种理论图式或一种直觉。有人说，德谟克利特由于受空中尘埃的启发，才猜测所有物质都是由像尘埃那样的微小成分构成的。[④]麦金认为，尽管古希腊原子论对有些现象的解释是完全错误的，但其依据微观之物来解释宏观之物的理论形式是正确的，因为可观察的世界隐匿了自己

---

① 北京大学哲学系外国哲学史教研室.古希腊罗马哲学.北京：三联书店，1957：96-97.

② 参阅 McGinn C. Consciousness and its Object. Oxford：Clarendon Press，2004：118-124.

③ McGinn C. Consciousness and its Object. Oxford：Clarendon Press，2004：116.

④ Gottlieb A. The Dream of Reason. New York：W.W.Norton，2000：99.

的活动方式，关于它的正确解释一定会超越观察，这是德谟克利特的真知灼见。原子论当时并未得到普遍认可，甚至还遭到嘲笑，但它后来被证实了。可以说，原子论是古希腊最好的理论。麦金说："意识原子论同样如此：它看起来不合常理、没有根据、违背直觉，但它最终会被证明是最好的理论——比其当代的对手都要好。"①

要理解麦金所倡导的心灵原子论，最好是与相关理论进行比较。首先看它与唯物主义原子论的比较。根据唯物主义原子论，心灵由物质性的原子构成，构成大脑的也是这样的原子，各种有意识的现象不过是这些现象的原子构造的不同面貌，因此就像物体的属性能根据物理原子的属性解释一样，意识的属性也可以这样解释。显然，这种原子论是一种还原论，而且进行还原还依赖于关于心理现象本质的原子主义概念。麦金认为，它是可靠的、可接受的一种唯物主义心灵理论。尽管相信它的理由不多而不信它的理由不少，但它具有像样的理论的形式。例如，对于看见红与感觉疼之间的不同，它必定是依据底层的物理原子的属性进行还原论解释，因为这种唯物主义主张一切不同都是物理的不同，而物理的不同必定总能归结为原子属性的不同，尤其是构成原子的粒子（电子、质子等）的本质方面的不同。人们以前从未作出过这种心理现象解释，也很难理解如何作这样的解释，因此关于心灵的原子主义还原与关于物体的原子主义还原是不同的。

与唯物主义原子论不同，心灵原子论不会将心灵还原为已知的物理原子，因为心理的种类并不是这类原子种类。麦金说："我想到的这种原子论并未承诺任何这样的唯物主义。它只是说意识状态和过程是由底层的状态和过程构成的，后一些状态和过程未被观察到，但它们组合起来就产生了我们看到的东西。"②这些底层的实在与德谟克利特的原子或现代的原子都不同，它们并不是我们通常所认为的世界的组成部分。它们也不是现象的原子，即能通过现象学分析得到的意识要素，更不是感觉材料的组成成分。他指出："它们实质上是隐秘的，而且可能在概念上也是完全陌生的——就像物理原子一样。当然，我不知道它们本质上是什么样子；我的意见只是它们存在，并且依据某些组合原则或规律构成了心灵。"②当你以某些方式将这样的原子集结起来，你就会有（比如）红的感觉，而这个结果完全能根据这些原子的属性作出解释。因此这种理论是一种还原论。

像物理的原子一样，意识的原子数量相对较少，我们可以从少量本原派生

---

① McGinn C. Consciousness and its Object. Oxford：Clarendon Press，2004：118.

② McGinn C. Consciousness and its Object. Oxford：Clarendon Press，2004：126.

出丰富的心理生活，因此心灵的底层具有统一性，不过它常常为表层的多样性所掩盖。物理原子都由原子核和周围的带电粒子构成，我们由此可以派生出所组成的实体的属性。对意识的原子，我们也可以期待其底层的实在同样简单，因此心灵比看起来要简单。再者，物理的原子存在于空间之中，彼此之间具有空间关系，但至少就目前所理解的空间来说，我们不能这样看待心理原子，因为心灵似乎难以用目前的术语作出空间描述，但它们必定存在于某种媒介之中，在其中它们既可分又可合。另外，物理的原子能以超然的形式存在，即不作为宏观物体的一部分，或者说它们至少能与其他原子分离。心灵的原子也能超然地存在，被看成前意识或者后意识，尽管我们难以说明这些原子存在于何处，但不能排除它们在其他地方存在。

再看心灵原子论与泛心论的比较。麦金认为，心灵原子论不是泛心论的别名，因为它没有说心理原子无处不在、物理的原子有意识或原意识属性，也不认为我们了解心灵原子的内在本质。它们的共同之处仅在于承认存在一个隐秘的理论层面，它涉及专门产生心灵的属性。但与泛心论不同，心灵原子论并不认为这些属性是心理属性，也即是说表达它们的概念与我们的心灵概念相似。另外，泛心论一般来说并不是一种明确的原子主义学说，它不认为意识状态本身有原子结构，而心灵的原子可能构成了一种笛卡儿式的非物质实体，因此心灵原子论并未蕴含与众不同的泛心论学说。麦金说："事实上，关于心灵的原子论本身根本不是一种关于产生的理论，而是一种关于心理现象的内在本质的理论。它不打算解释意识如何从脑细胞中产生，而是要说明有意识的心灵具有什么样的构成。"[1] 因此，心灵原子论不是对心身问题的一种解答。

麦金指出，对于心灵原子论，我们支持它的正面理由很少，但下面两点能给人启发。其一，意识在本体论上（而不只是在因果上）依赖于大脑，而大脑是由物理原子构成的物理实体，因此假设意识也有一种原子结构是说得通的。考虑到意识产生于不连续的实体，那么若它是一种连续的东西，将是非常奇怪的，再考虑到意识的基础（即大脑）的原子构成是隐秘的，那么若它的原子本质不是隐秘的，就也是奇怪的，因为若心灵和大脑中的某一个是原子的而另一个不是，它们何以能相吻合？其二，若不把原子结构的观念作为变化的基础，我们就会失去关于变化的模型。当物理对象的原子成分被重新排列时，这些对象也会随之发生变化：没有微观的变化就不会有宏观的变化。同样，心灵也只能随心理状态的变化而变化。那么，说这也是借助于其组成部分的重新排列似

---

[1] McGinn C. Consciousness and its Object. Oxford: Clarendon Press, 2004: 128.

乎是合乎情理的。我们所看到的变化都是底层变化的反映，意识流中的变化也是原子层次上浩瀚的变化海洋的可见结果。

当然，上述这些考虑不是证明只是启发。麦金认为，无论是基于经验的证据还是基于先验的理由，心灵原子论都难以证明，因为我们在意识上的无知处于极其深邃的层次上，因此无法获得相关的知识，但这种理论不是无根之见，而有重要的理论意义。它类似于德谟克利特的原子论，尽管提出时没有多少理由，但最终却令人吃惊地被证实了。他说："我有一种挥之不去的信念，即意识的原子论肯定是正确的，其他一切都不可能。"[①]在原子论问题上，我们同德谟克利特所遇到的情况相似：他感到，实在肯定比我们看到的东西要多，而可见的世界不能解释自身，世界的一部分也无法提供另一部分的本质，因此一定存在某种相对简单的底层实在，它服从严格的规律，具有某种结构，并能解释我们所看到的东西。同样，我们内省到的意识也并非它的全部，一定有另一个层次的实在将它构成了一个整体，而目前所理解的物理世界做不到这一点，因此我们不得不假设一个由心理原子及其相互作用构成的隐秘世界。这些原子在概念上与我们现在归属给意识的一切截然不同，它们的属性也不能根据意识呈现给我们的情况预言，它们还可能有复杂的结构，从而不是严格意义上的原子（即不可分的东西）。它们也许能相互组合以形成分子化合物，其中存在某种分层的构成过程，即从最原始的层次到感觉到的经验层次，从原子、分子最后到达外显的心理现象，但其组合模式不可能是物理的接近，借助的力量也不可能是电磁力，但肯定存在类似于物理接近的连接原则和类似于电磁力的力量，因为心灵的原子要构成稳定的形式必定有某种原因，有某种组合原则。麦金说："鉴于一种原子论的结构，可能除了必须假定某种东西起到了这些作用之外，我们对这些都一无所知。我们知道心灵的原子必须做什么，但我们不知道它们是什么。"[②]

根据心灵原子论，意识是否也像物质那样有两种性质之分。麦金认为可以作这样的区别，但不能由此得出这样的结论，即原子论触及不到心灵的第二性质，因为依赖于表象的性质本身也是意识的不同方面，关于心灵的一般原子论一定要解释它们。换言之，心灵原子论既要解释心灵的内在的性质，也要解释其依赖于表象的性质。例如，假若感到疼是心灵的一种第二性质，它有某种未知的第一性质基础，那么我们就需要对疼痛作出原子论解释，而不只是对其第一性质基础作这样的解释。因此，在心灵原子论中，把意识的两种性质区别开

---

① McGinn C. Consciousness and its Object. Oxford：Clarendon Press，2004：129.

② McGinn C. Consciousness and its Object. Oxford：Clarendon Press，2004：131.

的意义是截然不同的，原子论必须对两种性质都作出解释。

　　另外，这种原子论对解释心身问题是有贡献的，但它没有解决心身问题。一方面，没有人能保证心灵原子与大脑的原子是可以理解地联系在一起的，它们之间仍有解释的鸿沟，麦金甚至认为这种原子论同二元论是一致的。①关于世界的更深入的分析必须将这两个图式结合起来，让这两类原子相互联系，但我们知道物理的原子不可能构成心灵，因此心灵原子与大脑原子之间不存在同一性，一种原子论也不能还原为另一种原子论。另一方面，心灵的原子论确实能为心灵的本质提供更深入的解释，从而说明它何以符合物质世界，如它对我们理解心理物理因果关系是有帮助的，但我们在这方面的认识与前苏格拉底时期的情况相似。麦金说："正确的意识原子论或许会让心物之间的鸿沟看起来更加不可逾越，而要获得一幅统一的画面必须有某种全新的概念框架——它揭示出这两种原子都是一种深层次实在的表达。"②

　　最后，麦金还指出了心灵原子论的研究步骤。从科学发展史看，物质的原子论直到现代化学产生后才被完全证实了，玻尔的原子理论根据原子数和原子量来弄懂了元素周期表，并预测了化学物质的活动，它对元素如何从基础的原子结构中产生作出了解释。那么，证实心灵原子论也需要一位"心灵的玻尔"，有赖于心灵现象的"周期表"和心理化学的发展，"在心理化学充分发展之前，我们不能直接选择原子论。心理化学——其范例就是周期表——处于理论的中间层次，它是将呈现出来的意识与支撑意识的原子结构组合起来所必需的。在我们尝试物理学之前要先研究意识化学。从自德谟克利特时代以来的化学史来看，这听起来是研究心灵原子论的最好策略：在其原子的原理阐释变得明显之前，化学会首先取得显著发展"③。当然，麦金承认这只是一种值得深思的类比，我们目前对心理化学该如何进行仍然毫无头绪。

　　不难看出，心灵原子论是麦金关于心灵内在结构的一种奇思妙想或者"理论愿景"。虽然麦金只是勾画了真正的意识理论应采取的理论形式，而非对它作出了真正的论证，但这无疑也极大地深化了我们对意识结构的认识。首先，意识内部有一种原子结构，无论表层意识、潜意识还是意识的隐结构，都包含有心灵原子，这些原子存在于独特的媒介之中（即下一章所说的"非空间结构"），它们依据某些组合原则构成了各种各样的心理现象。质言之，心理现象丰富多彩，意识也有一种二元性，它既有表层的现象也有深层的实在，但不论心理现

---

① McGinn C. Consciousness and its Object. Oxford：Clarendon Press, 2004：132.

② McGinn C. Consciousness and its Object. Oxford：Clarendon Press, 2004：133.

③ McGinn C. Consciousness and its Object. Oxford：Clarendon Press, 2004：134.

象的多样性还是意识的二元性，都可以在心灵原子这里找到统一性的基础和根据。其次，正确的心灵理论是一种还原论甚至说是一种同一论，我们可以对心灵作还原论的解释，不过它既不能还原为或同一于通常所说的物理原子，也不能还原为或同一于通常所理解的心理属性，它只能还原为心理原子，这些原子是联系心身的中介，它们构成了意识的本质，根据它们的属性可以对各种心理现象的属性作出解释。最后，从本体论上看，心灵原子是心理的，因为它们构成了意识，但从概念上看，尽管适于表达它们的概念与我们目前的心理概念关涉的是同样的东西，即都指称心理现象，但两者鲜有相似之处，表达心灵原子的概念的指称方式与量子理论的概念指称日常所说的桌子、椅子等的方式相似。①由于我们目前的心理概念未容纳心灵的原子，从而它们也难以描述意识的隐结构，所以描述心灵原子和意识的隐结构，要求我们发动一场彻底的概念革命。

麦金在对心灵和意识进行自然化的过程中，揭示了一个令人纠结的困境：如果要坚持自然主义而反对取消主义和超自然主义，我们就需要假定意识有一种隐结构、隐秘属性或隐秘本质，就要认真考虑心灵原子存在的可能性，但无论是对意识之谜的诊断，还是对意识隐结构的深掘、对心灵原子论的设想，我们都受到了同样的困扰，即受认知能力所限，我们无法形成与意识隐结构、心灵原子相关的概念，因而无法描述意识的隐结构和心灵的原子，也无法洞察心物关系的本质。在这种情况下，我们是让意识服从当前的概念图式还是该让当前的概念图式服从意识？显然应该是后者。麦金认为，意识是大脑产生的一种自然现象，这是我们都知道的，那么它与物质的关系一定是可以理解的、有原则的和受规律支配的。关于意识的自然主义不只是一种选择，而且是理解的条件、存在的条件。那么剩下的问题就是：我们如何成为关于意识的自然主义者？应该采取哪种形式的自然主义？或者说，若当前的自然主义形式难以理解意识，我们如何提出一种修正的自然主义形式？

麦金指出，我们至少要将两种自然主义区别开，即有效的自然主义（effective naturalism）和存在的自然主义（existential naturalism）。②前者认为，对于自然界的所有现象，我们应该都能作出自然主义解释，也就是说，我们能实际地说明这些现象的自然主义的充分必要条件。可以说，这种自然主义形式在很多领域都取得了成功，如它对行星的运动、生命的起源、气候、繁殖等都作出了比较圆满的解释。后者是一个具有形而上学特征的论题，认为不管我们

---

① McGinn C. Consciousness and its Object. Oxford：Clarendon Press，2004：127，n.18.

② McGinn C. The Problem of Consciousness. Oxford：Basil Blackwell，1991：87.

能否理解其作用过程，但自然界所发生的一切都不是内在反常的、受上帝驱使的或者违背基本规律的，这实际上是一个形而上学的信念。在麦金看来，有效的自然主义是一种唯心主义，因为说我们能对一切自然现象作出自然主义解释，实际上是认为我们的理论建构能力能够理解存在的一切，换句话说，成为自然之物就是要能被我们自然化，而这是把人作为衡量自然界的自然性的尺度，但没有人能保证我们有这样无所不知的能力。其实，大自然是一本打开的书，供我们的眼睛阅读和理智理解，其中的有些故事是我们不可能理解的。就意识来说，它是通过自然过程从自然材料中产生的，但由此不能推出我们对于理解这些自然过程如何发生、其本质是什么一定会拥有相应的理智工具，即由此不能推出有效的自然主义适用于意识。麦金说，存在的自然主义适用于意识，它也可以被称作超验的自然主义，因为使意识成为一种自然现象的自然事实，超越了我们发现这些事实的能力，"我们知道这些事实存在，但我们不能实际地确认它们，甚至原则上也不行"①。因此，客观地说，意识与自然界的其他东西一样，是一种自然现象，但我们不能理解这种自然现象的本质。

麦金认为，理解心身关系需要假定意识的隐结构，但这种隐结构又是我们难以认识的。然而，这并不意味着自然界存在一种本体论的怪物，而是反映了我们认知能力的缺陷，这是"我们的认知鸿沟的人为产物"②。他说，我们"关于意识的隐秘的自然结构的立场应当是一种不可知论的实在论（agnostic realism）"，"我打算接受一种关于心理物理联系的本体主义（noumenalism），而由于这种联系取决于意识的隐结构，因此我打算接受关于那种结构的本体主义"③。

需要指出的是，麦金的这种看法源于他对人类认知能力的认识。他认为，人的心灵是经进化而来的，理性无疑是进化的杰作，但正如其他进化的产物一样，它也有其内在局限性和偏向，心灵也有认识上的优势和弱项，这不仅表现在知觉和记忆方面，也表现在高级认知机能方面，因此人在心身或心脑关系上的认知封闭性不过是反映了人类认知能力的另一个局限性而已。人的智能是一种生物适应，是最近才进化出来的，而且还能进一步进化，因此它和其他进化产生的特性一样有结构和功能方面的局限性，它不可能把我们变成认识上的上帝。基于此，麦金说：

---

① McGinn C. The Problem of Consciousness. Oxford：Basil Blackwell，1991：88.

② McGinn C. Consciousness and its Object. Oxford：Clarendon Press，2004：69.

③ McGinn C. The Problem of Consciousness. Oxford：Basil Blackwell，1991：120，121.

　　若我是一个关于心脑关系的神秘主义者，这是由于我是一个关于人类心灵的自然主义者；其实，既然意识对于科学和哲学的理解力似乎是必不可少的，那么，我是一个关于意识的神秘主义者，恰恰是由于我是一个关于它的自然主义者。我们的有意识的思维有其自然的限度，而这就是它是我们的一个谜的原因。①

① McGinn C. Consciousness and its Object. Oxford：Clarendon Press，2004：70.

# 第三章

## 彻底的概念革命与意识之谜的消解

如前所述，意识是一种自然现象，大脑如何产生意识从客观上说并无神秘性可言，那么尽管我们认识不到，但大自然一定有能解决心身问题的事实，它们必然涉及大脑，因为只有这样才能解释"意识如何产生于大脑"的"产生问题"，也必然涉及意识本身，因为只有这样才能解释"意识如何具身于大脑"的"具身性问题"，这就意味着大脑和意识都有某种我们认识不到的隐秘本质，这种本质是自然界的一种客观特征，但人们不能形成它的概念。一方面，大脑是一种客观实在，意识产生于大脑是一个自然事实，从客观上说大脑一定有某种属性能对此作出解释，虽然我们不知道这种属性是什么，但知道它一定存在，完备的大脑概念应该反映这种属性，由于当前的物理学没有解释这种属性，所以它是不完备的，从而它对包括大脑在内的物理实在的看法也是不完备的。也就是说，大脑的客观本质并未被我们的概念穷尽，其一部分本质被我们当前的概念漏掉了。物理学应当解释物理实在的所有能力，既包括物质间相互作用的能力，也包括物质产生意识的能力，但它目前只解释了前者而未解释后者，因此当前的物理学解释结构是不完善的。麦金说："除非我们是极端的二元论者，否则就必须接受这种可能性，即物理学仍处于其幼年时期，它甚至不能解释老鼠的意识！今天人们远未理解意识，就像 2000 年前人们远未理解行星的运动一样。"[①]这就意味着要解释意识的产生，就必须在当前的物理概念中增加一些新的属性和原则。另一方面，意识并不是"透明的薄膜"，而是有一种隐结构、隐本

---

① McGinn C. The Character of Mind. Oxford：Oxford University Press，1996：44.

质，它在意识状态的表层属性与它们所依赖的物理事实之间起中介作用，但内省不能触及这种隐结构，从而不能形成相关的概念。这就意味着我们当前的心灵或意识概念未能反映意识的全部本质，要解释意识的具身性，也需要提出能反映意识隐结构的心灵概念。总之，从上述分析我们可以得出两个结论：一是当前的物理学不完备，我们对物理实在的认识有缺陷，解决心身问题必须建立新的实在观；二是我们对意识本质的认识也有缺陷，解决心身问题也要建立新的心灵观。不过，还要看到，即便我们承认解决产生问题依赖于大脑的一种未知属性、解决具身性问题仰仗意识的一种隐结构，但我们还会遇到这样的问题：这种未知属性与这种隐结构究竟是什么？它们有何关系？麦金认为，回答这些问题需要重新考虑空间的构成，因为传统认为大脑有空间性而意识是非空间的，因而非空间的意识如何产生于具身于空间性的大脑就成了难解的问题。由此可见，产生问题和具身性问题其实都源于意识的"空间问题"[①]，只有空间问题解决了，产生问题和具身性问题才能解决。而空间问题的存在，是由于我们认知结构中所隐藏的空间概念图式未能反映空间的真正本质，那么建立新的物理概念和心灵概念的一个重要前提就是要建立新的空间概念。

## 第一节　大爆炸与空间概念革命

众所周知，笛卡儿认为心灵与物质的区别在于，心灵能思想而无广延而物质有广延但不能思想。至少从那时起，非空间的心灵如何能从空间性的世界中产生的问题就一直是哲学家们争论的一个焦点。哲学史上对这个问题主要有超自然的解答和自然的解答两种。前者以各种二元论为代表。它们承认心灵是非空间的但否认它是从物质中产生的，认为心灵独立于物质，拥有自主的存在地位：它要么始终存在，要么是和物质同时产生的，要么是由于上帝的作用才产生的。总之，心灵不是物质的产物，而是一个独立的本体论范畴，因此空间问题是基于一个错误的前提而提出来的。后者以各种唯物主义心灵理论为典型。它们承认心灵产生于大脑但否认心灵是非空间的，认为心灵并不是细胞结构和

① 麦金所说的意识的"空间问题"，即"非空间的意识何以能产生于空间性的大脑"的问题，它实际上隐含了两个前提：一是意识是非空间的，二是意识产生于大脑。哲学家们在意识的空间问题的分歧，就是由对这两个前提的不同看法造成的。参阅 McGinn C. Consciousness and its Objects. Oxford: Clarendon Press，2004：100.

过程之上的东西，意识状态和大脑状态一样是空间的，心灵的非空间性是源于我们误解了实在的真正本质而产生的一种错觉。麦金认为，人们之所以否认心灵或意识有空间性，是由于他们把空间和意识的本质及关系弄乱了，其实上述两种回答并非水火不容，我们可以对两者加以吸收，提出第三种解答，即意识既产生于大脑又是非空间的。他说：

> 大脑不可能只有当代物理科学所承认的空间属性，因为这些属性不足以解释大脑的成就，即产生了意识。大脑除了所有的神经元和电化学过程之外，一定还有我们当代的物理世界观所未表达的方面，它们是我们完全不理解的。按照这种看法，我们关于实在——包括物理实在——的看法是很不完善的。要解释意识的产生，我们需要一场概念革命，在这场革命中一些全新的属性和原则会得到确认。①

在他看来，"空间问题"的症结并不在于我们没有全面把握神经生理活动的细节，而在于我们还没弄清楚"空间如何构成、由哪些要素组成"这个更根本的问题，所以，这是由于我们的常识空间观不适合。

根据常识的空间观，"空间是一个可视的、为某对象提供运动条件的东西，形象地说，空间是一个装实物的框子。它在数量上是一，要么是一个实在（牛顿），要么是一种属性或存在方式（莱布尼茨等）。从构成上说，它有三维，有中心，等等"②。可以说，三维的空间是事物的存在方式和存在标志，根据它可以判断某个对象是否有存在地位。倘若真是如此，那么由于意识没有这样的空间性，我们当然可以据以取消它的存在地位。在麦金看来，意识的产生、存在和作用是客观的事实，因此面对这样的矛盾，我们不是要修改关于意识的理论，而是要修改传统的空间概念。他说："有意识的心灵是另一种反常现象。它们也对我们的空间观提出了挑战，似乎使空间与意识的共存成了不可能的事情。但是……心灵与空间中的物质有因果联系，因此它们不可能完全处于空间之外。而如果空间包含一切有因果作用的东西，那么有意识的心灵在某种意义上就一定处于空间之中。"③也就是说，如果空间只包含三维的物质，那么意识显然不在空间之中，从而心身、心物作用就成了问题，但如果空间包含一切具有因果作用的东西，那么意识就不可能外在于空间。他说："或许客观的空间有一种结构，能使之顺利而自然地既包含物质又包含意识，不过这种包含方式并不是我

---

① McGinn C. Consciousness and its Objects. Oxford：Clarendon Press，2004：104.

② 高新民．心灵与身体——心灵哲学中的新二元论探微．北京：商务印书馆，2012：562.

③ McGinn C. The Mysterious Flame. New York：Basic Books，1999：127-128.

们当前对空间的理解的一部分。"① 他认为，传统的空间观根本没有反映空间的真正本质，因为它把空间与非空间绝对割裂开了，人为地在它们之间制造了一条不可逾越的鸿沟，这样一来，非空间的意识如何能从空间性的物质产生，就成了一个永远无解的难题。如果我们洞察了空间的真正本质，就会明白意识既产生于大脑又具有非空间特征。

因此，要解决意识的空间问题，首先要做的是要变革常识的空间观。其实，科学史上，常识空间观已经历过多次变革，甚至可以说物理学和天文学中的大多数重大进展都与此有关。例如，相对论和量子力学否定了欧几里得式空间概念，而代之以弯曲的时空观，认为空间除了外显的三维之外，还有其他"隐秘的"维度，等等。麦金认为，回顾科学发展历程有助于我们诊断有关意识的问题，因为意识也是一种对常识空间观造成了压力的现象。根据常识的空间观，意识现象没有广延、没有空间，它们与常识的空间有一种模糊而反常的关系，即它们似乎既不在空间"之内"，也不在空间"之外"。但这只是一个认识论的事实而非一个本体论事实，也就是说，这只是说明我们缺乏用以理解这种关系的理论。意识和空间本身一定是以某种可以理解的自然方式相联系的，但要说明这种关系，就需要我们以完全不同的眼光来看待空间。他说："我推测，空间问题的解答就在于这种关系。意识是下一个要求对我们的空间观作出修改的反常现象。"② 在他看来，这场概念革命所形成的空间概念能包容世界上的一切存在样式，能为说明意识和物质的起源、存在和作用提供条件。他说："我们用'空间'一词所指称的东西有一种本质，它与我们以常见方式所设想的东西截然不同；它如此不同，以至于它真的能'包含'（我们现在所设想的）非空间的意识现象。空间中的东西能够产生意识，仅仅是因为这些东西在某个层次上并不仅仅像我们所设想的那样；它们拥有某个隐秘的方面或原则。"③

麦金认为，要理解空间的真正本质，我们需要重新审视宇宙大爆炸理论。根据大爆炸理论，137亿年前，一个密度无穷大"奇点"发生了大爆炸，之后宇宙开始膨胀，并逐渐扩展和演化，空间、时间及万物随之产生。④ 后来，随着宇宙的演进，世界上逐渐出现了生命、神经细胞及脑器官，并最终产生了意识。总之，宇宙万物的产生，最终都能追溯到大爆炸这个初始起点。麦金认为，大爆炸并非一切存在的开端，因为大爆炸也有自身的原因，由于空间是随着大爆

① McGinn C. The Mysterious Flame. New York：Basic Books，1999：124.
② McGinn C. Consciousness and its Objects. Oxford：Clarendon Press，2004：108.
③ McGinn C. Consciousness and its Objects. Oxford：Clarendon Press，2004：105.
④ 参阅帕特里克·摩尔等．大爆炸——宇宙通史．李元等译．南京：广西科学技术出版社，2010：26.

炸产生的，所以大爆炸之前的宇宙肯定不是空间的，这就意味着空间是从非空间的或前空间的结构产生的。就此而言，大脑产生意识的过程与大爆炸产生宇宙的过程是逆向的：大爆炸从非空间的宇宙产生了空间的宇宙，而大脑从空间的大脑产生了非空间的意识。因此，搞清楚大爆炸如何从非空间中产生空间，有助于理解意识之谜。宇宙学家之所以认为大爆炸是宇宙万物之源，是因为他们犯了一个唯心主义错误，即从我们对大爆炸之前的状态一无所知的认识论前提得出了之前什么也不存在的本体论结论。事实上，大爆炸只是宇宙演变过程中的一个插曲。既然空间产生于非空间的结构，那么根据质能守恒定律，这种非空间结构在大爆炸后仍会以某种形式存在。这样，大爆炸之后，宇宙中就既有空间的结构，也有前空间的或非空间的结构，这些原始的前空间结构既是物质的原因也是心灵的原因，它们既解释了大爆炸也解释了意识的产生，因此它们是"最基本的实在，是它们在大爆炸时被转换成了物质，也是它们使物质能通过脑组织的形式产生意识"[1]。从意识的角度来说，大脑能够产生意识，利用的就是大爆炸之前就存在的这些宇宙属性，这些属性在大爆炸之后仍然存在，只不过被空间和物质覆盖了。大脑复活了这种非空间的结构，使它呈现为意识的外观，在这种意义上，不难看出，意识其实比空间中的物质更古老。

根据麦金对大爆炸理论的新阐释，"客观的空间"不仅可能，而且也是客观的事实。我们当前的空间概念只是部分地反映了空间的本质，真正的空间既包括我们现在所理解的空间，也包括大爆炸之前的非空间结构。也就是说，真正的空间＝现在的空间＋非空间结构。麦金说：空间"一定有两个隔间，一个安置物质，另一个安置心灵，但是这两个隔间肯定以某种方式联系在一起。它们相互间肯定是相连续的。这样，大脑既存在于一个隔间，也存在于另一个隔间，也就是说大脑不完全是当前意义上的空间对象。它们一定既有使之与桌子和山脉共存的属性，也有使之与安置意识的隔间相适应的属性，因为它们产生了意识。换句话说，它们（大脑）必定具有空间属性，这些属性使它们与桌子、山脉等其他空间对象相似。其他物体可能与空间的这另一个方面无关，因为它们的属性并不需要与当前所认识到的这些方面不同的空间方面。但大脑必定在这两个隔间中都有涉足，因为它们的任务就是要产生这样的实体——它们的本质是由普通物体未觉察的空间方面定义的"[2]。因此，说意识是非空间的，只是说意识没有当前的空间概念所归属的属性，但根据新的空间概念，由于意识反映了空间的非空间结构，所以与真正的空间是完全相符的。就此而言，说"意识有

---

① McGinn C. The Mysterious Flame. New York: Basic Books, 1999: 121.

② McGinn C. The Mysterious Flame. New York: Basic Books, 1999: 128.

非空间的属性"与说"意识在客观上具有空间所具有的属性"并不矛盾，因为从客观上说空间具有的属性比我们平常归属给它的要多，空间在客观上具有一种真实的结构，它能够同时容纳心灵和物质。如果我们理解了空间的真正本质，就会发现意识与岩石、地板一样有空间。由此可见，意识的空间问题之所以难以解决，根源就在于我们漏掉了空间的一部分本质，即它的非空间结构。麦金说："我们在空间的真正本质方面有严重的错误。归根到底，事实情况并非意识是非空间的，而是空间与我们所认为的迥然不同，意识足以与真正空间的本质相符合。"①所以，在我们说意识没有空间属性时，我们实际是说它没有我们归属给空间的那些空间属性，而不是说它没有真正空间的属性。

根据这种新空间观，意识的隐结构和大脑的未知属性实际上就是客观空间的未知结构，即大爆炸之后保存下来的宇宙的前空间结构，正是它使得意识牢牢地锁定在大脑、行为及环境的物理世界之中。麦金说，"产生的原则和具身性的原则是一致的"，大脑产生意识所利用的未知属性与意识的使自身具身于大脑的隐结构是重合的，对意识作出解释的未知的大脑属性就是意识的隐而不彰的方面，它们只是"一枚硬币的两面"，"我们只是描述了两种接近同一些未知事实的方法，即从大脑的方向或者从意识的方向。最终，告诉我们大脑有一个未知的方面的根据也是相信心灵有一个未知的方面的理由"②。

## 第二节 物质与空间

概念革命要深入到哪一步，完全取决于我们对意识问题症结的诊断。根据前面的分析，正确的诊断揭示了常识空间概念的缺陷，也指出了变革空间概念的出路。但是，由于意识产生于物理世界是一个客观事实，所以意识要能够存在，空间中的物质就一定要有超出了其日常概念的特征，"无广延的东西能从空间中的物质产生，必定有赖于这个基础的属性允许这样的产生"③。而所需的这种属性是自然中业已存在的一些方面，是由被组织成大脑结构之前就存在的东西所例示的，换言之，它们可能与前面所说的宇宙的前空间特征有关。麦金说，意识在本体论上如此奇特，它完全不符合标准的空间概念，那么要坚持意识产

---

① McGinn C. The Mysterious Flame. New York：Basic Books，1999：123.

② McGinn C. The Mysterious Flame. New York：Basic Books，1999：155-156.

③ McGinn C. Consciousness and its Objects. Oxford：Clarendon Press，2004：106.

生于物质，就要求物质也有某些非常奇特的属性，因此我们的概念革命不可能只在局部进行，只涉及大脑生理学，而是要深入到物理学本身，"因为如果我是对的，那么有缺陷的就不只是关于头脑中的物质的科学，而且是关于分布更广泛的物质的科学"①。在他看来，传统的物质概念深受近代机械论的影响，建立新的物质概念也要从考察和批判机械论的物质概念入手。

在近代，界定物质的本质属性是一个重要问题，因为若没有适合的物质概念，物理学会被认为缺乏融贯性。对于物质的本质及物质与空间的关系，笛卡儿与洛克曾有过针锋相对的论争。笛卡儿认为，物质实体与精神实体的根本区别在于，前者的本质属性是广延，后者的本质属性是思想，前者不思想而后者无广延。所以，要成为一个物体就要具有广延性。他说：

> 一般说来，物质或物体的本性，并不在于它是硬的、重的或有颜色的，或者以其他方法刺激我们的感官。它的本性只在于它是一个具有长、宽、高三向量的实体。②
>
> 长、宽、高的广延构成了物质实体的本质，而思想构成了能思维的实体的本质。其他能归属给一个物体的一切都预设了广延，因而只是一个有广延的东西的某种模式；同样，我们能在心灵中发现的一切都只是不同的思维方式。因此（例如）我们除了在有广延的事物中是不能理解形状的，或者说我们除了在有广延的空间中是不能理解运动的；同样，我们除了在能思维的东西中是不能理解想象、感觉或者意志的。③

基于上述认识，他认为不可入性（impenetrability）并不是物质的本质属性，物质是根据纯粹的广延来定义的，"物体的可触性（tangibility）和不可入性类似于人发笑的能力，根据普通逻辑规则，它是第四类属性而非一种真正的本质性的不同，而我认为广延是这样一种本质性的不同。因此，正如人不能定义为能发笑的动物而应定义为有理性的动物一样，身体也不能根据不可入性来定义而应根据纯粹的广延来定义"④。

空间也有三维的广延，因此空间与物质没有根本的差异，它也是一种物质实体。笛卡儿说："空间，即内在的场所，同其中所含的物质的实体，在实际上

① McGinn C. Consciousness and its Objects. Oxford：Clarendon Press，2004：105.

② 笛卡儿.哲学原理.关文运译.北京：商务印书馆，1959：35.

③ Descartes R. Meditations and Other Metaphysical Writings. New York：Penguin Books，1998：132.

④ Descartes R. Meditations and Other Metaphysical Writings. New York：Penguin Books，1998：168.

并没有差异，只在我们惯于设想的它们的情状方面，有所差异。因为，老实说，长、宽、高三向的广袤不但构成空间，而且也构成物体。它们的差异只在于：在物体中，我们认为广袤是特殊的，并且设想它跟着物体变化；至于在空间方面，则我们以为广袤有一个概括的统一性，因此，我们在把一个物体由某种空间移出以后，我们并不以为自己同时也把那段空间的广袤移去。因为我们看到，那段广袤只要保持同一的体积和形相，只要同我们赖以确定这个空间的四周某些物体保持其固有的位置，则那段广袤仍是不变的。"[①]空间尽管没有形体，也不可见，但它不是真空而是一种"充实"（plenum），是一类独立的实体。空间和物质可以相互渗透，它们是物质实体的不同类型，具有相同本质属性（即广延）。换言之，空间也是根据广延来定义的，因而也是一种物质，但它是可入的。总之，广延是物质性的充分条件，是内在于物质概念的，而不可入性至多是一种外在的条件，并不是物质的本质属性。

洛克完全反对笛卡儿的物质定义，他认为物质概念的核心不是广延，而是凝性（solidity）或不可入性。他说：

> 两种物体相对进行时，能阻止它们接触的，亦即所谓凝性。我现在可不过问，凝固一词底意义如此处所用的，是否比数学家所用的凝固的意义较为接近于原来的本训。我们只可以说，据普通的凝性观念说来，这种用法从不是很正确的，亦是可通的。不过有人如何以为称它为不可入性，较为合适些，则我亦可以同意于他。只是我觉得，要以凝性一词来表示这个观念，可能更为适合一点；因为它不但合于通俗的意思，而且它比不可入性还含着较积极的意义，因为不可入性是消极的，而且多半是凝性底结果，而不见得是凝性本身。这个观念在一切观念中是和物体最紧密相连的一个观念，而且物体亦根本以这个观念为其主要的成分，因此，除了在物质块团中以外，我们并不能在别处找到（或想到）这种性质。[②]

根据这种对物质本质的认识，他重新界定了物质与空间的关系：两者的共同之处是都有广延，但物质具有不可入性，而空间的本质是可入性。空间本身不是充实，而是纯粹的真空，若没有这样的真空，运动就不可能，因为物质本质上是阻碍运动的。他说："物体凭这种阻力能把别的东西排斥于它所占的那个空间之外，而且这种阻力是最大不过的，因此，任何大的力量亦不能把它克服

---

① 笛卡儿．哲学原理．关文运译．北京：商务印书馆，1959：38-39.

② 洛克．人类理解论．关文运译．北京：商务印书馆 1983：88.

了。全世界的物体纵然都挤在一个水点的各方面，那个水点亦会（虽然柔弱）抵抗它们，不使它们接触，而且那个水点若非移得离开它们，则它们万不能把那种阻力克服了。因此凝性观念与纯粹空间大有区别，因为纯粹空间是不能抵抗，不能运动的。"[1]另外，凝性与坚硬性（hardness）不同：所有物体都有凝性，但坚硬性则不同，柔软物体与坚硬物体的区别不在于有无凝性，而在于内在成分之间的紧密程度不同，"不过明显的各部分（或全体形相）虽然难变更其地位，可是世上最坚硬的东西亦不能因此就比最柔软的东西具有较大的凝性"[2]。也就是说，凝性是物体的绝对性质，没有程度之分，而坚硬性是一种相对的性质，存在程度的差别。总之，物质是根据凝性来定义的，说一个物体占据某个空间区域，就是说它的凝性把其他物体从该区域排除了出去。

麦金赞成洛克的看法，但又有所发展。他认为，物理的宇宙是由空间中的物质构成的，而物质的本质是不可入性，这种性质在不同的物体之间是平等的和不变的。空间是一种真空，是根据可入性来定义的，它在各个部分之间同样是平等的和不变的。广延是物质和空间都具有的，因而不能根据它定义物质或空间。物体由可运动的部分组成，而空间由不可运动的部分组成，运动就是不可入的物体通过可入的空间的过程。物质可以压缩，但这只是由于我们可以让物体内部空间中的微粒相互间更加接近。连续的物质都同样是坚硬的，因为是坚硬还是柔软取决于物体内部的微粒的运动。这些微粒本身在坚硬性方面没有差别。物体能表现出两种阻力：一种来自各部分的凝聚，这是力的问题、自然规律的问题；另一种来自于物质本身，不存在程度的差别，这是逻辑的或形而上学的问题。物质和空间是逻辑的或形而上学的对立面，一个根据排斥性（exclusiveness）定义，另一个根据接受性（receptiveness）定义，因此说空间是一种特殊的柔软物质的看法是错误的，因为空间与物质有本质的区别。

所谓不可入性，就是阻止其他物体运动的能力，它实际上是一个倾向概念或关系概念，而非本质概念。洛克也承认，不可入性是凝性的结果而非凝性的本质。那么，对物质所固有的不可入性该如何解释？对此主要有两种解释。一种解释认为，不可入性就是某些物质对其他物质所施加的一种阻力，也就是说，当物体A到达物体B的位置时，B会把它推开，阻止它的入侵。根据这种解释，阻力的主体是物质自身，排斥性来自于物质的一种内在属性（即物质自身所施加的阻力），而非来自于被占据的空间区域的一种属性。在这里，是物质自身把其他物质推开了，空间本身在排斥性中没有任何作用。但这种解释没有说明这

---

① 洛克.人类理解论.关文运译.北京：商务印书馆，1983：88，89.

② 洛克.人类理解论.关文运译.北京：商务印书馆，1983：90.

种阻力是什么，也没有说明它如何起作用，而只是说物质有一种阻止其他物质的不可还原的、原始的力量。

另一种解释关注被占据的空间而非占据空间的物体。它认为，占据空间就是对空间的一种操作，是占据空间的物体对被占据的空间的某种修改，造成物质的不可入性的是空间而非物质自身，"关于不可入性的解释不是说物质施加了一种自成一格的阻力，而是说被占据的空间在物质占据它时其本质发生了某种变化"①。这种解释包含两个方面：一方面，空间施加了一种之前所没有的阻力，因为空间的本质是接受性而非排斥性；另一方面，空间现在已经被变成了某种阻止运动的东西。依据对空间进行操作的强弱程度，这种解释可分为两种形式：一种是较温和的形式，认为物质消除了空间的一两个维度，或者使空间成为不连续的、粒状的或弯曲空间，等等。另一种是麦金本人所支持的一种较极端的形式，认为对空间的操作是彻底的删除，即物质消灭了它所占据的物理空间区域，使之不再存在。也就是说，当某种物质进入一个空间区域时，它会彻底消灭那个空间。根据这一假说，对不可入性的解释就是："并不存在要被占据的空间区域。"①占据它的物体已经使之不再存在，因此自然也没有物体能占据那个位置了。它在占据之前和之后都存在，但在占据期间已经被从空间的杂多中删除了。麦金将这种解释称为"删除理论"（deletion theory）②，并强调不能把它与"重叠理论"（overlap theory）③相混淆，因为后者认为空间仍然存在，只是与相关的物体重叠了，而前者认为根本不存在重叠，因为"占据空间就是消除空间"②，该空间区域已经不存在了。根据删除理论，空间之所以有接受性，是因为不存在物质，而物质就其本性来说具有排斥性；物质之所以有排斥性，是因为不存在空间，而空间天生就有接受性。我们据此也可以解释"凝性"与"坚硬性"的区别：坚硬性就在于将空间中的组成粒子黏合起来的力量，而凝性就在于空间的消灭。

麦金指出，虽然删除理论看起来违背直觉，我们也提不出有力的证明，但它有比重叠理论更好的解释力。首先，人们通常认为，装满了物质性材料的区域内没有空间，固体物的内部也没有空间，因为物质似乎把空间推开了。但这样一来，我们就无法解释被移位的空间的位置。因为如果全空间（full space）意味着一个存在的空间区域与一个物体重叠，那么全空间概念似乎就自相矛盾了。其次，如果承认重叠理论，我们就要认可不同的两个事物（即一个空间区域和

① McGinn C. Basic Structures of Reality. Oxford：Oxford University Press，2011：18.

② McGinn C. Basic Structures of Reality. Oxford：Oxford University Press，2011：19.

③ McGinn C. Basic Structures of Reality. Oxford：Oxford University Press，2011：20.

一种物质）可以在时空上重合。也就是说，在任何位置上，都既存在一个物体，也存在这个物体所占据的空间区域，它们在数量上不同。这个空间区域之前是空的，现在是满的。但这显然违反了同一时间和地点不能存在两个事物的原则。麦金特别指出，空间与物质的重叠同雕像与青铜的重叠是不同的，因为雕像是由青铜构成的，破坏青铜也就破坏了雕像，而空间区域并不是由占据它的物质构成的，破坏物质并不破坏空间。就空间与物质来说，我们所具有的这两种事物，既不是相互构成的，也不被认为是重合的，这显然违背了常识和普遍原则，但如果接受删除理论就可以避免这个结果。再次，如果真如重叠理论所说，空间与物质是重合的，那么空间显然会失去其接受性，因为否则我们就无法解释重叠之后的排斥性，但为什么空间不再有接受性？对此重叠理论难以解释，而删除理论却可以作这样的解释：这里并不存在空间，因为在第一个对象被接受时，空间就被消灭了，因而也就不再能被占据，也就是说，"排斥性直接来自于物质对空间所作的改变，即消灭它"①。

在麦金看来，我们之所以觉得删除理论难以接受，源于我们暗中用物质本体论来模仿空间本体论。我们通常认为，只承认物质的本体论地位，认为空间是纯粹的缺失，它只是物质的一种载体，因此只要有物质就一定有空间。这一方面是由于空间在我们的思维和想象中占有中心地位，我们难以想象没有空间的世界，也难以形成非空间实在的概念，由此我们就自然地假定物质和空间必定同时存在；另一方面是由于我们对物体和空间的认识途径不同：对于物体，我们通过看、听、嗅、摸等途径来认识，而对空间却难以这样来知觉，由此人们也会认为凡有物质存在就必有空间存在。但实际上空间与物质截然不同：空间和物质虽都有广延，但空间的本质并不是广延，物质虽有广延，但它也不是或不等同于空间。在被占据的空间中具有广延的是一种物质，但由此不能推出那里存在有广延的空间，因此物质的广延并不自动地就是空间的广延。他说："空间中的任何地方都肯定存在广延，但这种广延可以采取两种形式，即空间的形式和物质的形式。"②世界上的某个区域可能会和另一个区域具有等量的广延，却没有等量的空间，因此，有广延的物质的存在就不就是内部空间的存在，物体消失的过程也与空间区域消失的过程不同。

根据删除理论，物质与空间之间有一种对称关系。空间是由物体间的空隙构成的，即无物质的区域，物体就像无结构的空间海洋中的岛屿。同样，物体也是由空间中的空隙构成的，即无空间的领域，空间区域本身似乎也是物质海

① McGinn C. Basic Structures of Reality. Oxford：Oxford University Press，2011：21.

② McGinn C. Basic Structures of Reality. Oxford：Oxford University Press，2011：22.

洋中的岛屿。空间是物质的中断，物质也是空间的中断。空间标志着物质的限度和边界，物质也标志着空间的限度和边界。

麦金重新界定物质与空间的关系是为了破除传统的偏见，即认为物质具有比空间更优先的地位，空间是纯粹的缺失，是一种无效的东西，事实上物质不是增加到空间中的东西，而是从空间中清除的东西。空间中的空隙就是存在的物质，两者都由不可入性构成，这里可入性处于基础地位，不可入性之所以存在，就是因为我们否定了可入性，而这种否定就是物质的本质。可见，空间不是纯粹的缺失，而是一种积极的实在，由于它有广延性和可入性，而物质也有广延性但是不可入的，因此物质并不与空间重合。

就心灵来说，笛卡儿为了将它与物质区别开而把物质和空间合为一体，认为物质和空间的本质都是广延，而心灵是非广延的，因此心灵既不是物质也不是空间，从而它就不在自然秩序之内。但如果物质的本质是不可入性，那么心灵有没有不可入性呢？麦金认为它并不排斥物质性的东西，其理由有二：首先，我们通常会说"我和我的身体处于同一位置"，因而自我分享了身体的位置，它和身体有共同的界线或者说它分享了身体的广延，因此至少对于构成身体的物体来说，自我是有接受性的。其次，在某种意义上，物体在意向行动中可进入心灵，即心灵把外部对象作为它的内容，因此心灵与物体之间似乎是重合的。

另外，心灵与力场有相似之处，因为它们都不排斥物质性的东西，都与空间有一种模糊的关系。心灵与场同空间相联系的方式与普通物质不同，因为它们并不占有空间，然而却大致可以定位于某个空间区域之内。同时，我们也不能说两者都消灭了空间，因为两者在其界线之内都不排斥物体的存在。

基于上述认识，麦金提出了四重的本体论分类法，即空间、物质、场和心灵。前三种有重要的本体论差异，特别是物质与空间有本质的区别，如果把两者都归类于物理事物就会混淆其中的区别。因此，传统物理／心理的二分法具有误导性，"物理的"一词是武断的、有偏见的，没有反映深层次的本体论差异。正确的分类要围绕接受性和排斥性进行，空间、物质、场和心灵应按照这种基本的对立来分类。他说："整个'物理事物'的概念是一种笛卡儿的残留物，它反映了笛卡儿想同化物质与空间的误导的企图。洛克对此的批评是在正确方向上迈出的一步，说明我们需要的不只是两向的区别。一旦认识到物质与空间之间的截然不同，就可以看出企图将世界划分为'物理事物'和'心理事物'是严重的错误。"①也就是说，我们应该将空间从"物理事物"的概念中分离出来，

---

① McGinn C. Basic Structures of Reality. Oxford：Oxford University Press，2011：31-32.

给予它特殊的存在地位。心灵也不能被包括进目前的"物理事物"概念之中，我们以往通过物理概念来类比心理概念的做法也是错误的。

# 第三节　意识是物质的一种形式

麦金认为，常识心灵观或意识观不仅深受笛卡儿二元论的影响，也深受笛卡儿机械唯物主义的影响，因此，揭示意识的本质，也需要反思笛卡儿的机械唯物主义。

根据笛卡儿的机械唯物主义，物理世界中的一切都可以根据有广延的块状物体的接触性因果作用来解释。笛卡儿认为这种观点适用于物理世界，但不适用于心灵。但科学的发展已经证明这种机械唯物主义是错误的。比如，万有引力的发现说明了远距作用不仅可能而且是现实的，电磁场、力场、无线电波、X光等新的实在类型也突破了传统的物质概念，能量也有了动能、化学能、引力能、电磁能、原子核能等不同的种类，粒子的类型也多种多样。再如，电子与质子的质量不同，它们具有不同的电荷和原子序数，而且不管它们是否由相同的材料构成，其"形式"都存在巨大差异；带电粒子也有两种，即正粒子和负粒子，它们有差异悬殊的吸力和斥力，另外还有不带电的粒子，而支撑粒子的这些活动差异的一定是迥然不同的物质形式，也就是说，带电情况不同的物质一定反映了深层次的本体论的分野。再者，一般来说物质都有质量，但科学研究已经证明微中子没有质量，而场是否有质量还有待证实；光与其他物质形式完全不同，粒子和波在本体论上也差异明显。可以说，本体论的多元化已经成为对当代物理学特征的基本描述，那么，所有这些实在能否归于单一的物质概念之下，已经成了一个真实而紧迫的问题。

在这种情况下，我们需要新的普遍术语来容纳这些界线模糊的新实在。麦金说："在这种情况下，我们不妨用新的术语来重新定义'物质'。正确的教训确实是，不存在物质性事物的范例：只有所谓的'物质'能够采取的很多形式，而这些形式可能是不可还原的、多种多样的。"[1]他认为，物质概念是一个具有家族相似特征的术语，笛卡儿低估了自然界的复杂性和多样性，在其物理学哲学中对自然界作了过分的简化，而且他的这种思维方式还对同时代的其他哲学家

---

[1]　McGinn C. Basic Structures of Reality. Oxford：Oxford University Press，2011：177.

有重大影响，表现之一就是这些哲学家基本上是以同样的模式来看待心灵的，即认为一切心理现象都是"观念"。在他们看来，一切物理事物都是空间中的有广延的物体，一切心理现象都是意识中的知觉。总之，心理领域同物理领域一样具有统一性。但事实证明这种认识是错误的，心理现象也是多种多样的，如感觉与思想、意志与知觉、意向与欲望等都各不相同，心理现象和物理事物一样具有多样性。

基于上述思考，麦金提出了一个假说，即"意识本身也是物质的另一种形式"①。他的总体想法是：物质/能量的统一体是宇宙的基本实体，它在终极的意义上是统一的，但可以采取迥然不同的形式，而意识只不过是其中的一种形式。不难看出，他所设想的形而上学画面仍然是，世界是一与多、统一性与多样性的统一体，其中的"一"就是底层的物质/能量，"多"就是包括意识在内的各种物质形式。在他看来，物质/能量具有无限大的可塑性和通用性，因此，物质中既有带电荷的物质也有不带电荷的物质，同样也既存在有感觉的物质也存在无感觉的物质，它们不过是物质的两种类型；电磁场是一种物质性的实在，意识也应当如此，意识与动能或电能一样，也是一种能量形式，总之，意识只不过是物质/能量的众多表现形式中的一种，它和电子、中子、场、神经元、大象、星辰等一样，都是同一种东西的不同形式。他说："如果这个假说正确，那么意识归根结底就是物质——尽管不是笛卡儿意义上的物质。……意识是物质能够呈现的模式之一——它存在的一种模式。"②如果我们把构成世界的基本材料称作 X，并假定 X 是统一的（不管我们能否认识），那么意识就和其他一切自然现象一样，也是 X 的一种模式。麦金认为，这个假说可以将物质概念从笛卡儿的限制中解放出来，从而使我们摆脱物质概念的沉重历史内涵及其偏见。

麦金指出，我们至少有三个理由可以支持这个假说。

首先，设想意识是物质的一种形式是我们的唯一选择。意识存在于这个由物质/能量所构成的世界上，而非存在于这个世界之外，它本质上依赖于其他的物质形式。同时，考虑到笛卡儿二元论的问题，我们除了说心灵是物质的某种变化形式之外别无选择，因此我们要回答的并非意识是否是物质的形式的问题，而是它究竟是哪种形式的问题。他说："在思考心身问题时，我们其实是想了解意识何以可能成为我们知道它必定成为的东西。……换言之，意识一定是世界的一个方面，其他物质形式（最著名的就是大脑）也是同一世界的不同方面。各种有机体是物质的不同形式，它们都有一些独特的属性，而意识是有机体的

---

① McGinn C. Basic Structures of Reality. Oxford：Oxford University Press，2011：178.
② McGinn C. Basic Structures of Reality. Oxford：Oxford University Press，2011：178，179.

一种生物属性；因此，认为意识也是物质的一种形式再自然不过了。"①而如果我们说它是某种"非物质"实体的一种形式，就要违背一个显而易见的真理，即意识是有机体所构成的世界的一部分。

其次，引进全新的材料、能量或物质有违物理学的能量守恒定律。笛卡儿二元论之所以错误，就是它不符合守恒定律，因为它在解释心灵时采用了额外的因果力和能量。麦金认为，在意识出现时，世界上并没有增加新的实体，而只是旧的材料具有了一种新形式。也就是说，在从星系到有机体的宇宙历史中，之前存在的物质会采取各种新形式，而意识本身就是这些新形式之一。他说："世界上的基本实体一定存在着基本的守恒，无论这种守恒可能是什么，意识肯定是这种实体的一种变体，而不是一种新实体。"②他推测，守恒的实体就是能量，因此意识就是能量的一种形式。另外，各种能量形式可以转换成心理能，如食物中的化学能能转换成因果有效的意志行动和其他心理活动，而化学能又来自于太阳能，因此给心灵提供能量的就是以各种物理的形式存在的能量，从而心灵本身就是这种能量的一种表现形式。当然，大脑的电磁能与心灵所表现的能量关系最密切。在他看来，世界是一个能量守恒的世界，因此新事物都来自于重新组合，而不是来自于新的基本实在。同样，当意识消失时，基本实在也不会消失，而只会改变形式，即回归其他物质形式。不难看出，各种物质/能量不管是消失还是产生，底层的材料都保持不变，因此我们所称的意识这种物质/能量也是如此：它不过是宇宙的物质/能量所采取的一种临时形式。

最后，根据大爆炸宇宙学，大爆炸是宇宙的起源，也是世间万物的起源，它包含万物产生的原材料。在大爆炸发生后的瞬间，新的粒子和力会出现，但一切事物都必定隐含在最初的超高温等离子体之中，随后出现的一切都是最初存在之物的一种形式。倘若如此，那么意识肯定也隐含在大爆炸之中，也是从在那个瞬间就存在的物质/能量中产生的。另外，万物的产生只能有两种方式：有的通过纯粹的重组，有的则是之前存在的事物采取的新形式，那么意识的产生必定是其中的一种方式，由于它不可能产生于重组，所以它只能是在宇宙最初时刻就存在的材料的一种新形式。"意识必定起源于产生了宇宙中的一切物质的事件。如果我们认为自大爆炸最初时刻以来的宇宙史是一个物质分化过程，那么，意识就是物质分化的众多方式之一。"③

麦金将他的这种立场称作"单一实在的多样变体主义"（multiple variants of

---

① McGinn C. Basic Structures of Reality. Oxford：Oxford University Press，2011：179.

② McGinn C. Basic Structures of Reality. Oxford：Oxford University Press，2011：180.

③ McGinn C. Basic Structures of Reality. Oxford：Oxford University Press，2011：181.

a single reality-ism）或"反唯物主义的唯物主义"（antimaterialist materialism）。①
为了进一步澄清其独特之处，我们把它与相关立场作个比较。

第一，它不是泛心论，而是与之对立的一种形而上学立场，麦金甚至说可称之为"泛物论"（panmaterialism）。泛心论将意识的心理本质扩展到了非心理领域，因而主张物质是意识的一种形式，而泛物论主张意识是物质的一种形式，则是将电或基本粒子等的物质本质扩展到了心灵，它并不认为心灵超越了其传统的范围，也不仅仅说心理现象具有物质的方面，而是认为心理的方面就是物质的方面，即就像电磁场和质子是物质的一种形式一样，意识也是物质的众多表现形式之一，也就是说，意识本身就是物质的，而不是借助于与其他物理事物的联系而是物质的。

第二，它不是传统的心脑同一论。尽管它认为意识状态就是物质的状态，但它并不认为我们能像传统同一论那样，用心理术语和物理术语形成一个经验的同一性陈述，如"疼痛＝C纤维激活"。麦金说："意识状态自身本来就是物质的形式，而不必形成这样的同一性陈述。比如说，感觉疼痛就其自身来说就是物质的一种变形，而不必还原为之前所承认的物质性的东西。其实，我否认通常的各种同一性陈述为真，因为意识所构成的物质形式与大脑所构成的那种形式并不相同。"②当物质/能量形成电子和质子时，它采取了特殊的形式，这些都是大脑的基本元素，但当物质形成意识时，它并不因此而形成电子和质子。也就是说，意识是一种独立的意识形式，而不管它与其他物质形式有什么关系。麦金的立场可以看作一种新同一论，因为它主张意识状态同一于某种物质，即有意识的物质，但是我们除了诉诸意识自身之外没有办法说明它是哪一种物质。同样，电磁场是一种物质/能量，但我们也不能用物理学中的其他术语来说明它是哪一种物质/能量；电子是一种物质，但我们也不能用其他术语来说明它们，因为所有这些事物本身都是物质的形式，要赋予它们这样的地位，它们并不需要翻译或还原。而意识也是物质（即统一性的世界实体），它在以一种形式存在之后又采取了另外的一种形式，而所有这些最终都要归结到大爆炸。

第三，它不是二元论，因为它并不主张世界上存在两种基本的实体，而是认为所有实在都是由一种基本材料的多种形式构成的，而这种材料是极其抽象、无法观察到的。麦金说："我是一个形式的多元论者，因为我认为物质采取了很多形式，而不只是两种形式：物质的适应性和通用性比旧式的笛卡儿二元论所承认的强得多。我不认为意识同一于（用神经术语说明的）一种大脑状态，但

---

① McGinn C. Basic Structures of Reality. Oxford：Oxford University Press，2011：187.

② McGinn C. Basic Structures of Reality. Oxford：Oxford University Press，2011：183.

我提倡无论如何都要把它看成是物质性的——这是由于它自身的本质。我和亚里士多德一样，在实体方面是一个一元论者，但在其形式方面是个多元论者。"①

第四，它也不是一种突现论。说意识状态是物质的形式，并不是因为它们与某种物质性的东西具有突现关系，而是由于一切事物都是物质的形式。麦金指出，也许有些物质形式能从其他形式中突出出来，在这种情况下被称作"意识"的这种物质形式或许也是从其他物质形式中突出出来的，但他在突现的问题上持中立态度，他只是强调意识自身本来就是物质的一种形式，因此，即使最终证明突现是不存在的，但意识仍可看作物质的一种形式。

第五，它也不是传统的机械唯物主义。从对"物质"的理解来看，尽管麦金主张意识是物质的一种形式，而"物质"表示的是基本的世界材料，但这与传统唯物主义学说有明显区别，因为他不认为我们可以将意识还原为能用其他术语来说明的东西，更不是主张物理学术语为我们理解意识提供了充分的概念基础。同时，他也反对机械唯物主义所推荐的本体论层次，认为物质的形式是不可还原的，而不是可以相互翻译的。在他看来，对"物质"可以有两种理解：一种是认为它是一个具有家族相似性的术语，意识和电子等都是其形形色色的外延的组成部分，另一种是他本人的看法，即存在单一的世界实体，它可以采取多种不同的形式，但不论我们持哪种理解都会形成一种与传统机械唯物主义迥然不同的观点。他说："我们现在所称的'物质'远远不同于之前的机械论图画——它是如此不同，以至于否认意识也能出现于其范围之内看起来不再合乎情理。早期的物质形式产生了我们所称的意识这种形式——而并没有增加新的实体类型——因此我们可以认为意识只不过是始终存在的材料的最新成就，它至少可以追溯到大爆炸。"②从意识与其他物质形式之间的关系来说，意识与其他物质形式特别是大脑中的电活动之间存在似规律的相互关系，而且意识与其他物质形式之间的关系还可能是一种随附性关系，但物质形式之间的这些相互关系在其他领域也很常见。例如，某个电磁场与对其内某个地点上的物体所施加的力，后者来自于前者，两者之间就是一种随附性关系，但我们不应该把力与场合而为一，因为不管电磁场是否对物体有作用力它都会存在，而且同样的力也可以由不同的动因作出。也就是说，随附性关系只是表示一种共变关系，并不导致任何形式的还原。因此，即使意识与其他物质形式具有共变关系，我们也不能由此就说它可以还原为其他的物质形式。

根据上述分析不难看出，麦金所持的实质上是将实体一元论与形式多元论

① McGinn C. Basic Structures of Reality. Oxford：Oxford University Press，2011：184.

② McGinn C. Basic Structures of Reality. Oxford：Oxford University Press，2011：186.

融为一体的一种立场。一方面，从本体论上说，世界上只有一种实体即物质。当然，这种物质又不同于机械唯物主义所理解的物质，而是基本的世界材料或单一的"世界实体"（world-substance），这种实体的来源至少也要追溯到大爆炸。另一方面，这种"世界实体"可以采取多种形式，从而构成了宇宙万物，意识和其他物体一样都是"世界实体"的不同形式。各种物质形式之间有相互关系（而且可能是随附性关系），但每种形式都有其独特性，不能相互还原。

当然，麦金认为他的这种立场并未破解意识之谜，其原因在于两个方面。首先，我们仍未解决产生问题，即我们仍不知道大脑是如何产生了意识。神经元及其活动是意识的因果基础，它们都是物质的不同形式，但我们不知道后一种物质形式是如何从前一种形式中产生的，我们也不知道宇宙史上前意识的物质形式何以能产生有意识的形式。其次，仅仅说某种东西是物质的一种形式，并不意味着它就能消除神秘性。众所周知，科学发展在解决某些难解之谜的同时，又会揭露出很多新的难解之谜，科学提出的许多本体论问题，是其经验的和数学的方法难以解决的，因此即使承认意识是物质大家庭的一员，也并不能消除它身上的神秘性。

## 第四节　概念革命的途径及其障碍

彻底的概念革命是解决心身问题的必要前提，但这并不意味着人类能完成这场革命。麦金指出，虽然我们知道心身问题的解答必须采取分析的同一性陈述，这种解答将使用能揭示意识的深层结构的新概念，也涉及关于空间、物质和意识的本质的新概念，但由于人类认知能力的限制，我们无法获得这些新概念。也就是说，我们知道目前的理论不合适，也知道正确的解答必须建立新的空间观、物质观，还承认意识有一种隐结构，但我们提不出能满足这些条件的理论。他说："能看出理论的缺陷何在是一种见识，但能否填充这种缺陷却是另一个问题，我对后者持否定回答。"①

就物体的本质来说，一般的物理对象都包含三方面的内容，即第一性质、第二性质，以及构成这个对象的物质或实体（substance）。那么，物质究竟是什么呢？物理对象是由怎样的材料构成的？在麦金看来，我们对第一性质和第二

① McGinn C. The Mysterious Flame. New York：Basic Books，1999：219.

性质有合适的概念，而且也了解它们的物理规律，但是对于物质则完全缺乏相应的概念。他说："我们的日常的物理对象概念并没有包括它们的全部本质。我们所具有的物质概念只把握了其功能方面，即它的因果的和结构的特征，但在其成分方面保持了沉默。"①"我们不能够亲自任何层面的物质本质，结果我们根本不知道它是什么，这完全类似于康德所说的本体。"②也就是说，我们比较熟悉物质的功能或结构的方面，但对它的本质一无所知，物质的本质完全不在我们的概念图式之中。

麦金认为，要完成概念革命，我们不仅需要来一次"范式转换"，而且本质上需要一种全新的认知结构，这是因为尽管范式转换在科学史上经常发生，但解决心身问题所需的这场概念革命与以往的科学革命都不同：过去的范式转换不要求超越人类的认知能力，只要求我们基于已有的认知能力提出新的概念和理论，但解决心身问题却"需要一种视角的转换，而不只是一种范式转换——不只是一种世界观的转换，而且是理解世界方式的转换。我们需要变成另一种完全不同的认知存在物"③。在他看来，完成概念革命实质上要求人类具有新的认知能力，这种能力有点像上帝看待世界的方式：既不是用感官知觉世界，也不是借助我们的行为来推断我们心理状态，而是一瞬间就能对一切作出清晰而直接的理解，换言之，是"直觉"实在的总体。上帝不是使用内省概念和知觉概念，而是使用超越性的概念图式，因而在上帝那里并不存在心身问题，对上帝来说心身之间明显具有先验的蕴含关系，因而不存在无法弥合的解释鸿沟。

倘若真是如此，那么如果我们只有目前的认知能力，肯定无法实现概念革命。麦金指出，在漫长的进化过程中，随着人脑构造的变化，人类的认知能力也得到了相应提升，那么从理论上说，我们也可以通过人工选择方法特别是基因工程改变人脑结构，以此来完成概念革命，获得解决心身问题的能力。就此而言，假如意识有一种内省不到的隐秘结构，而这种隐秘结构包含着心身问题的解答，那么解决心身问题的途径就是要拓展人类内省的范围。人的内省能力依赖于大脑构造，而大脑构造最终又由基因决定，因此原则上我们可以通过操纵基因来扩大内省能力的范围，洞察包含心身问题解答的隐秘结构，从而完成概念革命的任务。这个过程就像显微镜的发明，人们用它看到了一个新的实在层次，而一些旧的难题也会随之消失。同样，对于心身问题来说，我们实际上就是要找到一种能洞察意识的隐秘结构的"显微镜"或"生物装置"，它根本不

① McGinn C. Basic Structures of Reality. Oxford：Oxford University Press，2011：67.

② McGinn C. Basic Structures of Reality. Oxford：Oxford University Press，2011：68.

③ McGinn C. Consciousness and its Objects. Oxford：Clarendon Press，2004：24.

能由自然进化而来，但我们可以寄希望于基因工程，因此人类心灵在经过恰当的遗传设计后有可能找到解决心身问题的新概念。[①]

基因工程的方法实际上是把人变成了另一种智能存在物，这除了伦理上的顾虑之外，还有其他代价。基因工程可能会彻底改变人脑的结构，与之相伴，我们将失去一些目前珍视的品质。麦金指出，我们表征事物的主导性方式是空间表征，这是由于我们的身体是空间性的物体，它们与世上其他物体的空间关系决定着我们的命运。但如果解决心身问题需要一种迥然不同的智能形式，我们可能就必须放弃当前这种表征事物的方式，而这会让人类在空间的世界上寸步难行。在改变大脑结构之后，"我们可能享受到了解答心身问题的愉悦，但生活方面却可能非常凄凉、难以忍受"，因此，即使我们通过基因工程能设计出一个能解决心身问题的大脑，它也可能是无人想要的大脑。

---

① McGinn C. The Mysterious Flame. New York：Basic Books，1999：221.

# 第四章

## 意识与意向性

意识和意向性（心理内容）①是当代心灵哲学的两大难题，对两者关系的关注源于对布伦塔诺有关观点的反思。布伦塔诺（F.Brentano）在探讨意向性的本质时指出，世界上的现象可以划分为物理现象和心理现象，两者的根本区别不是笛卡儿所说的是否有广延，是否能思想，而是有无意向性。他说："每一心理现象，都具有中世纪经院哲学家所说的意向的（亦即心理的）内存在特征，我们可以用略为含糊的词语称之为对一内容的指称，对一对象（不一定指实在的对象），或内在的客体性的东西。……这种意向性的内存在是心理现象独有的特征。任何物理现象都没有表现出类似的特征。因此，我们完全可以为心理现象下这样的定义：心理现象是那种在自身中以意向的方式涉及对象的现

---

① 当代心灵哲学依据与命题内容、经验两个维度的关系将心理现象分成了两类：一是命题态度或意向状态，即由特定的态度（思想、信念等）和"that-从句"表达的命题内容所构成的心理状态；二是"质的状态"、现象学状态或现象学心灵，即没有明确的命题内容，只有质的感受、体验或现象学性质的状态，如疼痛、情感等。由于视角和切入点不同，当代意向性研究呈现出多样性的特点。例如，从心理语义学、哲学解释学切入的学者认为，意向性问题就是心理符号的意义问题，因此他们从自然语言的意义出发，通过追溯其根据和起源来剖析意向性的本质；站在认知科学、人工智能和计算机科学立场上的学者认为，意向性问题主要是表征问题，而表征的基本特征是"关于性"，因此关于性是意向性的基本结构和本质特征；从认识论和逻辑学视角看待意向性的学者则把意向性问题归结为"心理内容"问题，因为意向状态是具有内容（即携带着信息）的状态，因此，只有澄清了心理内容的本质、存在方式、加工机制和来源，才能真正窥探到意向状态的奥秘。表面看这些取向各不相同，事实上它们有内在的联系。正是基于这种关系，当代心灵哲学中一般把"意向性"和"心理内容"作为同义词使用。参阅高新民，刘占峰.意向性理论的当代发展.哲学动态，2004，（8）：15-18.

象。"①意向性是心理现象的一种独有的、不可还原的特征，任何物理现象都不能表现出意向性。在布伦塔诺看来，意向性不仅是心理现象区别于物理现象的标志，而且也是统一各种心理现象的基础，因此意识与意向性的关系并不构成一个特殊的问题。长期以来，除了胡塞尔及其现象学有不同看法之外，人们几乎都把布伦塔诺论题视为理所当然的。但随着心灵哲学的深入发展，人们不仅发现有些心理现象并没有意向性（如莫名的烦恼等），而且还发现有些非心理的事物也能表现出意向性（至少是派生的意向性），如烽烟、树的年轮等，再加之感受性质（qualia）或现象意识这一心灵哲学"新大陆"的发现，人们开始反思布伦塔诺论题，思考"心理现象有无统一性""心理现象的统一性如何理解""意向性与意识有何关系"等问题。由于这一问题与本体论、语言哲学、价值论和认识论等密切相关，所以逐步衍生成了一个包含多个子问题的研究领域。其中研究较多的主要是四类问题。一是心理现象的统一性问题：各种心理现象有无统一性，或者是否只有一个根本特征。目前人们一般认为，心理现象有两大特征（意向性和现象意识），倘若如此，意向性与意识是否相关，其中哪一个更根本？能否根据其中之一来解释另一个呢？这些问题导致了分离论与不可分离论的论争。二是心理现象的解释问题：解释意识与解释意向性是否相关？能否对它们独立地作出解释？如果两者的解释相关，表现在何处？三是内省和经验知识问题：意识与意向性的什么关系使意识在两者中具有重要的认识论作用？四是人和别的动物生命的价值问题：意识和意向性的什么关系能成为我们和其他动物的共同的、非工具价值的基础？②

麦金认为，探讨意识与意向性的关系对于心灵哲学研究意义重大。

一方面，心灵自然化是当代心灵哲学研究的主流，而要对心灵作出自然主义解释，我们就会面对两个问题：一是对意识作出自然主义解释的问题，即物理的有机体凭借什么才具有意识状态？二是对意向性作出自然主义解释的问题，即物理的有机体凭借什么才意向地指向世界？他说："我们想知道意识如何依赖于物理世界，我们也想用自然的物理术语理解思想和经验是如何关于事态的。我们想对主观性和心理表征作出一种自然主义的解释。只有那时，自然主义者才乐意接受意识和内容之类事物的存在。"③也就是说，只有对意识和意向性都进行了自然化，心灵自然化的任务才算完成。然而，近年来人们对意识和意向性

① Brentano F. Psychology form on Empirical Standpoint. Rancurelio A, et al. trans. Oxford: Routledge, 1995: 89.

② 参阅高新民. 意向性理论的当代发展. 北京: 中国社会科学出版社, 2008: 772-774.

③ McGinn C. Consciousness and content," //Block N (ed.). The Nature of Conciousness. Cambridge: MIT Press, 1997: 295.

问题的态度是不对称的：对意向性的自然化比较乐观，而对意识的自然化日趋悲观，因此有的人把意向性与意识看作不同的研究领域，并鉴于意识难以解决，就完全置之于不顾，而专攻意向性。在麦金看来，这是错误的，因为解释意识的问题与解释意向性的问题密切相关，要对心灵的自然化必须深入研究意识与意向性的关系。

另一方面，意识与意向性的关系问题对于他更为紧迫。如前所述，他认为意识的本质是认知封闭的，因此我们应对解决意识问题持悲观主义态度，但这是否意味着意向性问题对于我们来说也是认知封闭的，我们也应对意向性的解释持悲观主义态度？回答这个问题，也需要探讨意识与意向性的关系。

## 第一节　具身性与意向性

关于意识与意向性之间的关系，当代心灵哲学中有分离论（separatism）与不可分离论（inseparability thesis）之争。分离论又称对立论，主要支持者有塞拉斯（W. Sellars）、赖尔（G. Ryle）、罗蒂（R. Rorty）等。它认为，意识和意向性是心理现象的两种根本不同的特征，互不关联、不相依赖，两者在解释上也彼此独立。它们分别是两类心理现象的标志。例如，若某种心理现象具有意向性，它就是意向状态，而若它有现象学意识，它就是感觉经验、意象等质的状态。我们不能依据其中之一来解释另一个，而应对它们分别作出独立的研究。④不可分离论的主要支持者有泰伊（M. Tye）、皮科克（C. Peacocke）、西沃特（C. P. Siewert）等。它认为，意识与意向性在本体论上不能分离，有某种现象特征一定有某种形式的意向性，同时，意向内容有多种形式，既有概念的或命题的内容，也有非概念的内容，即体现在人的感觉、知觉、体验中的经验性的意向性，因此，提及或者解释两者中的一个必然要涉及另一个。⑤

麦金坚持不可分离论立场。他认为，意识和意向性都有其本体论地位，也都有其解释作用，但两者之间具有明显的、密不可分的联系，"意向性恰好是意识状态的一种属性，而且可以说它也只是意识状态的属性。另外，（比如说）一

---

④　参阅高新民.意向性理论的当代发展.北京：中国社会科学出版社，2008：774.
⑤　参阅高新民，沈学君.现代西方心灵哲学.武汉：华中师范大学出版社，2010：519-521.

种经验的内容与其主观特征表面看来是彼此不可分离的"①。意向性是所有心理现象共有的特征，当然由于心理现象有经验和命题态度之分，意向性也有经验的意向性和命题态度的意向性两类。

他认为，知觉经验有两个方面，它们既向外指向外部世界，又向其主体呈现出某种主观的方面，"它们既关于不同于主体的东西，又对主体看起来像某种样子"。但这两个方面又有相同的表述方式："经验看起来像什么样子，是它所关于之物的一种功能，而它所关于之物又是它看起来像什么样子的一种功能。"如果你能说某个经验是关于什么的，你也就知道它看起来像什么样子。同样，如果你知道它看起来像什么样子，也就知道它关于什么。可见，这两个方面是联系在一起的，"主观性和语义性彼此之间是密切相连的"。其中一方面的充分必要条件，对于另一方面来说也是充分必要的。如果我们发现了给某种经验提供内容的东西，我们也就发现了给予它主观现象学的东西，反之亦然。②

正是由于意识与意向性之间的这种密切关系，意识研究也必须与意向性研究同步进行。麦金指出，意识沿着两条轴与物理世界相联系：一条是"具身性轴"，即将意识与身体和大脑联系起来的垂直轴，它为意识状态提供了物理基础，将意识状态与其神经关联物联系了起来；另一条是"意向性轴"，即将意识与意识状态所表征的对象和属性联系起来的水平轴，它为意识状态提供了物理内容或意义，将意识状态与外部世界联系了起来。意向性轴既包括知觉和信念等认知表征，也包括愿望和意志等意动表征。他说："沿垂直轴向下而到达的神经状态就是沿水平轴向外投射的意识状态的基础。这两条轴构成了意识与物理世界的全部关系。"③

长期以来，哲学家们都试图揭示具身性和意向性的本质，特别是近年来更是致力于用纯粹的自然主义术语来解释这些关系，即对它们进行自然化，其中最有影响的自然化工具就是"因果性"（causality）概念。例如，功能主义者试图将具身性关系解释成底层神经状态的因果作用，认为意识状态是根据其因果作用定义的，是由执行这种作用的身体状态具现的。也就是说，沟通意识状态与神经状态的是因果作用的同一性。神经状态之所以能成为意识状态的基础，就是因为它们执行了构成意识状态的因果作用。因此，意识状态的具身性就在

① McGinn C. Consciousness and content // N.Block（ed.）. The Nature of Conciousness. Cambridge：MIT Press，1997：295.

② McGinn C. Consciousness and content // N.Block（ed.）. The Nature of Conciousness. Cambridge：MIT Press，1997：298.

③ McGinn C. The Problem of Consciousness. Oxford：Basil Blackwell，1991：48.

于一个神经状态表现出了某种特殊的物理因果模式，而当物质状态开始对其他物质状态具有某种特定的因果力时，意识就会从物质中产生出来。同样，因果论者也认为意向性关系是心理状态对外部世界状况的一种特殊的因果依赖关系。外部事件造成了主体身体状态的变化，而这些变化又对主体心灵中的事件具有不同的影响，于是心理状态就具有了表征导致身体变化的外部事态的内容。换言之，联系外部事件与内部事件的是特定的法则依赖关系，这些依赖关系为心理状态提供了表征属性。总之，根据这种自然化方案，"因果性概念使意识与我们关于世界的一般图景相一致。将因果关系与物理事件巧妙地联系起来，我们就能说明意识与物理世界的联系。实际上，意识就是以特殊的复杂方式与物理事物相联系的因果性。……因果关系自然化了意识"①。

麦金认为，这种因果的自然主义不会成功，特别是它不可能解答意向性问题，因为它预设了具身性问题已经被解决了，而实际上具身性问题并未解决。他说："这两个问题实际上是相互依赖的，从而关于其中之一的自然主义有待于关于另一个的自然主义。"因果关系不是自然主义的法宝。对于两者之间的相互依赖关系，我们可以从两个方面来理解。

先看具身性问题对意向性问题的依赖关系：不解决意向性问题，就不能解决具身性问题。就某种意识状态（如红的经验）来说，如果我们不了解是什么把内容红给了这种经验，我们就不可能知道红的经验是如何从大脑中产生的，因为这里所具现的是一种具有意向内容的状态，而具身性所考虑的也就是关于红的经验的物理基础。可以说，大脑状态与意识状态之间的垂直的具身性关系是由其水平的意向性关系定义的。麦金认为，这两个方面是不可能分离的，恰当的具身性解释是置于意向性解释之中的，因此如果不解释一经验如何具有其内容，也就不可能解释它如何具有一种物理基础。反之，我们只有解决了意向性问题，才能妥善地解决具身性问题。如果将经验的内容分割出来单独处理，就会使经验与其本质割裂开来，这就像一边声称解决了有关疼痛的具身性问题却又说不知道是什么给予了疼痛其典型的现象学性质一样。总之，我们不可能把心理状态的本质抛到一边，而只说明它如何从物理事实中产生。②

再看意向性问题对具身性问题的依赖关系：不解决具身性问题，就不能解决意向性问题。当然，当代心灵哲学的主流并不承认这种依赖关系，而是认为可以将具身性问题放到一边而单独处理意向性问题。例如，关于心身问题的很多立场都认可因果的意向性理论，甚至还有人认为即使我们对具身性关系持不

---

① McGinn C. The Problem of Consciousness. Oxford：Basil Blackwell，1991：49.

② 参阅 McGinn C. The Problem of Consciousness. Oxford：Basil Blackwell，1991：50-51.

可知论态度，也仍然可以对内容进行因果自然化，麦金认为，将这些任务分开处置是不可行的，"完美的自然主义的意向性理论是可能的，仅当我们也能自然化具身性"①。因果的意向性理论等不可能这样孤立起来，因为它们所声称的自然主义依赖于所诉诸的因果关系的关系项本身能否被自然化。他说："即使意向性的充分必要条件能用因果术语来提供，这也不算一种合适的自然主义理论，除非这些因果关系的有意识的承担者也可以自然主义地看待。因此你不可能（比如说）既成为一个笛卡儿二元论者又成为一个关于内容的因果自然主义者。"②

值得注意的是，麦金对具身性问题与意向性问题关系的考察及对主流的自然化方案的批判，不只是阐述了理论的部分与整体的关系问题，而是深入到了因果关系的形而上学本质问题。他认为，因果关系本身被看成是自然的，其前提条件是因果关系的关系项也被认为是自然的，"因果关系仅仅在它们的关系项是自然的时才是自然的"②。也就是说，因果关系概念本身并不是自然的，它的自然性取决于其关系项的自然性，如果其关系项是自然的，它就是自然的，而如果其关系项是幽灵般的，它就也是幽灵般的。超自然的实在会产生超自然的因果关系，而物理的实在会产生自然的因果关系。例如，上帝与其作品、物质实体与非物质实体、抽象实在与人的心灵之间的因果关系就不是自然关系，因为它们的关系项并不是自然的。所以，"因果关系概念本身是主题中立的，因而对于所称的关系项的内在本质并没有（分析地）蕴含任何东西；正是这一本质决定着所称的因果性被看作幽灵般的还是自然的、是神秘的还是可解释的"③。除非我们对因果关系的机制或过程作出了某种解释，否则我们就不能认为所说的某种因果关系是自然主义的。就此而言，仅仅宣称能把意向性分析为意识状态与外部事件之间的一种因果关系，并不能使之成为自然现象，因为我们还要了解这里所讨论的是哪一种因果关系、它的工作机制是怎样的。如果这种因果关系的关系项不是自然的，那么意向性本身就未被成功地自然化。在麦金看来，自然主义必须进行到底，"我们不能完全无视意识状态本身是否是自然的问题，而希望对意向性关系作出自然化；具身性问题不可能被置之不理。换句话说，心理物理因果关系被视为合法的，仅当心理事件本身是合法的"④。

如果上述关于因果关系的形而上学论题正确，我们可以将同样的原则运用于因果的意向性理论。根据这种意向性理论，外部事件使意识事件具有了某些

---

① McGinn C. The Problem of Consciousness. Oxford：Basil Blackwell，1991：51.

② McGinn C. The Problem of Consciousness. Oxford：Basil Blackwell，1991：52.

③ McGinn C. The Problem of Consciousness. Oxford：Basil Blackwell，1991：53.

④ McGinn C. The Problem of Consciousness. Oxford：Basil Blackwell，1991：53，54.

表征特征，而这些特征又对意识事件的现象学属性有贡献，因此，这里的因果关系跨越了物理事件/现象学属性之间的鸿沟，将意识状态与外部事态联系了起来。但这样一来，仅就意识本身是自然主义的而言，这些关系才能是自然主义的。因此，如果我们要想对意向性作出自然主义解释，就必须解决具身性问题。

上述原则不仅适用于因果的意向性理论，而且还可用于所有可能的自然主义意向性理论。以目的论的意向性理论为例。它是因果理论的主要对手，认为内容本质上依赖于有机体的一个状态的指向世界的功能。另外，它通常还假设，具有这种功能的状态本身是自然主义可以接受的，它可能是神经系统的一个状态。这样一来，将那个状态归属生物学功能就不会让我们超出自然的领域。这个假设至少能使目的论者勾画出这种功能的机制，即它所具有的那种物理基础。例如，说心脏具有泵血的功能是自然主义的，这是因为心脏本身是自然主义的，而功能概念本身并没有任何非自然的意义。同样，如果一大脑状态的功能是产生与某种环境刺激相符合的行为，而且这个大脑状态是与某个知觉状态相同一的，那么我们对这种功能是如何履行的就也会有所了解。但如果不作这样的假设，问题就会变得神秘：我们想象不出非自然的实在（如非物质实体）所拥有的功能，因此，我们也就不知道这种功能是怎样由非物质实体中的装置实现的、这种实体是怎样具有生物学功能的、自然选择在这里操作的是哪些原材料，等等。在这种情况下坚持目的论，无异于坚持一种改头换面的生物学活力论。麦金说："拥有一种功能是一种自然主义的属性，仅当这种功能的承担者自身是自然主义的，因为只有这样，我们才会对这种功能的基础即执行它的东西有所了解。""功能仅仅在它们的承担者是自然的时才是自然的。功能概念像因果关系概念一样是主题中立的，因此它有权享有自然主义的地位依赖于其主题——依赖于拥有它的东西——有权享有自然主义的地位。"①我们不能把确定无疑的生物学功能（如心脏的功能）随意推广到非自然的实在，因为非物质实体若拥有一种功能，它拥有这种功能的方式也与身体器官的不同，因此，在对它如何具有这种功能作出说明之前，说它有一种生物学功能不亚于在说神秘莫测的事情。由此可见，将意向性还原为非物质实体的功能属性对于自然主义并不是锦囊妙计，因为这只是把神秘转移到了还原的基础，而关于意向性的目的论自然主义预设了要对具身性问题作出自然主义的解答。

总之，分析意向关系并不直接蕴含意识状态是物理的，相反这种分析的自然主义地位还取决于意识状态本身的自然主义地位。因此，没有自然的具身性，

---

① McGinn C. The Problem of Consciousness. Oxford：Basil Blackwell，1991：56.

就没有自然的意向性，如果我们不理解意识状态如何与大脑相联系，也就不可能理解它们如何与世界相联系。麦金说："问因果关系或功能概念是自然的还是非自然的，就像问同一性或部分/整体关系概念是自然的还是非自然的：回答完全取决于具有这些关系的是哪种实在。"①因果性和功能概念具有主题中立性，它们不能保证其关系项的自然性，相反它们的自然性要取决于其关系面的自然性，因此自然主义要有可靠的基础，必须从基础开始自下而上进行，即先解决具身性问题再探讨意向性问题。他认为，我们不能想当然地认为心理物理因果关系明显是自然主义的，因为它在历史上一直是最重大的形而上学之谜，因果理论或目的论理论要想成为关于意向性关系的自然主义解释，必须满足两个条件：一是我们确信意识状态是大脑活动的自然产物；二是我们知道它们何以如此，从而能够理解它们对大脑的依赖性。也就是说，只有具身性能得到自然的理解，这些理论才能提供关于意向性的真正的自然主义。因此，我们只有在能解决具身性问题的情况下，才能解决意向性问题，而假若我们最终不能解决具身性问题，我们显然也不可能解决意向性问题。不难看出，内容或意义理论不可能回避意识问题。②

## 第二节　内容理论的范围

如果意识与内容不可分离，如果具身性和意向性问题互相依赖，那么，麦金在意识问题上的悲观主义是否会延伸到内容问题上呢？内容对于我们来说也是认知封闭的吗？能自然化意向性的属性也超出了我们所能理解的实在领域吗？基于这些疑惑，有些人得出了这样的结论：由于不能提出一种意识理论，我们也就不能提出一种内容理论，因为提出内容理论就要提出意识理论，所以内容理论对于我们来说是认知封闭的，我们不能说明经验凭借什么而具有其内容。换言之，如果意识是个谜，那么其内容一定也是个谜。

对上述意见主要有两种回应。一种是"非构造性解答"，即将前面处理意识的办法运用于意向性。如前所述，就意识如何从大脑中产生来说，并不存在客观的奇迹，而只是由于在我们看起来有奇迹，这是受认知封闭性的影响，我们将自身的局限性投射到了自然，从而误以为自然包含了超自然的事实，"实际上，

① McGinn C. The Problem of Consciousness. Oxford: Basil Blackwell, 1991: 57.

② McGinn C. The Problem of Consciousness. Oxford: Basil Blackwell, 1991: 58.

并不存在形而上学的心身问题，也不存在本体论的反常事物，存在的只是认识上的间隙，心物联系并不比身体中的其他因果联系更神秘"①。同样，意向性也是我们不能解释的，但自然界中肯定有某种属性能对之作出自然解释，否则意向性就不会产生，当然，由于认知的封闭性，我们不可能认识这种属性，现在的任务就是要找到意向性的根源和自然基础，而不是建立某种虚无缥缈且仍需要解释的构架。一旦找到了这种东西，我们就会认识到物理有机体中的意向性就像消化一样平淡无奇。总之，从我们自己不能理解内容，并不能得出关于内容的取消主义；我们能够解决哲学的意向性问题，但不一定能提出正确的内容理论。

麦金认为，非构造性解答不能根据一般性的理由予以否定，因为它适用于意识，但它用于内容则非常不合适，因为当代的很多自然主义内容理论都对内容的工作机制作出了实质性解释，特别是目的论更有望解释意向性的根源，因此意向性的本质并不对我们完全隐藏，我们也不是完全不能形成解释它的概念。那么，我们需要考虑的问题就是：如何将意向性解释与意识问题上的悲观主义协调起来？而这就涉及第二种回应。

第二种回应就是"绝缘战略"（insulation strategy），即将意识理论与意向性理论截然分开，提出我们可以只研究内容理论而不研究意识理论。这种战略的第一个举动是将理论的注意力指向亚人内容，即未意识到的内容。根据这种战略，内容可以被意识状态拥有，也可以不进入意识。例如，我们可以将某种内容归属给计算机或者下意识的神经过程。这就意味着内容能否被意识到只是偶然的事情，是可有可无的内容附属物，因此亚人内容无须进入意识就能得到解释。那么，在提出一种亚人内容理论之后，我们只需补充说内容是有意识的，就可以将这种理论推广到有意识内容。就此而言，内容的充分必要条件对于内容载体是否是意识状态中立的，有意识的生物所拥有的某种内容也可以由无意识的生物拥有，因此，"意识只是另一个附加事实，它自身根本不是内容的组成部分。……主观特征完全处于内容的专有范围之外"②。

麦金认为，绝缘战略存在三个问题。

首先是策略的问题。内容理论不一定依赖于绝缘战略所假设的那种内容与意识关系，它们之间还可能有相反的关系，即一切内容最初都是意识状态，无

---

① McGinn C. Consciousness and content // Block N（ed.）. The Nature of Conciousness. Cambridge：MIT Press，1997：298.

② McGinn C. Consciousness and content // Block N（ed.）. The Nature of Conciousness. Cambridge：MIT Press，1997：299.

意识则无（非派生的）意向性。照此看来，我们将内容归属给机器或者大脑过程只是从属性的、隐喻性的或工具主义的，实际上无意识就不会有内容，没有感受性（likeness）就不会有关于性（ofness）。当然，这个依赖性论题比较极端，我们也难以证明一切表征都需要意识，但我们至少要承认这样的可能，即就意识状态所具有的这种内容来说，某种亚人内容并不能将这两种理论分割开。

其次，即使存在人的内容和亚人内容，但这也不能说明人的内容缺乏将它与意识联系起来的独有特征。有意识内容具有两个方面的特征，即它既指向世界、包含内容，又涉及向主体的呈现，从而包含一种主观观点。排除了内观的（inward-looking）方面，就会排除某个必不可少的部分，即世界对主体而言看起来是什么样子。麦金说，正如既有自然意义也有非自然意义，同样也既存在有意识内容也存在非意识内容，主观观点创造了一种特殊的新内容，而这就是经验所关于的东西已经包含了现象学事实的原因。对于有意识内容的本质，我们不可能提出一种理论，它根本不考虑这种内容是否有意识，因为"内容的不同造成了主观性的不同，经验内容实质上就是现象学的"①。

最后，作为绝缘战略之诱因和基础的"媒介概念"也有问题。根据关于意识的"媒介概念"（medium conception），意识之于其内容，就像表征的媒介之于它所传递的信息。就书写或说出来的句子来说，它们总有两个方面：一是以音、形表现出来的媒介，二是所携带的意义。两者有相对的独立性，音、形等媒介发生变化，句子的意义并不必然变化（如翻译）；反之，句子的意义发生变化，音、形等媒介也不必然变化（如一词多义等）。也就是说，信息和媒介可以在相互独立的维度变化，因而我们可以分别研究这两种属性。同样，我们也可以这样设想知觉经验（它是有意识内容的一种形式，除此之外还有概念内容）：主观特征类似于句子的音或形，内容相当于句子的意义。内容是由一种特殊的有意识的媒介表达的，但我们原则上能把媒介的属性与它所携带的信息分开，因为具有经验看起来像什么样子，即人自己从自己的观点体验到的东西，是由该媒介的内在特征决定的，而经验所关于的东西则是由与世界的某些外在关系促成的。就此而言，意识就表现出不可捉摸的特点，甚至还被看成是一种神秘的媒介，一些世俗的东西都包含于其中，但这不一定会对内容理论有什么影响。

媒介概念实际上是认为知觉经验的现象学类似于非表征的躯体感觉的现象学，即内容来自于将这种内在现象学对应于与世界的因果关系或其他关系，而这些关系与内在的现象学完全无关。如果内容本身是这样处于现象学之外，我

---

① McGinn C. Consciousness and content // Block N（ed.）. The Nature of Conciousness. Cambridge：MIT Press，1997：300.

们确定可以将意识理论与意向性理论分离开来。但麦金认为，将主观性排除于语义之外是不可能的，因为经验的内容对于它的主观性是有贡献的。在不同的知觉中，主观的经验特征既有相同的一面，又有不同的一面。例如，看不同事物的颜色或形状，人们会有相同的经验，即有某种呈现，而这些呈现就是拥有经验看起来像什么样子的组成部分。同时，不同的感觉模式也可以呈现同一种环境特征，如形状既可由视觉呈现也可由触觉呈现。但呈现这些特征的主观上不同的经验又可呈现其他特征，如视觉和触觉显然不能呈现同一类别但在现象上有区别的特征。因此我们需要寻找中介概念，以说明这种区别。在他看来，这些区别是由内容造成的，因为内容上的差别可为不同类型的经验所利用，因而在不同的经验中导致现象学特征的不同。当然，有些经验上的差别不是由内容的差别造成的，但大多数差别是如此。麦金说："内容是内在于现象学的，这里的联系绝不是偶然联系。如果这是正确的，我们就不能认为内容理论与意识的本质或构成毫无关系。既然内容的不同能构成（或促成）现象学的不同，我们就不能把意识理论与内容理论完全分开；我们必须承认，正确的内容理论所提供的资源也完全能够说明意识状态的主观特征。"[1]

不难看出，意识理论与意向性理论的命运紧密相连，要么能对意识的特征（即感受性质）进行自然化，从而也能自然化意向性，要么不能对意识的特征作出自然主义解释，从而也就不可能对内容作出自然主义解释。那么，能否找到一种自然主义理论，它能同时对意识和内容作出自然主义解释？麦金认为唯一的办法是"限制内容理论的范围"。他说：

> 意向性的某个部分或方面是我们的理论没有说明甚至是不可能说明的，但我们也应看到它们也确实有望对某个部分或方面作出解释。对于内容，存在局部的认知封闭性，即我们能对全部现象的某些属性进行自然化，但不能自然化它的所有属性（尽管如我以前所说，所有属性本身完全是自然的），而这就意味着意识的有些特征即主观特征是我们能作出自然主义处理的。有这样一种切实可行的内容理论，它能对某些现象学事实作出说明，却无法对有意识的意向性作出完满的解释。[2]

对于内容，我们要把两个问题区别开。一是内容的个体化问题：什么对内

---

① McGinn C. Consciousness and content // Block N（ed.）. The Nature of Conciousness. Cambridge：MIT Press，1997：301.

② McGinn C. Consciousness and content // Block N（ed.）. The Nature of Conciousness，Cambridge：MIT Press，1997：301-302.

容进行个体化？什么能解释内容之间的同一性和差异性？二是内容的本质问题：一生物由于什么而具有了意识状态？什么使一生物具有了对世界的指向性？什么自然事实使一生物成为意向存在物？其中，本质问题是更根本的问题，探讨的是指向性、把握、包含、伸出的本质，是要考察心灵凭借什么自然事实而具有了指向他物的能力，而个体化问题着重探讨意向能力如何挑选特殊的对象和属性。

在麦金看来，意向性的本质对于我们来说是认知封闭的，但意向内容的个体化则是开放的，而且将这两个方面融为一体并不矛盾，因为说明意向活动的同一性条件与探讨这些行为的本质可以单独进行。我们可以说明什么使一内容成为这种内容而不是那种内容，但不能说明这种意向性关系本身是什么；我们不能用自然主义术语意向性的本质属性，却可以用这种术语说明不同意向活动之间的区别。例如，根据因果的内容理论，我们可以根据因果历史解释某种身体指向活动何以不同于其他活动，如想到纽约之所以不同于想到伦敦，就是因为这两个思想的因果起源不同。因果关系使思想指向了不同的对象，特定的内容是某种意向能力和自然关系的逻辑产物。当然，意向性和意向能力并不能还原为因果关系。因果关系只是将知觉经验的意向结构与特定的事态联系在一起，但这些关系并不构成那种结构的本质，因此意向的指向性并不能完全分析成一种因果关系。目的论的内容理论同样如此，我们可以确定其合理的应用范围，但不能对事物的意向关系作出完满的解释。

当然，在本质问题上持悲观主义的态度是有内在根据的。一方面，它是从意识上的悲观主义衍生而来的。如果不能对意识作出自然主义解释，也就不能对意识的构成结构作出自然主义解释。经验和思想的意向性与感觉的主观感受有关，它们都难以作出客观的物理解释。另一方面，它来自于洞察到了主流自然主义理论的缺陷。因果理论、目的论理论等都遗漏了意向关系中的本质性的东西，它们没有说明我们隐喻性地描述为把握、理解、伸出、摄取等的现象学特征，因为"经验与其对象之间的关系有一种内在性，而这是难以根据'外在的'因果或目的论关系进行复制的"①。自然主义理论未公正地对待有意识的意向性的独特性，我们在大脑及它与世界关系方面的认识难以消除意向能力上的神秘性。从现象学上看，我们感到心灵"抓住了"外部事物，在心理上"掌握了"它们，但我们却不能建立物理模型来解释这种能力的本质。我们所遇到的一切自然属性和关系都不同于我们从第一人称观点所认识到有意识的意向性，因此，

---

① McGinn C. Consciousness and content // Block N（ed.）. The Nature of Conciousness. Cambridge：MIT Press，1997：303.

说这里遇到了认知封闭性是有道理的，"我们的某种构成能解释意识何以能像现在这样伸向世界，但我们对这种东西似乎就根本无法认识"①。

同时，谨慎的乐观主义也是可能的，因为在说明意向性时，我们不必对它的一切都作出解释。另外，近年的研究也对内容作出了一些具有启发性的解释，尤其是目的论包含真知灼见，所以我们对意向性一无所知。当然，这些自然主义理论只说明了内容的个体化。例如，它们说明了什么使一状态区别于另一状态、意向状态是怎样组织其特定的内容的。同时，它们还说明了意向性的自然前提，即被意识转换成内容的自然关系：首先，存在前意识的状态，它们有一些将自身与外部事物联系起来的功能。之后，意识在这种自然基础上产生了意向关系，但是这种"意向弧"不能还原为它所依赖的基础。总之，即使不能说明意向性的本质，但至少也能对意向性的来源作出自然主义的推测。麦金说：

> 内容的不同确实决定着主观性的不同，"关于性"决定着"感受性"。然而，指称对主观性有这样的影响的确意味着我们能对主观上的不同提出一种自然主义理论，因为我们能用自然主义术语说明什么对经验内容进行了个体化。这里，我们对主观性的构成作出了一种客观的处理。红方块的经验在主观上不同于绿三角形的经验，这是因为所表征的对象不同；我们都同意，这种不同能根据这些经验与所表征的属性所具有的自然关系——如目的论关系——来说明。因此，我们似乎能对意识的有些特征作出自然主义解释；并非所有现象学事实都对我们封闭。……对于意识的有些属性，我们原则上能用一般的物理术语作出自然解释。我们的概念形成能力使我们能部分地了解意识的这些主观性的自然基础。②

通过限制内容理论的范围，可以对意向性问题作出有区别的处理，但其实意识和意向性还有许多难解之谜。例如，根据外在主义，客观事物与主观状态之间具有双重的依赖性，即客观事物是主观状态的"成分"，从而塑造着它们的现象学，而这些状态又凭借客观的自然关系（如生物学功能）而收集那些客观的"成分"。这样一来，意识既抵制客观的物理还原又受客观的物理事物控制，

① McGinn C. Consciousness and content // Block N（ed.）. The Nature of Conciousness. Cambridge：MIT Press，1997：303.

② McGinn C. Consciousness and content // Block N（ed.）. The Nature of Conciousness. Cambridge：MIT Press，1997：304.

看起来就是神秘的。意识侵吞了客观的东西却又远离它，吸收了物理的东西却又拒斥它的统治。而大脑难以胜任的正是这种既包含客观的物理事物又将它带入意识之中的能力。这样的谜还很多，可以说，对意识思考越多，它就越让人困惑。但是，意识之谜是我们人类之谜，而不是客观世界之谜，它源于我们摆脱不掉的认知贫乏，从客观上说，心物之间的关系并无任何神秘可言。

# 第五章

## 意向性的"形而上学问题"

严格来说，意向性的形而上学问题范围非常广泛，如意向性的本体论地位和自然化、心理内容的宽与窄等都是名副其实的形而上学问题。但这里所说"形而上学问题"有其特定的所指，即特指"金山"、"方的圆"等"非存在的内在对象"是否存在、（如果存在）如何存在及与存在是什么关系等问题。西方现当代哲学为了突出这些问题的哲学性质和特点，通常称之为"意向性的形而上学问题"，并将对非存在的相关研究称作"迈农迷津"或本体论迷津之穿越。①事实上，这类问题及其研究由来已久。例如，巴门尼德（Pamenides of Elea）就明确提出了"非存在"或"非是"概念，并对之作出了自己的规定。在他看来，真实存在的东西是永恒的、能绝对保持同一性的东西，判断一对象是否真实存在，就是要看它能否被思维，是否是不生不灭的、不动不变的、完整的、单一的、持久的，等等。而非存在是存在的对立面，是虚无，或者说是不存在的东西，没有存在属性的东西，也即无形体的东西。当然，他并不承认非存在的存在地位。总之，根据其存在论的基本命题，只有存在存在，非存在不存在，生成、变化、运动等概念所表示的对象是非存在。反之，如果承认生成、变化的地位和必然性，就要承认非存在的地位。巴门尼德对存在和非存在的研究是认识史上的一个重要开端，标志着"非存在或无已作为一个认识对象进到了人们的视野，西方的有无之辩的序幕已经拉开"②。中世纪，许多哲学家和逻辑学家都探讨了非存在问题，并形成了各种非存在论，特别是法国的布利丹（J. Buridan）

---

① 高新民，汪波.非存在研究.上册.北京：社会科学文献出版社，2013：31-32.
② 高新民，汪波.非存在研究.上册.北京：社会科学文献出版社，2013：33.

和威尼斯的保罗（I. Paul of Venice）等人基于其逻辑理论，对意向语词、意向谓词作了深入分析，开拓了非存在研究的语义学和逻辑学维度。在现代西方哲学中，明确提出非存在问题并把它们带入人们视野的，是19～20世纪转折时期欧洲大陆的四位意向性理论家：先是布伦塔诺鲜明提出了意向对象的非存在问题，从而使非存在问题以新的、现代的方式呈现于人们面前。之后，胡塞尔（E. Husserl）和迈农（A. Meinong）围绕说明意向性提出了两种相互对立的理论。后来，迈农的学生马里（E. Mally）又提出了一种带有折中调和性质的理论。意向的非存在对象及其本质这一形而上学问题在英美分析哲学中的遭遇比较曲折。20世纪初，在罗素（B. Russell）、穆尔（G. E. Moore）、布罗德（C. D. Broad）及其他英国新实在论者的推动下，迈农学说受到了英美哲学界的关注和研究。但在20世纪30～50年代，由于维特根斯坦和蒯因（W. Quine）等的否定性论证，非存在研究一度陷入停顿。20世纪60年代以后，由于逻辑学对意向谓词的关注及其所取得的成果，再加之可能世界语义学的诞生和发展，这一研究又重新蓬勃兴起，帕森斯（T.Parsons）、泽尔塔（E. N. Zelta）、劳特利（R. Routley）、普赖斯特（G. Priest）等在回应各种挑战的同时，对迈农主义重新作出了解释，甚至提出了非存在论的新理论形态。麦金赞同迈农主义学说。他在深入批判"正统的"罗素主义存在观（即认为存在是一种二阶属性，即属性的属性）的基础上，坚定地维护了素朴存在观，指出存在是一阶属性，而"存在"一词是一阶谓词，存在与非存在具有一种非对称性，即非存在依赖于表征，而存在并不如此。在他看来，世界上有非存在的意向对象，它们不存在但可以成为思想的主体、可以被指称，真正的谓词也适用于它们。更重要的是，非存在的对象是所有意向性的基础，任何时候只要有指向存在对象的意向性，就会同时有指向非存在对象的意向性。

# 第一节 "存在"的意义

非存在问题与存在的许多问题特别是"存在"的意义问题密切相关，因为"非存在"是相对于"存在"而言的，是"存在"的否定或反面，因此对存在的界定必然影响着对非存在的界定，对"存在"一词的理解不同，对"非存在"一词的内涵和外延的理解也必然不同。因此，要探讨非存在问题，首先必须切入对"存在"本身的探讨，搞清楚"存在"有没有指称？如果有，它究竟指什么？怎样将其所指描述清楚？

一般认为，"存在"是作为实词使用的，但在它有无指称、指称什么等问题上则存在截然对立的立场。例如，康德就认为"存在"不表示任何东西，是一个没有意义的词，将它加到词或句子之中，什么也不会增加。因此它看似实词，但完全不同于其他实词。当然，大多数人都承认"存在"一词有实在的指称，即指的是个体事物本身所固有的属性，但不同的人对个体事物却有不同的认识。个体（或实体）优先论认为，属性是因依存于一个个体才存在，只有实体存在，属性才有存在地位，因此存在不仅是个体事物固有的属性，也是"支撑"或"托起"其他属性的基础。例如，第一性质和第二性质是因依存于个体才有其存在性质的，一旦离开了个体，它们就会失去其存在地位。而属性优先论则认为，属性背后的实体是子虚乌有，任何个体事物都只是各种属性的集合或复合，其后或其内并没有支撑属性、有独立基础存在地位的实体或个体。但这样一来，又会出现这样一些棘手的问题：如果事物是属性的集合，那么"存在"所指的东西在个体事物中有没有地位？如果有，其地位如何？它属于个体本身还是属于部分，是属于属性还是属性之外的属性？如果存在是属性，那么它是一阶属性还是二阶或高阶属性？从语言上说，属性通常是用谓词述说的，那么"存在"能否作为谓词出现？如果能，它是一阶谓词还是二阶或高阶谓词？[1]麦金坚持传统的或素朴的存在观（认为存在是一阶属性，"存在"一词是一阶谓词），而反对罗素、弗雷格等人所坚持的所谓"正统的"存在观，即认为存在是一种二阶属性，"存在"是二阶谓词。我们首先看"正统观点"。

根据正统的存在观，"存在"（being，existence）[2]是二阶概念或谓词，也就是说，被述谓的事物、实体或对象只有运动、空间、不可入性等一阶属性，除此之外并无与"存在"等谓词相对应的特殊而独立的存在属性。因此，"对象、事物本身没有存在或不存在的性质，因此不可能有对应的一阶存在谓词，充其量，它只能用作二阶谓词"[3]。这样一来，当你说某个对象存在时，你就没有向它

---

① 参阅高新民，汪波.非存在研究.下册.北京：社会科学文献出版社，2013：834-836.

② 根据当代非存在研究，存在具有不同的等级，如实存、亚实存和事实或所与或"有"，因此在翻译相关的英文术语时往往也有所区别，如将"being"翻译成"存在"，将"there are/is"翻译成"有"，将"exist/existence"翻译成"实存"，而将"subsist/subsistence"翻译成"亚实存"。麦金并未作这样的严格区别，而是互换地使用"being"和"exist/existence"，因此我们这里一般把两者都翻译成"存在"。参阅高新民，汪波.非存在研究.下册.北京：社会科学文献出版社，2013：824-857. McGinn C. Consciousness and its Objects. Oxford：Clarendon Press，2004：227-228.

③ 高新民，汪波.非存在研究.上册.北京：社会科学文献出版社，2013：148.

归属存在的属性，因为没有这样的属性，你说的只是某种属性被例示了。换言之，"你不是把一种属性归属给了对象，而是把一种属性归属给了一种属性，即具有例示的二阶属性"①。当然，你归属的这种属性并不是存在属性本身而是你提到的其他属性。例如，当你想到老虎存在时，你并不是想到某些猫科动物中的每一个都有存在的属性，而是想到虎性（tigerhood）具有了例示，在这里并没有出现述谓任何对象的存在的心理行为。因此，"关于一对象存在的概念，就是关于一属性具有例示的概念"②。

罗素是这种正统观点的坚定支持者。他基于其命题和命题函项理论系统阐述了这种正统存在观。他认为，命题函项就是其中包含一个或几个未确定的成分的表达式，当这个或这些未确定的成分被确定后，这个表达式就会变成一个命题。命题函项本身只是一个图式，而不是一种存在的东西。我们对于一个命题函项只能要么断定它恒真，要么断定它有时真，要么断定它永不真。哲学中的很多错误就是源于混淆了命题函项和命题，即将只适用于命题函项的谓词归之于命题，甚至是将只适用于命题函项的谓词归之于个体。根据这一认识，他说：

> 当你取任何一个命题函项并且断定它是可能时，即它有时是真的时，这就给予了你关于"存在"的最基本的意义。你可以用以下说法表达这个意义：至少有 x 的一个值，对此，这个命题函项是真的。就"x 是一个人"而言，至少有 x 的一个值，对于这个值，"x 是一个人"是真的。这就是人们所说的"有人"或"人们存在"的意义。存在本质上是命题函项的一个特性，这是指命题函项至少在一个实例中是真实的。如果你说"有独角兽"，这个句子意指"有一个 x，使得 x 是一个独角兽"。这样的写法不适当地模仿了日常语言，而适当的写法应当是"（x 是一个独角兽）是可能的"③。

他还把"存在"与"众多的"作了比较，指出"当你说'独角兽存在'时，关于个体你没有作任何说明，而这一点同样适用于你说'人存在'这个命题时的情况。如果你说'人存在，并且苏格拉底是人，因此苏格拉底存在'，这正好与下列的谬误同属一类：要是你说'人是众多的，苏格拉底是人，因此苏格拉底是众多的'，因为存在是命题函项的一个谓词，或者在派生的意义上是一个类的谓词。当你把一个命题函项说成是众多的时，你意指：x 有几个值会满足

---

① McGinn C. Logical Properties. Oxford：Clarendon Press，2000：17.

② McGinn C. Logical Properties. Oxford：Clarendon Press，2000：18.

③ 伯特兰·罗素. 逻辑与知识. 苑莉均译. 北京：商务印书馆，1996：280.

此函项，不只有一个值会满足此函项"①。也就是说，"众多的"作为谓词所述说的不是对象，因为不存在它们所述说的对象，它们所述说的是命题函项，因此我们只能使"众多的"依附于一个表达命题函项的词语。同样，这也完全适用于"存在"，就是说，存在命题并没有对现实的个体作任何说明，而只对命题函项或类有所说明。换言之，在这个世界上存在的有些现实事物并不是存在，因此对于"存在"，你"能肯定其存在或否定其存在的正是命题函项"②。就此而言，如果把存在归属给对象，就会犯逻辑的范畴错误，因为你把只适用于命题函项的谓词归之于了个体。

罗素的主张可分为三个子论题，即本体论论题、语义学或逻辑学论题及定义性论题。本体论论题又有正反两个方面：从否定的方面来说，它主张存在不是个体所例示的一种属性，而从肯定的方面来说，它主张某种东西要存在就是某种属性（命题函项）要有例示。总之，说一个体存在始终涉及提及某种属性或适用于某种东西的谓词。语义学论题是说：存在陈述实际上是高阶陈述，它们涉及提及一种属性、概念、谓词或命题函项。这种陈述的主词是指称属性的词语而非指称个体的词语，而存在概念就是由一个依附于其他谓词的谓词携带载荷的。因此，存在陈述始终而且必然是二阶的陈述。定义性论题是说当"存在"出现在一个陈述中时，它总能根据命题函项或"有时真""是可能的"等概念来改述。罗素认为，通过这种改述，存在概念就被包含在了其他概念之中，而不再被伪装成关于个体的谓词，从而我们就可以避免循环定义，而且在理想的语言中根本不需要这个概念，它完全可以由"有时真"等替换。目前，这种罗素主义立场通常是这样表述的："存在就是由且仅由存在量词来表达的东西。所有述及存在的自然语句都能翻译成只使用存在量词的句子，而无须把'存在'作为谓词。"③根据弗雷格的看法，存在量词是从一阶概念到真值的函项，其语义学中并不包含与一阶谓词对应的东西。那么，假如"存在"始终意指"有一个$x$，使得……"，我们就总能把存在陈述翻译成这种话语形式。而这就是理想语言所表达的想法，即存在就是一属性具有例示。

麦金指出，人们对正统观点都非常熟悉，但它漏洞百出。

首先，正统观点对存在陈述的改述预设了存在，因而是循环论证。在正统存在观中，"具有例示"这个短语起着关键作用，它可以从对象的意义和替换的意义上来理解。在对象的意义上，正统观点认为，某种东西要存在，就是要有

---

① 伯特兰·罗素．逻辑与知识．苑莉均译．北京：商务印书馆，1996：281.

② 伯特兰·罗素．逻辑与知识．苑莉均译．北京：商务印书馆，1996：282.

③ McGinn C. Logical Properties. Oxford：Clarendon Press，2000：20.

是某个适当谓词的例示的对象。也就是说，有某些对象，它们是谓词 F 的例示。但这只可能意指这些对象"存在"，因而我们是在说对于某个 F，F 的例示是存在的。如果它们不存在，这个存在陈述就不为真。但对象的"存在"又该如何分析呢？显然，不能说它们是"F 的例示"的例示，因为这会导致无限后退。由此可见，这种分析预设了存在概念而不是对它作出了说明。我们可以这样阐述上述反驳：假如我们说"行星存在"并探问祝融星是否是"行星"的一个例示。如果是，我们就没有正确地分析存在，因为祝融星并不存在，因此它的行星例示性并未表明行星存在。但如果不是，这可能仅仅是由于它并不存在。这些都证明了相关的例示概念一定包含了存在概念。麦金说："将存在陈述改述成关于属性的例示的陈述，并不能证实存在不是一个谓词，因为例示概念必定将存在作为其组成部分——例示这种属性的东西必定是存在的。正是这种循环论证使得正统的观点难以证实存在不是一个谓词。"①所谓替换的意义，就是根据模态概念和命题函项来分析存在概念。例如，某种东西存在，就是有真的单称命题或句子，它们是某个命题函项的例示；说独角兽存在，就是说"（x 是一个独角兽）是可能的"。然而，这并不能摆脱上述预设存在的问题，因为在进行这种分析时，我们必须断定某些命题或句子是存在的，但说命题或句子存在意指什么？它们的真值条件是什么？就行星的例子来说，我们显然不能说"祝融星是一颗行星"是与"行星存在"相对应的一个替换例示，因为"祝融星"的指称对象并不存在。麦金指出："一个单称陈述在所需的意义上要为真，就要存在一个由这个单称术语所指称的对象，并且该对象要满足所依附的谓词。因此，存在概念再次被未经分析地偷带进来了。"②也就是说，我们可那样对存在陈述进行改述，但我们实际上暗中假设了存在是对象的一种属性。根据这种改述，在具有存在属性的对象之中，至少其中之一是 F，因而 F 有例示。当然，这并未证明"存在"是一个谓词，但也表明了正统观点仅仅根据属性及其例示来进行改述并不能否定那样的看法。

其次，属性、命题函项或谓词是抽象的、非个体的，但它们和其他事物一样存在。正统观点在解释其存在时所根据的是与其他属性的关系，但这种解释会导致无限后退的问题。以"是一颗行星"这种属性为例。根据正统观点，我们在解释其存在时，必定要提到存在的实在是其一个例示的某种属性。这种属性不可能是一颗行星的属性，因为这种属性本身不是行星。我们也许会寻找这一属性的某种真描述（如"目前讨论的这种属性"）并把它插进分析之中，这样

---

① McGinn C. Logical Properties. Oxford: Clarendon Press, 2000: 22.

② McGinn C. Logical Properties. Oxford: Clarendon Press, 2000: 22, 23.

一来，是一颗行星的属性要存在就是该属性要有例示。但我们立即就会遇到一系列问题，特别是无限后退问题，因为要获得正确的分析，我们必须弄清楚什么是高阶属性的存在，而这又需要有其他的属性成为关于这种属性的属性。换言之，要分析属性 p 的存在，我们需要它所例示的另一种属性 q，而要分析 q 的存在，我们又需要 q 所例示的属性 r，如此递推，以至无穷。麦金指出："从直觉上看，一种属性的存在是内在于它的，而不是它与所例示的其他属性的某种关系。如果我们把它看成这样一种关系，我们就会产生恶性后退，因为每种新属性都会提出它自身存在的问题。"①在属性存在方面的这种困难也会影响对个体存在的分析，因为个体例示的属性本身必然存在，但这是难以依据正统观点来解释的。如果个体所例示的属性（或谓词）不存在，那么个体就不可能存在，因为后者需要前者。也就是说，x 要存在，就要存在某种属性（或谓词）F，使得 x 例示 F。如上所述，正统观点对属性存在的分析造成了恶性后退问题，那么如此它对个体作这样的分析也会遇到同样的问题。

再次，人们通常认为，单称的存在归属不符合正统观点，因为它歪曲了指示词和专名等单称词项的语义学。就是说，如果我们用正统观点解释这种归属，就必须接受摹状词的指称理论，但这种理论本身存在内在的问题。于是，有的人提出对"存在"可以作两种解释，即谓词的解释和高阶的解释。麦金认为，这种一分为二的观点也有问题，因为接受这个有关单称陈述的问题，必然会影响我们对一般陈述中的"存在"的看法。看下面两个句子："金星存在并且是一颗行星"和"至少一颗行星存在"。前者蕴含后者，那么"存在"怎样能够在单称句中是谓词而在一般句中不是呢？如果我们将"存在"一分为二，我们的前提和结论中就没有共同的词项，我们必须要么认为单称句可按正统的方式分析，要么修改我们对一般句的看法。事实上，对于"Fs 存在"，我们可以这样处理，即"对于某个 x，x 存在并且 x 是 F"。这样我们就能为"a 存在"中的谓词"存在"找到共同的词项，但这是宣布"存在"有时是谓词有时不是谓词所办不到的。

最后，根据正统观点，任何存在的事物都应当归之于某种属性。也就是说，要存在就要成为一种属性的例示，那么任何存在的事物都必然至少具有一种属性，如果一事物不能归之于某种与存在不同的属性，它就不可能存在。但这样一来就不可能有"纯存在"（bare existence），即一种存在但没有其他任何属性的东西，因为按照正统观念，它是一个自相矛盾的概念。麦金承认，纯存在问题

---

① McGinn C. Logical Properties. Oxford: Clarendon Press, 2000: 25.

是一个真正的形而上学问题，对它有很多的争议，但纯存在概念本身并没有矛盾，说一个对象只有存在属性也不自相矛盾，只有认为存在是属性的例示，这个概念才是自相矛盾的。另外，正统观点不仅要求每个存在的对象都有某种属性，而且要求它有某种独一无二的属性，因为某个个体对象的存在就在于例示了一种属性，这种属性对于该对象的存在是充分的，但对其他对象则并非如此。这就意味着在每个可能世界上，每个个体都具有某种其他个体所没有的属性。这种主张显然太强了，它不是我们只通过分析存在概念就应该接受的主张。事实上，说世界上存在许多个体，却没有将其中的每一个都唯一地挑选出来的属性，这并没有什么问题。只有根据关于单称存在陈述的正统观点，我们才会认为有问题。

麦金指出，上述问题意味着"正统观点并未把握住存在概念。它似乎只适用于某些有限的情形，因为它预设了存在概念，就像它在使用'具有例示'这个惯用语时那样。但是这一理论不能处理属性的存在，不能处理所有的存在陈述，而且也把存在的可能性与（独一无二地）例示一种属性的观念联系得太紧密。简而言之，存在概念并不等同于属性例示的概念"[①]。

他坚持的是一种传统的存在观，即素朴的存在观或谓词的存在观。它包括两个方面：一方面，从本体论上看，存在是一种属性，是所有存在的实在都具有的一种属性，因此要存在就要具有这种存在属性；另一方面，从语义学上看，"存在"一词是一个谓词，"是从纯粹的'意向'实在中挑出我们所谈论的存在的实在的谓词"[②]。因此所有存在陈述都能用这个谓词来分析。

麦金认为，有两个领域是谓词观需要小心处理的，并且人们也认为它可能会在那里遇到麻烦，这就是关于量词和非存在的本质的解释。先看它对存在量词的解释。一般认为，存在谓词是以非谓词的方式来表达存在，因此存在并不总能表达成一个谓词。在麦金看来，这种观点从根本上说是被误解了，因为"$\ni x$"有可能用存在谓词来正确地定义，这也是思考它的正确方法，因此它并不是谓词观的替代者。例如，人们通常认为"对于某个 x，x 是 F 并且 x 存在"这个公式可以用以翻译"Fs 存在"。尽管其前辍"对于某个 x"本身并没有存在的含义，而只表达了事物的数量，但这个公式表达了存在陈述的含义，而且是用谓词表达了存在。在这里，"某个"就像"所有""多数"等一样，在存在上是中立的。他认为，要辩护这种观点，就必须给上述合取公式提供一种合理的语义学，并解释这种思考量词的方式的动机。

① McGinn C. Logical Properties. Oxford: Clarendon Press, 2000: 30.
② McGinn C. Logical Properties. Oxford: Clarendon Press, 2000: 17.

一般来说，对上述公式有三种可能的解释。一种解释是引进迈农主义本体论，并使变项涵盖亚实存的实在和存在的实在，这样一来，上述合取公式就会说这些实在中有些既是存在的（而不是亚实存）并且也是 F。根据这种解释，"对于某个 x"就具有本体论的意义但没有存在的意义，因为并非迈农主义本体论中的一切事物都存在，因此"存在"要限制于 Fs 存在的本体论领域之中。另一种解释是使用替换主义，去除"对于某个 x"的对象功能，那么上述公式就只是说："x"能用术语"t"代换，使得"t 存在并且 t 是 F"为真。也就是说，我们以标准的方式对"某个"作了纯粹替换的解释，因而我们利用一个明确的谓词引进了存在。根据这种解释，"∃x"只是替换的量词及其附加的存在谓词的缩写形式，所以我们可以把复杂符号"∃x"拆解成存在的方面和量化的方面。最后一种解释是引进意向量词（intentional quantifier），如"某些我们谈论／想到的事物"，然后按通常的方式来理解存在。于是，"Fs 存在"的意思就是"某些我们谈论／想到的东西既是 F 又存在"。用符号表示就是："Ix，x 是 F 并且 x 存在。"其中的"Ix"就是意向量词。这里，"某些"的功能同样只是表达了我们所谈论的既存在又是 F 的事物的数量。根据这种解释，存在并不是成为一个变项的值。这里的想法是对变项作出解释，从而使它的值既是存在的实在，但又只是意向的实在，而这里的纯意向对象甚至不是亚实存的。由此我们似乎就可以对上述公式作出融贯而合理的解释，并进而表明"存在量词"可根据存在谓词来分析。在麦金看来，第三种解释从直觉上看是正确的，而且它解决了存在陈述的单义性问题。同时，我们在接受这种谓词观时，也可以保留普遍的量词逻辑，而不必退回到旧式的逻辑。他认为，我们可以坚持标准的改述，把"某些／某个"看成一个二阶谓词，而非一个单称词项。而存在始终述谓了个体，而不是神秘的复数。

这种谈论量词的方式不仅是正确的存在理论所必需的，而且也有重要的根据。如前所述，量词表达了数量和比例，但没有内在的存在含义。因此我们可以把"某些／某个"称为部分量词（partial quantifier），它和全称量词，以及"大多数""许多"等非标准量词一样在逻辑上都不蕴含存在。在由"∃x"所表达的正统概念中，我们将不同的语言函项（即表示数量的函项和蕴含存在的函项）合并成了"∃x"符号，而"存在量词"只把握住了这后一个方面。这种分析既适用于"所有"，也适用于"某些／某个"，而且也符合语言学的数据，因为我们在未蕴含存在的语境下，甚至在会话中都会使用到"某些"，如我们会说"你所谈论的某些东西并不存在""某些超级英雄完全是虚构的"等。在这些句子中，

"某些"表达了比例，但它并不意味着这种比例存在。如果把"某些"的这些用法翻译成存在量词，就会出现矛盾。因此最好是中立地看待"某些"，而让"存在"来断定存在。根据这种观点，"某些/某个"只是作为言外之意才能获得存在的力量，但取消这种含义也不会出现矛盾。麦金说："根据这种观点，并不是说当'某个'在没有存在力量的情况下出现时，它总会以某种方式被嵌入到一个意向语境之中——这种语境消除了其习惯的存在力量；相反，作为其语义学而非语用学的问题，它并没有这种力量，而只是用于表达数量或比例，就像'所有'一样。"① 正因为如此，说"某些驯养的考虑存在"才不是冗言，说"某些超级英雄不存在"才不矛盾。换句话说，这些语言学现象都是语义学实在的真正向导："某些"实际上并未或明或暗地包含"存在"，而只是看起来包含了。因此我们的语言中除了需要"某些"之外还需要"存在"，量词的功能是"抛弃单一性"，而"存在"的作用是向指称或量化的对象归属存在属性。如果把这两个函项合并到一个原始符号"э x"中，就会引发混乱。

再看对非存在的本质的解释。麦金认为，讨论非存在问题，首先要认识到存在与非存在之间具有一种非对称性，即存在不依赖于表征，而非存在依赖于表征。他说："有很多不依赖于心灵而存在的实在，但并没有不依赖于心灵的非存在的实在。"② 所有非存在的事物都必然是思想的对象，并没有超越我们的认知行为的非存在的事物。但这并不说明"存在"不是一个谓词，因为我们在说一对象不存在时，是把非存在性归属给了纯意向的对象，这就是其非存在之所在，而如果它是其他类型的对象，它就会有存在性。

由此又引发了这样的问题，即存在与可能性和不可能性的关系问题：纯粹可能的对象是否存在？不可能的对象是否存在？麦金认为，纯粹可能的对象（如我本来可能有的妹妹）实际上是存在的，而且在我形成它们的概念之前就存在，但它们不是现实（actually）地存在的。它们存在于纯粹可能的领域之中，其本体论的缺陷就在于它们的存在不是现实的。当我们认为它们不存在时，我们是混淆了存在与现实存在，正是由于它们缺乏后者，才与普通的对象区别开了。当然，如果情况不同，可能的对象也有可能现实存在。例如，如果我父母有不同的生育事实，我本来可能有的妹妹就真的会现实地存在。就此而言，独角兽、福尔摩斯等虚构实在是不能被看成这样的可能对象的，这些非存在的对象在认识论上是可能的，但在形而上学上却不是可能的。因此，一方面，非存在是独角兽、福尔摩斯等虚构对象的一种本质属性，但不是可能对象（如我本

① McGinn C. Logical Properties. Oxford：Clarendon Press，2000：36.
② McGinn C. Logical Properties. Oxford：Clarendon Press，2000：37.

来可能有的妹妹）的本质属性；另一方面，存在不是金星、奥巴马等的一种本质属性。他说："这种非对称性说明存在尽管是一种真实的属性，但它与一般的属性不同：一般来说，如果 F 性（Fness）是对象的一种偶然属性，那么非 F 性也是如此，但就存在来说却并非如此。总之，真正的可能对象确实存在，但不是现实的存在，而真正的非存在对象必然有那样的地位。"①所有的非存在都依赖于表征，可能对象对此并不构成反例，因为它们也涉及存在。就不可能的对象来说，它们和可能的对象一样确实存在，但它们缺乏现实的可能性，也就是说，它们是存在的实在但不可能成为现实的实在。它们有存在的属性却根本不可能现实地具有这种属性。它们实质上存在于模态的领域，必然与现实化无缘。要注意的是，从根本上说，不可能的对象在形而上学是无（lacking），但这不是由于它们没有存在性，而是由于它们的存在性必然是非现实的。麦金说："远离现实性……不同于非存在。因此，不可能的对象并不是这一论题的反例，即非存在总是依赖于表征的。"②

麦金指出，并非所有谓词都要指称存在的实在并向它归属属性，我们有时也指称非存在的实在并向它归属属性，而且我们确实能将属性归属给非存在的对象，如我们会说"飞马是马而不是猪"。要存在就是要有简单的存在属性，而非存在则是我们不成功的意向性，"非存在在本质上和在构成上是不成功的意向性，而存在却不能定义为成功的意向性。存在就是具有独立于心灵的属性，但非存在却来自于出现了某种心理行为，即假装或错误地假定存在。断定非存在实际上是陈述了心理行为"③。由于表征的依赖性是非存在的基础，所以否定存在与否定有其他属性的作用是不同的。例如，非存在与（比如）非方形就不同。说一对象不是方的，并不是说它被错误地看成方的，这里根本不涉及错误的假定或假装的行为。但由此不能推出存在本身就不是对象的一种简单的一阶属性。他说："存在是一种独特的属性，然而……要成为一种独特的乃至唯一的属性并不是不成为一种属性。"④

对于谓词观还有一种具有认识论特征的怀疑，即它是从存在不是对象的一种可知觉的属性，得出了它不是一种属性的结论。有人提出，如果我们坚持经验论原则，即对象至少在原则上只有可知觉的属性，那么由此就可断定存在不是一种属性。为什么存在不是对象的可知觉特征呢？因为不管对象是否存在，

---

① McGinn C. Logical Properties. Oxford: Clarendon Press, 2000: 39.

② McGinn C. Logical Properties. Oxford: Clarendon Press, 2000: 40-41.

③ McGinn C. Logical Properties. Oxford: Clarendon Press, 2000: 43.

④ McGinn C. Logical Properties. Oxford: Clarendon Press, 2000: 44.

它都会呈现相同的感觉表象。例如，幻觉中的眼镜蛇和实际存在的眼镜蛇一样可怕。就是说，非存在的对象和存在的对象带来的感受完全相同，可见是否存在并不会造成质的不同。在麦金看来，这种反驳是错误的，存在确实不是一种可知觉的属性，但由此不能推出它不是一种属性，事实上它只是一种非常特殊的属性。上述反驳错误地将真实的东西等同于可知觉的东西，不可知觉性只是存在的一种特殊的特征，但并不能根据它就否定存在是一种属性。他说，存在"是存在的东西普遍具有的一种属性，它的互补类别依赖于表征，而且它是不可知觉的，这就是存在的本质。因此对于下述观点并没有令人信服的反驳，即存在是对象的一种一阶属性"①。

总之，在麦金看来，"存在"是一个一阶谓词，表达的是一种一阶属性，并且也可以正确地用于个体。当然，存在有其特殊性，但这些特殊性只是说明了它是一种什么样的属性。正统观点的问题在于从对一般存在陈述的正确认识得出了否定存在是一种属性的错误结论。实际上，我们可以根据"存在量词"来分析一般的存在陈述，但不能由于这种分析有效，就否认存在是一种谓词。例如，我们说"老虎存在"就是说"老虎"有例示，因为相关的例示概念就是具有（一阶的）存在属性的对象的概念。也就是说，老虎的存在就在于它们各自都有存在的属性，而这就是"老虎"这个概念有例示这一事实的基础，并进而会使"（ョx）（x 是一只老虎）"为真。

# 第二节　意向对象与非存在

通常认为，意向关系或表现出意向特性的心理状态离不开三种因素，即意向主体、意向活动和意向对象。缺少其中任何一种，就不可能有意向性。那么，意向对象究竟是一种什么样的对象？它是否存在？如果存在，是一种什么样的存在？这些问题是自布伦塔诺以来的心灵哲学始终关注的一个重要问题，也是麦金进行了深入探讨的问题。

麦金认为，"对象"一词在哲学中有许多不同的意义，而在"意向对象"中，它主要表示心理状态所"关于"或"指向"的东西。例如，"我相信北京是中国首都"这个信念指向的是北京，因此北京就是这一信念的意向对象。我们对意

---

① McGinn C. Logical Properties. Oxford: Clarendon Press, 2000: 45.

向对象可作如下分析。首先，任何东西都能成为意向对象，如属性、事件、过程、共相、数及上帝、鬼魂等，因为它们都能成为心理状态所指向的东西。就此而言，对象与内容的观念密切相关。其次，根据弗雷格关于指称与含义的区别，意向对象属于指称的层次而非含义的层次，因此它们不同于"内涵的实在"。再次，意向对象不一定是"抽象的"，因为北京等具体的事物能成为意向对象。最后，意向对象不必然是存在的。孙悟空、独角兽等虽然不存在，但也可以成为意向的对象。但纯粹的意向对象只能是思想的对象，因而是不存在的，即它们可以被想到但没有实在性。麦金说："'意向对象'一词并未挑选出某类特殊的对象……而只是表达了一心理状态可能关于什么的观念。"①在这个意义上，意向的"对象"可以用"靶子"、"焦点"或"意向相关物"来表达。我们可以这样说明意向对象概念：假如"aRb"这种形式的句子为真，其中的"a"是一个人的名字，"R"是一个心理动词，而"b"是一个单称词项。这里"b"部分就给出了这个人的态度的意向对象。谈论意向对象就是谈论这样的句子为真，因而若这样的句子为真，那么可以推出这个人的态度有某个意向对象。换言之，这个概念捕捉到了某些语法的事实。如果我们说"b"指定了一个意向对象，我们就是说存在一个具有所述的这种形式的真语句。

谈到意向对象，还应该将涉实的（de re）意向对象和涉名的（de dicto）意向对象区别开。这并不是说它们是两类不同的意向对象，因为同一对象可以在某时是涉实的意向对象，而在另一时又是涉名的意向对象。因此，这种区别与意向关系的本质或者意向语句的真值条件有关。我们以唐代诗人卢纶的《塞下曲·其二》为例具体分析一下上述区别。

> 林暗草惊风，
> 将军夜引弓。
> 平明寻白羽，
> 没在石棱中。

仔细分析不难看出，李广将军②引弓搭箭时实际上瞄准了两个对象：一个是他实际瞄准的对象，即石头，这就是他涉实的意向对象；另一个是他自以为瞄准的对象，即老虎，这是他涉名的意向对象。这个涉名的意向对象相当于李广的意向的内容，即他就是这样表征世界的，当然这个对象是不存在的，因为实

---

① McGinn C. Consciousness and its Objects. Oxford：Clarendon Press，2004：221.
② 卢纶的这首写将军猎虎的边塞小诗，取材于司马迁《史记·李将军列传》，记载的是西汉名将李广的事迹，其原文是："广出猎，见草中石，以为虎而射之中，中石没镞，视之，石也。"

际上当时并没有老虎，他只是把石头误当成了老虎。总之，石头存在，是他心理状态的涉实对象，而老虎不存在，是他心理状态的涉名对象。换言之，在一种意义上，李广瞄准了不存在的东西（即老虎），但在另一种意义上他又瞄准了存在的东西（即石头）。

既然有非存在的对象，那么什么是非存在的对象？它们有什么特征？与存在的对象是什么关系？麦金指出，非存在的对象是人们思想的对象，即思考或相信的东西，但它们并不存在，如宙斯、飞马、伍尔坎（火与锻冶之神）等。非存在的对象主要有下列特征。第一，它们不一定是心理的对象。以孙悟空为例。他不是一个心理的对象，而是一个小说虚构的人物，因此他的属性是创造性的心理活动的产物，但说他类似于信念和意向之类的心理实在则是错误的。也就是说，孙悟空并不是一个信念，否则他就会存在。第二，非存在的对象不是含义，而是应归入指称的领域，因此语义谓词适用于它们。例如，我们在谈论孙悟空时，并不是在说"孙悟空"的含义，而是在指称孙悟空。第三，对非存在的对象可以作出真陈述，如说它们不存在，它们有时被人们相信是存在的，它们具有神圣、易怒、神通广大等属性。事实上，除了存在之外，可以对它们作各种各样的述谓。例如，孙悟空是一个石猴，生活在花果山，当过弼马温，是猪八戒的师兄，曾保护唐僧西天取经，等等。但非存在的对象和存在的对象一样，不是性质束（bundles of qualities）。也就是说，它们例示了属性，但不能还原或分解为所例示的属性。麦金说："对象不可能是属性的集合，因为这会使它们成为抽象实在，而它们并不是抽象实在；但这一点同样适用于非存在的对象。当然，如果它们是这样的属性集合或者属性束，它们也一定存在，因为这些集合或束存在，但是这些对象并不存在。这些对象的非存在性完全能将它们与存在的对象区别开。"[①]第四，非存在的对象会表现出明显的不确定性。例如，你既不能说孙悟空左肩上有胎记，也不能说他左肩上没有胎记。同样，他内衣的颜色、身高、体重等都是不确定的。这是因为他的属性都是被赋予的。而当一对象是纯粹的意向对象时，赋予它属性的就只能是其拥有者的心理行为。质言之，非存在与不确定性会形影相随。由此所决定，纯粹的意向对象也没有表象／实在的区别，因为它们除了被赋予的属性之外，没有任何属性。它们并没有脱离表象的"实在"，"非存在的对象是根据它们被表征的情况被个体化的，而存在的对象通常与它们呈现和被描述的情况截然不同"[②]。

在麦金看来，有些意向对象是不存在的，但它们在其他方面与存在的对

① McGinn C. Consciousness and its Objects. Oxford: Clarendon Press, 2004: 226.

② McGinn C. Consciousness and its Objects. Oxford: Clarendon Press, 2004: 227.

象完全一样。纯粹的意向对象在任何意义上都不存在，我们所具有的只是语言中指称这些非存在的思想对象的词语。他说："我把指称与存在区别开了，这不是说我们指称了一些特殊而奇特的准存在的实在。我也没有引进亚实存（subsistence）之类的概念，而是使用了单一的存在（existence）概念，并坦率地承认有些意向对象完全缺乏这种属性。这不是说有两种'存在'（being），其中之一比另一种更强，而是说只有存在（being）和非存在（non-being）。"①就一词语来说，它要指称一个非存在的对象，并不是说它就没有指称一个存在的对象，即没有它所指称的存在的对象，而是说有这样一个对象，它既为这个词语所指称又具有非存在的属性。因此，指称非存在的东西并不是完全没有指称存在的东西，它是一种独立的指称。指称非存在的东西是一种积极的意向行为，而不是完全缺乏意向行为。非存在确实缺乏存在，但指称非存在的东西并不是没有指称存在的东西，它是指称了某种缺乏存在的东西。

对于存在的东西与非存在的东西之间的关系，麦金提出了一种让人震惊的看法。他认为，非存在的东西不是边缘的异常现象，而是最重要的、普遍存在的并且在理论上具有启发性的现象。它们是我们的朋友而非敌人，"是所有意向性的基础"，因此我们不但无须担心或排除它们，而且还要欢迎和使用它们。他说："无论何时，只要有指向一个存在对象的意向性，就同时会有指向一个非存在对象的意向性，因此指称非存在的东西始终内置于指称存在的东西之中，但相反的主张并不成立。此外，在某种意义上，指称存在的东西是依赖于指称非存在的东西的。"②

对上述主张，麦金从两个方面作了论证，即基于错误知觉的论证和根据意向对象的个体化条件的论证。先看第一种论证。还以卢纶的《塞下曲》为例："老虎"是李广的涉名的意向对象，它的非存在性来自于他的知觉错误。也就是说，密林中并没有老虎，但李广以为有老虎。"老虎"一词这时并不指称存在的东西，而是指称一个非存在的东西。换言之，他在存在上出错了，误把不存在的东西当成了存在的东西，误以为环境中未被满足的谓词（即"老虎"）得到了满足。实际上，他的知觉状态证实了"我的视野中存在一只老虎"这一命题，但那里其实并没有老虎，他是出现了知觉错误。因此，他的意向对象（或其中之一）并不存在，或者说他有一个非存在的意向对象。假如这种知觉错误是普遍存在的，那么，对于大多数乃至所有知觉状态来说，它们在具有涉实的知觉对象（意向对象）之外，也都会有非存在的意向对象。

① McGinn C. Consciousness and its Objects. Oxford: Clarendon Press, 2004: 227, 228.
② McGinn C. Consciousness and its Objects. Oxford: Clarendon Press, 2004: 228, 229.

麦金认为，知觉错误确实普遍存在，特别是有三种潜在的错误根源应当考虑，即固体性、颜色和知觉的恒常性。就固体性来说，一种很有争议但可以接受的观点认为，对象不是固体的，但它们看起来是固体的，就是说，它们的原子之间有间隙，但它们看起来是连续的物质。倘若如此，那么，所有知觉会证实外部有固体对象，但这是错误的，因为固体对象并不存在。这样一来，存在的错误就会影响每一种知觉，任何用于指称这些对象的词语在存在上就都是空概念，即"那个固体对象"根本没有一种存在的指称对象。因此，这些知觉的涉名的意向对象就根本不存在。就颜色来说，一般认为，颜色具有倾向性和相对性，但它们看起来是非倾向的和非相对的，那么颜色的知觉与颜色本身就是不一致的。这样一来，所有颜色知觉就都既关于存在的对象（涉实的对象），又关于非存在的对象（涉名的对象）。也就是说，你确实看见了存在的对象，但在你看来它们具有它们所没有的属性，因此你也"看见"了一个不存在的意向对象。不难看到，这里有一个真存在命题和一个假存在命题，而后者产生非存在的意向对象。用形式化方法来说就是，对于任何具有"aRb"这种形式的句子来说（其中"b"指称一个存在的对象），都有一个具有"aRb*"这种形式的句子（其中"b*"指称一个非存在的对象），这里的"R"是某个知觉动词，如"看见"、"似乎看见"或者"从视觉上表征"。对知觉恒常性也可作这样的解释。以"两小儿辩日"这个故事[①]为例：

> 孔子东游，见两小儿辩斗，问其故。
> 一儿曰："我以日始出时去人近，而日中时远也。"
> 一儿以日初出远，而日中时近也。
> 一儿曰："日初出大如车盖，及日中则如盘盂，此不为远者小而近者大乎？"
> 一儿曰："日初出苍苍凉凉，及其日中如探汤，此不为近者热而远者凉乎？"
> 孔子不能决也。
> 两小儿笑曰："孰为汝多知乎？"

从客观上说，"日始出时"和"日中时"，太阳本身的温度和大小变化不大，但从知觉上说，它给这两个小孩却有"大如车盖"与小"如盘盂"、"苍苍凉凉"与热"如探汤"的巨大差异。因此，他们在谈论太阳时就有了两个意向对象：

———————
① 《列子·汤问》。

一个是涉实的意向对象，即太阳本身；另一个是涉名的意向对象，即知觉中的太阳。前者是存在的对象，后者是非存在的对象。他们自以为是在谈论太阳本身，但其实是在谈论呈现给其知觉的太阳。换言之，他们误把知觉中的太阳当成了实际的太阳。如果你赞成这种关于恒常性的解释，你也应当同意知觉既关于存在的意向对象也关于非存在的意向对象。

再看根据意向对象的个体化条件所作的论证。它有两种情形：时间的情形和反事实情形。我们先讨论时间的情形。假设 Fido 是一条真实的狗，某个人 S 在 t 时正常地看见了 Fido，就是说，Fido 存在并引起了 S 关于狗的经验。再假设我们之后把 Fido 带走了，但通过电极刺激 S 的脑皮层而使他的经验保持不变，他仍继续谈论 Fido，并用"Fido"指称面前的"这条狗"。但我们知道 Fido 已经被带走了，S 在说"这条狗"时，所说的并不是 Fido，而是一条非存在的狗。为了叙述方便，我们把后者叫"Rex"。不难看出，"Fido"和"Rex"具有不同的指称，其中一个存在而另一个不存在。S 在 t 时的意向对象是 Fido，在 t 时之后的意向对象是 Rex。那么，"Rex"在 Fido 被带走之前是否有指称？假如过了一段时间后 Fido 又被带回来了，那么这之后"Rex"仍有指称吗？换言之，在从 Fido 被带走到又被带回期间，S 的经验有两个意向对象（即 Fido 和 Rex）吗？对此，一种看法认为，当 Fido 被带走时，一个新意向对象即 Rex 进入了 S 的经验，而当 Fido 被再次带回来时，Rex 这个新意向对象就被 Fido 取代了，从而不再包含于 S 的经验之中。另一种看法则认为，当 Fido 被带走后，S 并没有增加新的意向对象，而当 Fido 又被带回来时，S 也没有减少意向对象，Rex 始终是 S 的意向对象。也就是说，将 Fido 重新作为 S 的涉实的意向对象并不会使 Rex 不再成为 S 的一个意向对象。麦金认为这种看法在直觉上是正确的，因为"S 的经验中有一种质的（qualitative）连续性，即在他看来整个过程中似乎都只有一条狗。如果整个过程都是由幻觉组成的，那么我们就会说 Rex 自始至终都存在；但是使这个过程的两端都真实并不会取消这种连续性"①。在这种情况下，S 具有一个涉实的意向对象和一个涉名的意向对象，两者的同一性条件不同。在整个过程中，涉名的意向对象持存，而涉实的意向对象并不持存。麦金说："这两个对象都出现在 S 的整个意向状态之中，就是说，如果非存在的对象是经验非真实期间的一个意向对象，那么当经验变成真实的并有一个新意向对象被增加进来时，这个对象并不会被取消。而且这两个对象不可能是等同的，因为一个存在而另一个不存在。……所发生的是，将你与真实的事物联系起来，在你身上

---

① McGinn C. Consciousness and its Objects. Oxford: Clarendon Press，2004：232.

创造了一种双重指称的条件。"①

反事实情形的论证结构与时间情形的类似。假设你生活在现实世界中，是一个正常知觉者。再假设在某个反事实世界中，你是一个缸中之脑，但具有的经验与你在现实世界中时完全相同。那么，你在现实世界中会有一系列存在的意向对象，在反事实世界中会有一系列不存在的意向对象。尽管你对相应的对象仍然使用相同的名称，但它们的指称是不同的。现在的问题是：你在现实世界中也有这些非存在的意向对象吗？在反事实世界中，排除存在的对象会产生新的意向对象吗？麦金认为，这些非存在的意向对象是同存在的意向对象一道出现在现实世界中的。其根本原因就在于"纯粹的意向对象是从质上进行个体化的"，"这些质的条件甚至在真实的情况下也能得到"②。若根据指称来表述就是：我在反事实世界中指称非存在对象，而在现实世界中既指称存在的对象，又指称相同的非存在对象。倘若如此，那么在现实世界中就必定有一种双重指称，即我的名称必定同时既指称存在的对象，又指称非存在的对象。非存在的意向对象同样如此，它们不是由排除存在的意向对象而被创造的，相反，它们始终存在，并且能够被指称。那么，我的心理视觉中就有一系列非存在的意向对象，即如果我的所有经验都是非真实的时，我就会具有意向对象。事实上，尽管我现在有存在的意向对象，但如果这个存在的对象不存在，我就会有非存在的对象，而且我认为这个非存在的意向对象是实际存在的东西。比如，对于我面前的茶杯，我现在既经验到了一个存在的茶杯，又经验到了一个非存在的茶杯，这是我在任何存在的茶杯都看不见时所经验到的茶杯。任何时候我用一个名字都是既指称了一个真实的人，又指称了一个不真实的人，这是在这个真实的人不存在时我所指称的人。由此可见，"将意向对象从一个人的心理图景中排除，这并不会创造新的意向对象，而只是把业已存在的东西揭露了出来"③。

不难看出，非存在的意向对象不同于感觉材料，因为后者是存在的心理实在，而飞马、孙悟空等非存在对象既不是心理的又不存在。它们也不是含义、概念、呈现模式或观念，因为它们属于指称的层次，是后者关于的东西。可以说，除了存在性之外，纯粹的意向对象与一般对象一模一样。麦金特别强调，他不是主张在任何意向行动中都既有行动的对象也有行动本身。而是说始终存在双重的意向行动，每一重都有不同的对象（其中之一是非存在的），指称非存

---

① McGinn C. Consciousness and its Objects. Oxford: Clarendon Press，2004：234.

② McGinn C. Consciousness and its Objects. Oxford: Clarendon Press，2004：235.

③ McGinn C. Consciousness and its Objects. Oxford: Clarendon Press，2004：237.

在的实在是正常情况而非反常情况，因为我们始终在意向地指向非存在的对象。

还应看到，双重意向性的两种对象或指称并不是由心灵独立地表征的，而是相互联系的。例如，对于面前的茶杯，我既看到了它的表面，也看到了整个杯子，也就是说，我的"看"有两个对象，但它们不是独立的对象，因为我是由看见了杯子的表面而看见整个杯子的。非存在的对象也有类似的依赖性或相互依赖性。我能看见存在的对象，从而具有了一种特殊的经验，而这种经验不仅把我看见的真实对象作为其意向对象，而且还把一个非存在的对象作为其意向对象。正是由于看见了真实的对象，这个不真实的对象才成为我的意向性的对象。另一方面，如果我不是同时看见了这个非存在的对象，就不可能看见这个真实的对象，因为这个对象甚至在我出现幻觉时也能呈现给我。"正是由于这种意向性活动与适当的因果关系相结合，才产生了关于存在对象的知觉，而后者依附于在先的与非存在对象的关系。"①因此，真实的知觉对象在主体身上引起了指向相应的非存在对象的意向状态。在真实的情况下，这两个对象彼此相似，具有很多共同的属性。例如，就我面前的茶杯来说，与之相应的非存在的茶杯也是白色的、有光泽、是圆柱体等，它们不是无关的对象，不是由不同的意向性活动挑选的，而是相互联系的。在麦金看来，它们都是对方的"副本"（counterpart），具有同一的表象，唯一的区别是一个存在另一个不存在。

基于上述分析，对于在质上相同但一个真实另一个不真实的两种经验，我们可以这样来解释其共同之处：它们有相同的表征内容，但这不是全部，因为它们也指向了同一个非存在的意向对象。就是说，在真实的情况下和错觉的情况下，我看见相同的对象（即非存在的意向对象），但在真实的情况下我还看见了另一个对象，即存在的、具有因果效力的对象。换言之，我在这种情况下看见了两个对象（即存在的对象和非存在的对象），但在错觉的情况下只看见了一个对象（即非存在的对象）。

麦金指出，"非存在"的指称不是由环境决定的，因为环境中并没有能与思想者和说话者发生作用的非存在的东西。比如，在孪生地球思想实验中，"水"的存在的所指与环境有关，但其非存在的所指对环境不敏感，非存在的所指的同一性条件反映了通常所说的"窄内容"的同一性条件。如果使用"宽内容／窄内容"或"宽指称／窄指称"这样的划分，我们也可以说：窄内容或窄指称是非存在的东西，它"在头脑之中"，即随附于大脑状态等之上，而宽内容或宽指称

---

① McGinn C. Consciousness and its Objects. Oxford: Clarendon Press, 2004: 238.

是存在的东西，受存在的环境支配。由此不难看出，非存在要求我们对外在主义的范围作出限制：它适用于外在的存在的所指，而不适用于内在的非存在的所指，这也是麦金坚持弱外在主义和内容二因素论的基本动机。

非存在的对象也不会取代含义。非存在的对象是从质上被个体化的，但不同的描述并不总指称不同的非存在的东西，因此我们能对含义作出比非存在的对象更细致的区别，因而含义不能为这些对象所取代。麦金认为，正确的语义学应包含两个指称层次和一个涵义层次，即一个名称指称一个存在的对象和一个非存在的对象，同时还表达了一种涵义。那么，在这种语义学之下如何确定真值条件？在他看来，这不像我们通常认为的那样简单，必须诉诸语境规则，但这是一个不重要的问题。重要的是要看到，"对于任何存在的意向对象，总有一个非存在的意向对象……从理论上说，我们可以规定我们的所有词语都主要指称非存在的对象，因此存在陈述最终都为假；之后，利用将非存在的对象与存在的对象联系起来的规则，即认为存在的对象是非存在的对象的副本，并对真值条件作出相应的计算——把通常的真值归属恢复起来"①。这里我们只需对这两种可能的真值条件作出正确的协调。

前面主要关注日常物理对象的指称，认为这种指称总伴随有一个非存在的意向对象。那么这是否适用于所有指称？麦金认为并非如此，因为它不适用于心理实在，以及自我、抽象实在的指称。在这些情况下，表象与实在是无法分开的，我们也不能通过保留表象、去除实在来产生一个非存在的对象，因此这里实际上只有一个意向对象。在他看来，主要有两种意向性，一种嵌入了非存在之物的指称之中，另一种没有嵌入这种指称之中。当我们具有指向物质对象的意向性时，我们就有前一种情形，而当我们具有指向自己的心理状态（以及自我和数）的意向性时，我们就有后一种情形。后一种情形符合关于指称和指称对象的传统观点，但前一种情形则与公认的看法背道而驰，因为它认为非存在是最重要的和普遍存在的，认为意向对象比我们所认为的要多得多。他说："布伦塔诺说过一切意识都是关于什么的意识；我同意，但会这样改述，即一切（或近乎一切）意识都是关于无（nothing）的意识，就是说，关于非存在的东西（尽管也关于存在的东西）的意识。"就意识的本质来说，非存在支配着存在。就其内在本质而言，意识主要指向非存在的东西。②

---

① McGinn C. Consciousness and its Objects. Oxford: Clarendon Press, 2004: 244.

② McGinn C. Consciousness and its Objects. Oxford: Clarendon Press, 2004: 247, 248.

# 第三节　心理内容的构成

如前所述，任何意向活动的指向都是双重的或者说都有两个意向对象，即一个存在的意向对象和一个非存在的意向对象。前者相当于心理的"宽内容"，是外在的因素；后者相当于心理的"窄内容"，是内在的因素。那么，如果接受麦金关于存在与非存在的看法，也就应当接受他对心理内容的构成的理解，即其内容二因素论。

麦金认为，信念是最典型的意向状态，对其内容构成的分析无疑也适用于其他意向状态，因此他对内容构成的分析主要是围绕信念展开的。

在他看来，将意义归之于句子，与将内容归之于信念，两者之间具有相似的逻辑形式。例如，当我们报告了一个人所信或所思的东西，也就说明了他的信念或思想的内容。而当我们说出了一个句子意指什么，也就陈述了这个句子的内容。由此可见，"相信""意指"表达了一个主体或句子与内容的关系，而且这两种内容说明是密切相关的。具体来说，人们对两者的关系有下述三种理解。①根据信念语句理论，信念是与内容从句中所包含的句子的关系。一个人所相信的就是说明内容的语句（个例或类型），因此信念内容最终与句子内容是同一个东西。②根据思维语言假说，信念是与内部思维语言的关系。因此对内部思维语言的内容提出一种语义理论，就是提出了一种信念内容理论。③既然语句的意义就是要说明信念的内容，那么把信念内容同一于语句的意义应该是正确的。即是说，信念是与句子意义的关系。因此，当一个人用一个句子来表达他的某个信念时，他所相信的就是其话语的意义。

无论上述理解之间有何差异，但都承认信念内容与语句意义之间有密切关系，那么我们就有可能根据语句意义及其构成来揭示信念内容及其构成。就语句意义来说，其第一个构成因素是认知作用。因为这是我们引进意义概念的目的，也是它要发挥的功能。具体来说，我们引进意义概念是为了解释语言的运用，使用语词的根本原因是要传递人们头脑中的状态，换言之，"意义概念的理论作用就是描述构成了意义理解的认知状态"。而要如此，根本用不着真值条件、外在指称之类的东西，而只需述及唯我论性质的东西。他说："这一概念（即语言运用——引者注）蕴涵或假设了意义理论中的方法论唯我论，因为解释语言运用的显然是头脑中的状态。"[①]语句意义的认知作用完全是个体内部

---

① McGinn C. Knowledge and Reality. Oxford：Oxford University Press，1999：121.

的属性，它决定着语言的运用。意义的第二个构成因素是词语的指称、语句的真值条件。内容不可能完全不考虑指称和真值条件，因为任何一种语言理论都应当处理语词与世界的关系，而这些关系是语言的一个重要特征。没有这个特征，就没有语言。另外，指称和意义也不是表达式的相不相关的属性，一语句的意义肯定决定着它的真值条件，不知道真值条件的人肯定也难以完全理解该语句的意义。因此，意义并未被运用穷尽，因为它遗漏了指称。意义概念实际上"在结构上有两个方面，即由两种不同的因素构成，每种因素都服务于不同的目的，并要用在概念上不同的方法进行理论化"①。在麦金看来，对语句意义结构的探讨为信念内容提供了有用的线索。正如语词在意义的语境下具有两种作用，即认知作用和指称作用，它们在信念语境下也有两种作用，即表征（解释）作用和把表征与世界关联起来的作用。当然，信念内容与语句意义存在重要的差别，如前者比后者更根本，要说明语句的意义，必须追溯到它后面的信念。因此，尽管分析语句意义的构成要素能为揭示信念内容的构成提供线索，但后者也需要作出自身独立的论证。麦金认为，揭示心理内容的构成，可以采取两种途径：一是分析内在主义者如福多的信念概念，从语词在信念语境下的双重贡献来分析内容的构成；二是分析表征的本质。

根据福多的看法，信念等心理状态涉及与内部表征的关系。例如，相信 p 就是与某个内部状态 s 具有某种关系，而 s 表征了该信念所关于的世界上的对象和属性。②福多认为，这种表征系统实际上是一种语言，因此相信（believing）在结构上类似于间接的说（saying）。就是说，主体与内部或外部的一个语句个例具有接受或者说出的关系，而要对这个语句作出解释，就要向它归属某些语义属性和关系。麦金并不认为内部心理表征的媒介是语言，但承认信念必定涉及与某种内部表征的关系。这样一来，遇到的问题就是：信念是借助于什么而在主体的心理学中起作用的？福多认为是借助于内部表征的内在属性，因此表征与世界上的事物之间的语义关系与信念的心理学作用无关。具体来说，信念的因果作用必定而且也只依赖于表征的内在属性，即无须诉诸主体头脑之外的事物就能作出描述的属性。而由于认知心理学研究的正是表征的因果功能作用的，因此它认为心理过程和程序只操作信念的内在因素，而会忽略表征的指称属性。换言之，认知心理学承诺了普特南所说的"方法论唯我论"③。这种方法论

---

① McGinn C. Knowledge and Reality. Oxford：Oxford University Press，1999：128.

② 参阅 Fodor J. The Language of Thought. Cambridge：Harvard University Press，1980.

③ 参阅希拉里·普特南."意义"的意义.李绍猛译// 陈波，韩林合.逻辑与语言——分析哲学经典文选.北京：东方出版社，2005：456.

限制意味着认知心理学所要求的心理状态的理论分类完全是由表征的唯我论特征决定的，心理状态的同或异取决于其因果作用的同或异。也就是说，心理表征之间的语义差异映射在它们之间的内在差异上，相应信念所关于的东西一般被编码在了内部表征之中。因此表征的唯我论属性也决定着它们的语义描述。

然而，福多的心理表征理论遇到了两个反例。第一个是孪生地球思想实验。① 众所周知，关于水的信念在地球上和孪生地球上的内部状态和因果作用都没有变化，但由于它所关于东西变化了（在地球上是水，而在孪生地球上是XYZ），因而它具有了不同的真值。这说明在有些情况下，头脑内部的表征状态并不足以决定信念的全部内容，语义状态并不是内在地编码的。那么要确定信念在语义上关于什么，进而确定其真值条件，我们必须诉诸语境。第二个反例是索引词。② 通常，索引性信念可由这样的内容语句来归属：这些语句的语言学意义相同，但指称的真值条件不同。比如，两个人 A 和 B 都用"我"给自己归属了某种属性，这些归属的真值不同，但他们的内部状态却难以区别。因此这些内部状态本身并不能决定信念的真值条件，指称是由出现在语境中的表征决定的，而不是通过关于语境的表征决定的。总之，在这两种情况下，表征的内在属性都不能决定信念的语义内容。

不难看出，由方法论唯我论所作出的因果作用分类，并不符合由普通内容归属所提出的分类，因为信念的同一性部分地就在于其真值条件。"简言之，信念的真值条件并不总是或必然被编码在其因果作用之中。"③麦金说，正是表征本身而非其指称属性在主体的心理学中起着因果作用。就是说，即使指称是内在地编码的，因果相关的也不是与指称对象的关系，而是指称对象的内部表征方式。"对于因果作用来说，重要的不是所编码的东西，而是它被编码进了什么东西。"④语义属性与因果作用的心理学无关，至少它们是通过代理人发挥作用的。而信念确实有语义属性，因为它们有指称的真值条件，而这些属性在根据内容所作的信念个体化中确实发挥了作用。因此日常的内容归属并不是方法论唯我论的。那么，从福多的信念概念实际上会得出这样的结论，即"我们需要两种

① 参阅希拉里·普特南."意义"的意义.李绍猛译.载陈波，韩林合.逻辑与语言——分析哲学经典文选.北京：东方出版社，2005：459-464.

② 参阅 Kaplan D. Demonstratives // Almog J. etal.（eds.）. Themes from Kaplan. Oxford：University Press，1989；Perry J. Frege on Demonstratives. Philosophical Review，1977，86：474-497；The problem of the essential indexical. Nous，1979，（13）：3-21；Lewis D. Attitudes de dicto and de se. Philosophical Review，1979，（87）：513-543.

③ McGinn C. Knowledge and Reality. Oxford：Oxford University Press，1999：113.

④ McGinn C. Knowledge and Reality. Oxford：Oxford University Press，1999：114.

心理学来处理命题态度:一种是内部表征心理学,它是方法论唯我论的,另一种是表征关系心理学,它研究表征与环境的外在关系。普通的内容归属包含了信念的这两个方面"[①]。麦金说:

> 我们的直观的信念内容概念由两种不同的因素组成,它们满足我们在归属信念时的不同兴趣。一种因素就是世上事物的表征模式,另一种本身关注的是表征与所表征之物之间的恰当的语义关系。我想说的是,前一种因素由信念的因果解释作用构成,而后一种因素与我们将信念看成真值的携带者密不可分。我们把信念既看作是头脑中能解释行为的状态,又看作是拥有指称的真值条件的东西。……这些因素及其所反映的关系是不同的和独立的,全部内容都随附于两者的结合。[①]

根据这种二因素论,信念既可能有相同的真值条件、不同的解释作用,也可能有相同的解释作用、不同的真值条件。内容从句中的语词对全部内容归属的真值条件具有双重的贡献,即它们既说明了主体在其关于世界的思想中所使用的表征的特征,也说明了与信念本身的真值条件相关的是哪些对象和属性。这两种贡献都不足以决定对方,但两者又都是确定全部内容所必需的。由此,我们就从福多关于信念涉及内部表征的思想,得出了信念内容的结构包含两种因素的结论。

麦金指出,根据表征的本质也可以得出相同的结论,即表征必然有两个方面,而这两者必定是相互独立的。一方面,从表征的目的或功能来看,它们在主体与其环境之中起中介作用。也就是说,表征状态的功能和存在理由就是根据有关证据控制人的行为。例如,一个知觉经验可以说是表征了环境,而它这样做的目的是使知觉者能对知觉表征的环境采取相应的行动。因此,任何心理表征理论都应当说明表征在行为组织方面的作用。另一方面,除了构成内部因果作用的属性之外,表征一定还有其他一些属性,因为它们还会与个体外部的实在和事态相联系,即它们有"指称"的方面。如果语义属性必然编码在内在属性之中,那么表征的个体内部的作用就决定其外在关系,换言之,指称就随附于行为倾向之上。然而,这种随附性主张与表征的两个重要的属性相冲突。首先,即使表征对对象或事态的表征是不完整的或不合适的,它们仍能履行其功能,这是因为生物可依赖其时空语境来解决指称的歧义性,从而保证表征所引起的行为与表征对象相适应。因此尽管世界上还有其他适合于经验的对象,

---

① McGinn C. Knowledge and Reality. Oxford:Oxford University Press,1999:114.

但知觉经验仍能将生物的活动引向合适的对象。其次，表征必然是可错的。就是说，如果 r 把 x 表征为 F，那么从认识上说也可能 x 并不是 F。但是，你只有在下述情况下才能将一对象可错地表征为 F，即所表征的东西的确定并不依赖于它是 F。因为假如确定没有这种独立性，表征上的错误就蕴含着这种表征实际上并不关于所说的对象，而是关于其他对象。换言之，我们要想判断 r 将 x 错误地表征成了 F，就必须假设 r 是 x 的一个表征，而这并不依赖于它关于 x 是 F 的描述。以视知觉为例，一个视觉知觉是以某种方式表征知觉对象，即对象被看成如此这般的样子。那么要说这种经验真是一个表征，你必须承认这种可能性：这个对象事实上并不像它看起来那样，即经验可以错误地表征对象。这种可错性预设了错误的经验仍是关于它错误地表征的东西的。这是因为"知觉关系并不是独立于知觉表征的方式而被决定的，它是由某种因果关系决定的。换言之，经验的个体内部的作用并不能决定其与知觉对象的外在关系，这正好是由于其表征的可错性"①。麦金认为，无论是表征的不完整性还是其可错性，都证明了如下论点是错误的，即表征的个体内的引导行动的作用能够决定其指称的方面。"如果表征必然有这两个独立的方面，那么它们的内容就会包含两种不同的因素，即表征的对象（what is represented）和表征的方式（how it is represented）。"②

根据上述分析，信念的两种因素是两种不同的心理学的对象，两者配合才能对信念作出说明。但常识心理学并没有将信念内容分成这两种因素，它的解释和预言诉诸的是跨越了这两种心理学的属性。这样一来，我们就遇到了新的问题：有因果作用的方面是唯我论性质的东西，与外在事态无关，而关系性的东西又没有因果作用，那么，关系性的心灵及其内容怎么能有因果作用呢？麦金认为，只要对内容的构成要素作出适当的区分，就能化解上述难题。因为在解释人的行为时，我们常诉诸的是知道、记忆、知觉等命题态度，而它们其实是混合物：既离不开外在的世界，又离不开内在于头脑的结构。这两种因素的作用不同，内在的构成因素有因果作用，而指称属性没有这种解释作用。因此，内容既有解释性的因素，也有与真值有关的因素。他说：

> 总之，我的论题就是我们的信念概念同时具有两种不同的因素，它们承担了不同的任务：我们认为信念是具有因果解释作用的头脑状态，从这种观点看，这可能是它的语义属性；我们也认为信念是与命

---

① McGinn C. Knowledge and Reality. Oxford：Oxford University Press，1999：116.

② McGinn C. Knowledge and Reality. Oxford：Oxford University Press，1999：117.

题的关系，它们可以被归属指称的真值条件，从而能指向外部世界。内容的这两个方面可以被看作是来自于这种观点，即信念涉及内部表征，而这些表征会内在地呈现为两个方面。[①]

在他看来，信念既能引起行为又具有指称的内容，而这两个方面需要不同的机制和概念。当然，麦金后来又对强外在主义和弱外在主义作出了区别，从而用内容的三因素论代替了这里的二因素论，认为根据其与环境的相关程度，内容的构成可以分为三个方面：一是宽内容或强外在的内容，它是由特定的环境关系决定的，正是它使地球上的自然类型概念与孪生地球上的自然类型概念区别开来；二是弱外在的内容，即关于自然类型概念的观察模式；三是纯内容的内容，即内容的因果作用方面，它是一心理状态与别的心理状态以一定方式相互作用的力量。[②]但仔细分析不难看出，这三种因素实际上也是两种因素：一是与存在项目的外在关系，即与世界的外在的纵向关系；二是表征的内在因果作用，即心理状态之间的横向的、内在的因果关系。只有在对外在主义进行强弱区分的时候，才会出现三因素的划分。

内容的二因素之间的关系可根据目的论来解释。对此，本文后面将作专门探讨。大致而言，内容是内部因果属性与外部描述的功能的一种矢量。也就是说，从内在的方面看存在一种因果机制，而从外在的方面看这种机制有一种关系功能。这种机制被设计要执行那种功能，即使此功能不能从内在的特征中解读出来。内容的二因素之间的关系类似于因果机制与其生物学目的关系。例如，引起一个愿望就是一种因果机制，后者又产生了可以满足愿望的行为。这是内容的内在因果作用方面。该机制在进化过程中具有某种目的，如引导有机体对某种环境特征作出反应，这是内容的外在关系因素。因此，机制之间的相互作用，就像一种心理状态与另一种心理状态结合在一起而产生行为一样。

---

① McGinn C. Knowledge and Reality. Oxford：Oxford University Press，1999：119.
② 参阅本文第 9 章第 1 节；McGinn C. Mental Content. Oxford：Basil Blackwell，1989：161.

# 第六章

## 内容的个体化：弱外在主义论题

所谓内容的个体化问题，就是探讨心理内容的共性与个性的根源和条件问题。心理状态多种多样，相互间既有共同之处，也有个性差异。个体化问题就是要回答这样的问题：心理内容的同一性和差异性的条件和原因是什么？或者说，内容的决定因素是什么？内容之间是借助于什么而相互区别的？是内在的物理属性还是外部的环境特征？对这些问题的不同回答也反映着人们对内容的本质的看法，即内容是什么样的属性？是在大脑之内还是在大脑之外？是关系属性还是非关系属性？因为如果认为内容是大脑或神经系统本身所具有的属性，自然会认为内容在大脑之内，是非关系属性，即心理内容是"窄内容"（narrow content）；反之，如果认为内容是由意向对象或外部环境决定的，当然也会认为内容不在大脑之内，是一种关系属性，即心理内容是"宽内容"（wide content）。

内容个体化问题是当代心灵哲学研究的一个热点问题，根据对它的不同回答，我们可以把哲学家分别归入内在主义、外在主义和中间路线三大阵营。内在主义者认为，心理内容是纯内在的，就在大脑之中，是由大脑的物理结构、神经元连接模式、计算属性等决定的一种非关系属性，它不依赖于外部的对象、环境，因此我们无须到个体之外寻找其存在的基础。外在主义者则认为，大脑有没有心理内容完全取决于它们与其外部世界的关系，是由外部的对象和环境决定的，只注意大脑状态并不足以确定心理内容，因此内容是一种关系属性，根本不在大脑之中，我们应当到外部环境寻找其同一性和个体性的根据。而中间路线主要是内容二元论或二因素论，认为心理内容有窄和宽两种形式或者内在和外在两种因素，窄内容或内在因素遵循意向心理学的规律，由心理状态之间的相互作用决定，而宽内容或外在因素由表征与环境之间的关系决定，两种形式或因素通过随附性关系或目的论机制相结合，共同构成了表征的内容，因此内容既是关系属性又是非关系属性，既在大脑内又不在大脑内。总之，上述三种立场之间分歧的根源是对心灵与世界关系的认识不同：内在主义认为心灵及其内容独立于外部世界，外在主义则认为心灵及其内容与外部世界密切相关，而中间路线认为心灵及其内容与外部世界的关系要具体分析，有些内容独立于世界，但也有些内容依赖于世界。

麦金的内容理论是二因素论或弱外在主义（或有限的外在主义）。说二因素论，是因为他认为心理内容同时具有宽和窄两种因素。他说：

> 我们的直观的信念内容概念由两种不同的因素组成，它们满足我们在归属信念时的不同兴趣。一种因素就是世上事物的表征模式，另一种本身关注的是表征与所表征之物之间的恰当的语义关系。我想说的是，前一种因素由信念的因果解释作用构成，而后一种因素与我们将信念看成真值的携带者密不可分。我们把信念既看作头脑中能解释行为的状态，又看作拥有指称的真值条件的东西。……这些因素及其所反映的关系是不同的和独立的，全部内容都随附于两者的结合。①

而说弱外在主义，是因为他认可某些外在主义原则，如心理状态的本质是由主体与外部世界之间的关系控制的，因而内容具有关系性，对外部世界具有局部随附性，但他又有所弱化，如认为外在主义对于有些心理状态是不适用的，决定内容的外部因素并不一定与内容具有直接的因果关系。

# 第一节 外在主义的创发性阐释

外在主义是一种常识观点，存在于近代以前大多数哲学体系中，如古希腊的流射说、影像说，中世纪新唯名论的新经验论等都有外在主义的思想雏形。但近代以后，笛卡儿最先批判了外在主义，指出思想和信念等是心灵与其内在对象之间的一种关系，并进而建立了第一个比较完备的内在主义体系，之后这

---

① McGinn C. Knowledge and Reality. Oxford：Oxford University Press，1999：114.

一思想经洛克、莱布尼茨、康德，以及布伦塔诺、弗雷格等人的发展，逐渐成了在哲学、心理学、语言学中占有主导地位的"传统"理论。当代外在主义的先驱是维特根斯坦，他在《哲学研究》中提出了外在主义的基本思想，而普特南 1975年发表的《"意义"的意义》堪称当代外在主义的宣言书，后来柏奇（T. Burge）等人受相关思想启发，也系统阐发了各自的反个体主义或反内在主义纲领[1]，而福多（J. Fodor）、西格尔（G. Segal）等人则与外在主义者展开了针锋相对的辩驳，从而将有关争论推向了高潮。[2]

麦金认为，内在主义与外在主义之争，核心是环境在确定心灵本质中的作用问题，但争论中还存在很多模糊甚至是错误的认识。一方面，内在主义所说的"内在的"是一个专门术语，涉及三类事实：身体和大脑的内部状态、行为倾向及感受器上的近端刺激，即内部事实既包括主体内部的事实，也包含外部的行为。因此，内在主义只是说决定心理状态的事实是主体的不依赖于环境的事实，而不是认为决定心理状态的是身体或头脑内部的事实，因而它自然也不把心灵定位于头脑之中。就此而言，行为主义也算是一种内在主义。在他看来，"内在主义"对于它想表达的这种立场并不是最理想的名称，但也没必要弃之不用，只是要弄清它的真实意义，始终从否定的意义上去理解它，即把它看作对外在主义的否定。另一方面，尽管近年来人们对外在主义给予了极大关注，也做了大量工作，但也还有很多有待进一步澄清和探讨的地方，最主要的是三个问题：一是怎样准确地阐述外在主义，即弄清它是一个什么样的论题；二是揭示它的哲学意义，即它对认识心灵有什么价值；三是它的适用范围和限度，即外在主义是否正确、能适用于哪些心理现象。

在麦金看来，外在主义"最好被看作一个关于心理状态个体化的论题，即是说，一个关于心理状态的存在和同一性条件的论题"[3]。它设定了心理状态在某个可能情景下的存在条件，并告诉我们哪些变化能保持心理状态的同一性。它认为，心理状态是怎样的、有哪些内容都是由环境决定的，环境是心理状态的

---

[1] 在当代心灵哲学中，大多数论者都把"内在主义"与"个体主义"、"外在主义"与"反个体主义"作为同义词或近义词使用，也有人认为它们的意义存在明显差异。例如，雅各布（P. Jacob）就认为，外在主义与反个体主义应当从概念上严格区别，因为前者是说心理内容依赖于个体外部的非社会的、物理的、化学的或生物的环境，而后者认为心理内容依赖于语言或社会共同体中其他成员的所思、所述。也就是说，外在主义强调外在自然因素在内容个体化中的决定作用，而反个体主义更关注社会文化因素对内容个体化的影响。参阅 Jacob P. What Minds Can Do? Oxford：Cambridge University Press，1997：39.

[2] 参阅高新民.意向性理论的当代发展.北京：中国社会科学出版社，2008：329.

[3] McGinn C. Mental Content. Oxford：Basil Blackwell，1989：3.

本质的构成因素。对麦金的外在主义论题，我们可以从三个方面阐述。

首先，它表达一种非对称的个体化依赖关系。从表面看，外在主义类似于哲学中的其他个体化论题。例如，要揭示人的个体化原则，就要找到人的存在和同一性条件，并进而理解人的本质属性。对于人或者心灵，我们都会设计一些思想实验，通过在其他事实不变的情况下改变某些事实，来了解人或心理状态是否变化，以此来证明人的个体化和心灵的个体化由什么因素决定。实验中，人们发现，内容会随外部事物的变化而变化。于是便出现了外在主义论题。但这两种个体化存在明显差异：就人的个体化来说，人可以同一于进行个体化的东西，如我们可以说人就是某个身体、大脑、笛卡儿式自我或者由心理状态构成的逻辑构造，而对于内容的个体化，我们却不能将心理状态同一于外部世界的事态，因为心理状态个体化所参照的是不同于心理状态的东西。麦金说："外在主义会向我们说明心理状态的同一性条件，但不会真的把心理状态与那些条件同一起来——考虑到外部的事态连心理状态主体的属性都不是，怎么会有这种同一呢？我们从外在主义论题所得到的是一类东西与另一类东西的派生性的或依赖性的个体化关系，而不是一类东西与另一类东西之间的一种简单的同一性关系。"[①]

麦金还借助斯特劳森的"确认依赖关系"（identification-dependence）概念对这种个体化依赖关系作出了说明。在斯特劳森看来，对一种殊相的确认取决于对另一种殊相的确认。当你指称某个殊相时，可能是在谈某个一般种类中的东西，而这个一般种类则单独与另一个殊相处于某种具体的关系之中。例如，你可以用"路遥写的书"去指一本书，或者用"《狂人日记》的作者"去指一个人。这时，听你说话的人对第一个殊相的确认就取决于他对第二个殊相的确认。他通过整个确认短语而知道所指称的共相是什么，因为他是通过这个短语的一部分而知道所指称的殊相是什么。"对一个殊相的确认通常以这种方式取决于对另一个殊相的确认……它表明了，对某一类殊相的确认可能会以某种一般的方式取决于对另一类殊相的确认。"[②]麦金认为，个体化的情况与确认类似：一殊相的个体化原则依赖于另一殊相的个体化原则，即是说，Fs 的存在和同一性取决于 Gs 的存在和同一性，但 Fs 并不同一于 Gs。因此，对 Gs 进行个体化的任何东西都转换成了对 Fs 的个体化，这样我们就得到了一种具有非对称依赖关系的个体化条件。个体化依赖关系还可分为语言学的、认识论的、形而上学的和概念的等四个方面：假如 Fs 的个体化依赖于 Gs，那么：①提及 Fs 首先要提及

---

① McGinn C. Mental Content. Oxford：Basil Blackwell，1989：3，4.

② 彼得•F. 斯特劳森 . 个体——论描述的形而上学 . 江怡译 . 北京：中国人民大学出版社，2004：8，9.

Gs；②认识 Fs 的属性首先要认识 Gs 的属性；③Fs 的本质部分地是由 Gs 的本质构成的；④具有 F 的概念首先要具有 G 的概念。在他看来，上述原则与外在主义完全符合。

假如 Fs 是信念，Gs 是与这些信念相关的外部对象和属性，那么：①提及信念就包含提及世界上的实在，因为除了说明信念所涉及的实在之外，我们无法说明一个主体拥有什么信念；②若不先认识某个人的环境的本质，就不可能知道他相信什么，因为环境决定他相信什么；③特定信念的本质就是它与某些实在具有环境上的联系，它的构成其实就是这些实在，除非一个人的环境中有某种实在，即信念所要关于的实体，否则他就不可能有这个信念；④如果没有掌握信念所关于的实在的概念，就不可能掌握信念概念。例如，如果你没有掌握"雪"和"白"这些概念，就不可能掌握"相信雪是白的"这样的信念概念，因为后一个复杂概念包含前面的简单概念。当然，这些依赖关系是非对称的，即世界的个体化并不依赖于心灵。

另外，集合与其成员的关系也体现了这种个体化依赖关系。集合的同一性归功于其成员：成员变化，集合就会变化；成员若不存在，集合亦不存在。然而，集合并不同一于其成员或成员的总和。麦金认为，这种隶属关系类似于意向性关系，它们都表现出一种密切的个体化依赖关系，而外在主义者所说的信念/世界的关系就类似于这种集合/成员关系。他说："外在主义是一个关于个体化依赖关系的论题，它与涉及集合与其成员的相似论题最接近。"①

其次，外在主义是一个关于心灵与世界关系的论题。外在主义有强、弱之分。弱外在主义是这样的论题："一给定的心理状态要求某种属于非心理世界的事物存在，而且它的同一性也依赖于这种事物。"而强外在主义论题则认为："一给定的心理状态要求某种属于非心理世界的事物存在于主体的环境之中，而且它的同一性依赖于这种事物。"两个论题的区别在于，弱外在主义不要求心理状态的主体与外部事物具有环境上的因果联系，而强外在主义有这样的要求。也就是说，强外在主义将心理状态与世界的特定部分（即主体所处的环境）联系了起来，而弱外在主义把心理状态与整个世界联系了起来，而不管所要求的外部事物是否出现在主体的环境中。②无论是强外在主义还是弱外在主义，本质上都是一个关于心灵与世界之间关系的论题，都主张：世界从构成上进入了心理状态的个体化之中，心灵与世界并不是形而上学中的独立范畴，而是可以平稳地进入对方之中，它们之间没有不可逾越的界限，心灵可以被世界渗透、由

① McGinn C. Mental Content. Oxford：Basil Blackwell，1989：7.

② McGinn C. Mental Content. Oxford：Basil Blackwell，1989：7，8.

世界构形。

最后，外在主义是一种本体论学说。它是要说明心理状态是怎样个体化的、它们的本质是什么，而不是要说明它们怎样被主体认识，因此，它不是一种认识论学说，而是一种形而上学的或本体论的学说，它的主要意义应该是形而上学的影响，即它会对哪些关于心灵的形而上学假设提出质疑。当然，它也有认识论的附带意义，如它涉及如何认识心灵、如何超越自身等问题。

# 第二节　外在主义的形而上学意义

外在主义作为一个关于心灵与世界关系的论题，一定对这个关系的双方即世界和心灵都有某种预设，即一定也包含着某种世界观和心灵观。那么，这种世界观和心灵观是什么？对我们认识世界和心灵有何意义？

先看它对我们世界观的意义。外在主义认为，心理内容的差异以世界的差异为基础，前者依赖于后者，因此心理的个体化应根据世界的状况来解释，心灵个体化的方向应当是从世界到心灵。相应地，个体化的依赖关系是非对称的，即相对于心灵，世界在个体化上处于基础地位，心灵的差异是由于环境的差异，但世界的个体化并不依赖于心灵，因为用以对一心理状态进行个体化的东西本身不能被该心理状态个体化。

外在主义坚持心灵对世界的依赖性，认为外部世界的事实并不依赖于心灵，而且这些事实反而还能用于确认心理事实，因而它预设了关于外部世界的实在论，这与唯心主义、现象主义、投射主义等理论是不相容的，因为后者坚持相反的个体化依赖关系，即心灵是世界个体化的基础。例如，唯心主义者认为，心理的差异是预先确定的，而且它们还能用来解释世界方面的各种差异，因此唯心主义预设的是某种内在主义。而投射主义也认为，颜色、道德价值等是从心灵投射到世界上的，因此参照世界的差异不可能解释相关的心理内容的差异。同样，如果认为自然种类分类只是心灵的一种投射，而非预先决定着心灵的运转，那么我们自然也不能认为自然种类概念系统是由世界上客观存在的自然种类建立起来的。麦金说："如果我们有理由相信（关于某类心理状态的）外在主义，我们由此就有理由支持关于那些状态的内容的实在论。若关于心理内容的外在主义是对的，这就蕴含着相关的实在部分不是从心理上构成的。同样，若关于'世界上的'事实的投射主义主观论正确，就会排除……外在主义解释。"①
这就是外在主义对世界的形而上学特征的意义。

外在主义对我们心灵观的影响表现在两个方面：一方面影响我们对心灵的形而上学特征的认识，另一方面影响我们对心灵认识论的认识。麦金认为，外在主义者要反击内在主义，不能仅用反例，还要揭示与这些反例相违背的底层的心灵概念，只能这样才能让对手彻底屈服。而与外在主义水火不容的潜在心灵图景就是实体主义心灵观，因此，"实体主义成了内在主义与外在主义发生激烈斗争的一个领域"②。根据实体主义，心灵是一种实体，心理状态就是心理实体的状态，而同外在主义相冲突的就是"这种依据物质实体来模拟心灵的倾向或趋势"，"成问题的就是这种认为心灵在逻辑或形而上学上与物理实体相似的倾向"③。具体来说，实体观念包含两个核心要素：一是实体具有自主性，即它们在本体论上是自主的或实存的（subsistent），其存在或内在本质不依赖于其他实体；二是实体具有排他性，即它们具有由内在属性所决定的界线，会将其他实体从其所处位置排除出去，因此它们在其界线之内是不可入的或固体性的。第二个特征说明实体之间存在空间位置的竞争，两个实体不可能占有同一个空间区域。如果按照这种实体观念来看待心灵，外在主义显然是错误的，因为它既强调本体论的依赖性，认为任何事物都不可能孤立存在，又强调有缺口的界线（breached boundaries），认为任何事物中都渗透着其他事物的因素，同时也都能渗透到其他事物之中。因此，如果接受外在主义，心灵就不可能有身体或大脑的实体性本质，就不可能有那样的形而上学结构。在麦金看来，内在主义具有理论的吸引力，是由于它坚持了实体主义的假设，因此它并不是一种没有哲学基础的武断偏见，那么，如果我们放弃了内在主义，就"不仅仅是放弃了某种可选择的、有限制的哲学理论，而是涉及对关于心灵的基础形而上学，即心灵是什么样的存在——的彻底反思"④。

麦金认为，外在主义与实体主义的本质区别并不在于所说事物的内在特征，而在于它们与主体的关系，尤其是它们的空间关系。根据实体主义，一个人的心理状态大致上就在他所在的位置，因而它们的构成要素一定也在他所在的位置，也就是说，它们不能与他有空间的距离。可以说，物理实体的自主性和排他性的实质就是它们在空间上分开了。实体存在于空间之中，它们的构型不依

① McGinn C. Mental Content. Oxford：Basil Blackwell，1989：11.
② McGinn C. Mental Content. Oxford：Basil Blackwell，1989：30.
③ McGinn C. Mental Content. Oxford：Basil Blackwell，1989：15，16.
④ McGinn C. Mental Content. Oxford：Basil Blackwell，1989：18.

赖于它们之外的东西，它们也不会从其他地方提取构成要素，而这就是它们的实存性的本质。如果谁说某种实在在本体论上依赖于它外部的东西，我们由此可以断定他所说的不可能是实体。而外在主义对心灵有特殊的理解，认为心灵是由它与外部对象的关系构成的，其内容状态不同于物质实体的内在性质，而是外部关系，这些关系能把其他空间位置上的东西作为关系项。这意味着心灵没有清晰的或能够理解的界线。麦金说："关于心理界线的全部观念一开始就有误导性，充满了矛盾，它充其量是一个有误导性的隐喻。"①因此，外在主义破坏了心灵界线的观念，认为心灵不是固体的，不是不可入的，心灵之墙可以由其他实体打破，心灵乐意与其他实体分享住所。"对外在主义而言，恰当的结论最好不是：心灵是一种奇迹般的、不可理解的特殊实体，能够想出一般的实体想不出的鬼点子；结论应该是：心灵根本就不是任何一类实体——从形而上学上说，心灵根本不像岩石、猫、肾那样的东西。如果外在主义正确，心灵就应该被看成是在形而上学上自成一类的。"①总之，心灵不是一种实体，也不能把物质对象作为模型。

从语词上说，外在主义也实现了一种转向。它认为，"心灵"既不是种类谓词，即不是用来挑选对象或其他实体性东西的，也不是心理谓词的主词，因为关于"这个心灵"、"我的心灵"或"他的心灵"的话语严格说来不是对象性话语，这些表达式在逻辑实在性上是虚假的单称词项。世界上的所有对象并不包括心灵。但这不是因为心理归属不正确，而是因为"谈论心灵最好被看成是在谈论特性、属性或能力，而不是在谈论心理谓词所指称的某种对象"。②心理谓词的对象性主词是人，即有具有心理特性、能力或属性的存在，因此谈论"心灵"并没有在我们的本体论中增加其他对象。换言之，人是对象，而心灵不是对象，谈论心灵就是谈论特性。身体是一种与人有某种关系的对象，但"心灵"与人并没有类似的关系。麦金说：

> 　　心理特性不是实体性特性。也就是说，如果外在主义适用于心理特性，这些特性就不是内在的和自主的：它们只是由于与主体的环境中的事物的关系才得到了例示。因此，心理特性完全不同于物理实体的内在的第一性质，即决定着实体的外延、形状和界线的性质。正是由于具有了这些性质，物理对象才算是实体，因为它们决定着例示它们的东西的本体论范畴，而如果外在主义是对的，心理特性实质上就

①　McGinn C. Mental Content. Oxford：Basil Blackwell，1989：22.

②　McGinn C. Mental Content. Oxford：Basil Blackwell，1989：24.

与这些性质不同。……心灵的关键属性不是实体性属性，即这类给例示它们的东西赋予实体性的属性，因此自主性和排他性不是拥有心理特性的结果。①

总之，根据麦金的外在主义，心灵不是实体，而是属性，它不在头脑中，而是分散于世界中，尤其是人与其对象之间。②

麦金指出，就哲学优先性的顺序来说，外在主义首先是一个形而上学或本体论学说，仅仅在附带的意义上才有认识论的影响，因为任何认识论总会预设某种潜在的形而上学。就心灵来说，在我们清晰地认识心灵之前，必须先理解心灵是什么样的东西、具有一种心理状态是怎么回事。因此，即使外在主义的主要意义是认识论的，我们也要了解这种认识论所预设的潜在的心灵形而上学，即什么样的心灵具有这种认识论。

外在主义附带的认识论意义是它否定了心灵对内省的透明性。若内容的差异依赖于外部世界，它就不一定能呈现给主体的内省，不同的心理状态内省时的情况可能相同，因此"对世界的依赖关系蕴含着内省之眼的视力有缺陷"③。外在主义的形而上学图景与其认识论结果的关联涉及空间性和认识通道（epistemic access）。具体来说，外在主义把外部空间中的对象放入了思想内容，这些思想是不透明的，因为它们的构成要素的同一性和存在不能够被内省。相反，关于自己的感觉、情绪、情感等的思想具有透明性，因为它们就处于主体所在的位置，而且也不能容纳外部空间中的对象。因此，内容的不透明性与构成要素的空间定位有关，若构成要素来自于外部的空间世界，则思想内容就是不透明或不完全透明的，就具有知觉对象的不透明性，并容易产生同一类错觉。换言之，思想内容对于主体不具有直接性，包括空间的直接性和认识的直接性，而缺乏认识的直接性就源于缺乏空间的直接性。因此，要得到认识的直接性，就必须去除空间的中介。不难看出，认识的直接性概念是以空间隐喻为基础的，这就是我们没有通向外部事物的直接通道的原因。麦金说："如果我的看法正确，即遥远的构成要素是实体主义的主要威胁，那么缺乏认识的直接性似乎就源于实体主义谬误。而如果实体主义正确，外在主义就错误，因为在这种情况下，思想就没有遥远的构成要素，因而也不会有外在主义所造成的不透明性了。"④也就是说，对实体主义和透明性构成威胁的原因是相同的，即都是空间的分离。这也有助

① McGinn C. Mental Content. Oxford: Basil Blackwell, 1989: 25.
② McGinn C. Mental Content. Oxford: Basil Blackwell, 1989: 30.
③ McGinn C. Mental Content. Oxford: Basil Blackwell, 1989: 26.
④ McGinn C. Mental Content. Oxford: Basil Blackwell, 1989: 28.

于解释为什么笛卡儿要把心灵的非空间性与心灵认识的透明性结合起来。因为一旦把空间引入心灵，特别是认为内省能力与心理状态的构成要素之间有空间属性，就有犯错的可能，这样一来直接性就不可靠了。而外在主义就是否定了非空间性，因而也不承认内省通道，因为它是通过否定非空间性而否定内省通道的。然而，二元论认为心灵是一种非空间的实体，这是关于透明性的认识论的形而上学背景，但随着外在主义的出现，这个背景就失灵了。

## 第三节　外在主义的适用范围

前面提到，麦金将外在主义区分为强外在主义和弱外在主义，两者都承认心灵及其内容依赖于世界、由外部事件决定，但区别在于是否要求外部决定因素与心灵主体具有环境上的因果联系。那么，这两个论题是否正确，在什么程度上正确呢？麦金认为强外在主义只有局部的合理性，不能说明一切内容，而弱外在主义不仅对理解心灵的本质有重要意义，而且适用于所有原始内容。

先讨论强外在主义的局限性。强外在主义认为，所有心理现象都受制于主体的环境的本质，甚至环境中的偶然事件也对心灵有限制，心灵与世界之间不可能有间隙，而且决定内容归属的是环境的或因果的关系。可见，它在心灵与环境之间建立了最强的联系。在麦金看来，外在主义存在明显的局限性。首先，它不能说明躯体感觉、个性特征、自我等状态。这些状态虽有环境中的原因，但它们并未从语义上表征那些原因，因此我们改变它们的环境关系并不能改变其内容，因为它们并无内容，它们的质的特征也不受这些改变的影响。以疼痛为例，假如我的手被大头针扎破产生了疼痛，而我的孪生地球人具有和我一样的内在属性，但引起其内部状态的是羽毛而不是大头针，换言之，羽毛在他身上产生的结果与大头针在我身上产生的结果相同，那么他的感受当然也是疼痛，他的行为也会与感觉疼痛时一样，如尖叫、皱眉、C纤维激活等。这里的关键是发生在他身上的事情，而不是这一事件的外部原因。因此疼痛在头脑之中。个性特征也是如此。如果不考虑环境对内部状态的影响，那么勇敢还是怯懦、慷慨还是吝啬从构成上说就不依赖于环境，它们也不是内部表征，因此只要保证内部属性（包括行为倾向）不变，就能保证这些个性特征不变，反之亦然。同样，只改变环境并不能把一个坏人变成好人，还必须改变他的内部属性，最重要的是其行为倾向。人或自我也与此类似。假如有某个人，他的成长环境与我的截然不同，但他拥有我的身体和大脑，其内部状态也和我毫无差异，并且他的出身和我也相同，甚至他父母与我亲生父母具有相同的身体和大脑，那么这个年龄面貌、行为表现、内部状况和我一模一样的人只能是我自己，只不过我是到了一个不同的环境并在那里生活而已。麦金说："自我就在头脑之中，外部关系并不能决定人格同一性。""人是心理状态的主体，而心理状态本身依赖于环境，但由此不能推出人自身也依赖于环境。……成为一个特定的人并不是处于某个特定的表征状态之中，因为人的同一性并不是心理表征的同一性。"这个人应该就是我，只是我被送到了不同的环境中并在那里生活。自我在头脑之中，外在的关系不能够决定人格同一性。人是心理状态的主体，而心理状态本身依赖于环境，但由此不能推出人自身也依赖于环境。成为一个特定的人并不是处于某个特定的表征状态中，人的同一性并不是心理表征的同一性。[①]

其次，复杂概念、形式概念和人工制品概念也与强外在主义不相符。对于上述反驳，强外在主义通常会这样辩解：它尽管不适用于上面的非表征心理现象，但适用于所有表征状态，尤其是适用于所有概念。因为要拥有概念，就必须与相关属性的例示具有某种因果－认识联系。这意味着世界在确定心灵所获得的概念方面作用巨大。可以说，"世界做了所有产生性工作，而心灵本身只是被动地反映给定的世界"[②]。表征内容不可能超越主体所遇到的现实属性。这给概念的获得和持有设置了很苛刻的条件，因为无例示就无相应的概念。但我们只要看看概念构造尤其是用简单概念形成复杂概念的过程，就会发现强外在主义是有问题的。因为在用简单概念形成复杂概念的过程中，心灵有一定创造性，也完成了某些概念获得工作，即增加了一些环境中所没有的因素。总之，"概念不仅与世界密切相关，而且相互之间也密切相关，它们能彼此结合、增生。因此，强外在主义者必须将其论题限制于简单或原始概念，这些概念在获得时，心灵并没有运用概念的创造性。在讨论外在主义时，不言而喻的假设是所说的概念不是构成的概念。外在主义者认为，任何复杂概念要存在就一定要有原始概念的基础，因此他不会失去自然的支持者。但我们也知道，一定也存在一个概念的上层建筑，他的论题对它是错误的。此外，上层建筑中的概念一定比基础中的要多"[③]。也就是说，复杂概念来自于简单概念的组合，而简单概念能用强外在主义解释，因此应限制外在主义的适用范围。反过来，强外在主义能用于简单或原始概念，这保证了外在主义的主张，但又有大量复杂概念是强外在主

---

① McGinn C. Mental Content. Oxford：Basil Blackwell，1989：46，47.

② McGinn C. Mental Content. Oxford：Basil Blackwell，1989：47.

③ McGinn C. Mental Content. Oxford：Basil Blackwell，1989：48.

义难以解释的，因此要弱化其要求。强外在主义也不能解释逻辑学和数学中的形式概念。如果两个人对于逻辑和数学词汇有相同的内部状态和行为倾向，他们所拥有的逻辑和数学概念，以及这些概念的意义也一定相同。因此，形式概念是不能由环境中的偶然事件个体化的。人工制品概念也困扰着强外在主义，因为人工制品是人类为了实现特定的功能而生产的东西，成为某种人工制品是一种关系属性，即它要对生产者或设计者有某种功能，而这意味着同人工制品概念相关联的是对待事物的方式，而不是与这种方式无关的事物。

再次，强外在主义难以解释心理概念的持有。心理概念涉及的环境是由心理主体本身构成的心理环境，即周围人的心理状态。要探讨的问题就是：我的心理内容是否是由其他人的心理状态决定？麦金把这个问题分成了两个子问题，即我关于心理状态的个别思想的个体化是否依赖于周围人的心理状态，以及我的一般心理概念是否依赖于周围人的心理状态，并认为对第一个子问题可作肯定回答，而对第二个只能作否定回答。例如，假如我看到你的手被烧伤，并指着伤处说"肯定很疼吧"。这样，我对你的这种感觉就作了一个指示判断，而这个判断与我对自己说"很疼"时对自己所作的判断相同。对你的其他心理状态我也可以作这种指示判断。由此能得出两个结论：一个是弱外在主义适合于这些判断，因为这些判断把其他人的心理状态作为构成要素，因而其存在依赖于这些心理状态；另一个是强外在主义也适合于这些判断。如果我的内部属性不变，但把你的感觉换成另一种有相同外在表现的感觉，我判断的内容就会不同，会变成另一种感觉的指示判断。因此我关于他人心灵的个别思想不在头脑之中，而是具有来自其他心灵的因素。可以说，你的心灵渗入了我的心灵，我的心灵也包含你的心灵，我们的心理状态是相互依赖的，如果没有你的心理状态，我的心理状态就不可能存在。事实上，关于他人心灵的思想存在层层相套的依赖性等级，因此关于他人心灵的单独思想是强外在的。但对于一般心理概念则不然。心理概念在第一人称归属和第三人称归属中起着双重作用，而强外在主义对第三人称归属可靠，对第一人称归属则会产生难以接受的结果。假如地球人和孪生地球人在红绿经验上截然相反，即地球人看到的红，孪生地球人则视为绿，反之亦然。当我在孪生地球上用"红的经验"表达周围人的经验时，它表达的是绿的经验，但我也会用它进行自我归属，表达自己的经验，而这时它表达的则是红的经验，因为孪生地球人和我的经验是不同的。这样一来，如果他们的经验决定我的经验概念，我自己关于这些概念的自我归属就是完全错误的，但我们都认为我的经验决定着我的经验概念。麦金说："由于我的经验和其他人的经验之间存在逻辑的鸿沟，因此把我的经验概念与某种经验绑在一起，就会导致两个认识论结果：要么概念不符合他们的经验（如果它一定要与我的经验相联系），要么它不符合我的经验（如果它一定要与他们的经验相联系）。强外在主义论题导致了后一个结果，而内在主义论题造成了前一个结果。因此关于心理概念的强外在主义的代价就是，它在人们进行这些概念的自我归属时是极其错误的。"①

最后，强外在主义对于知觉内容更不适合。在拥有知觉经验时，世界在我们看来就有某种样子，即它呈现给我们的经验包含各种对象和属性。也就是说，经验表征世界的方式构成了它的内容，而经验的内容决定着它所关于的东西，因此经验的内容是客观的，表征了事物在外部世界中的情况。可见，知觉经验潜在地符合强外在主义。麦金指出，知觉内容有受对象和环境决定的一面，但仅此还不足以对它们进行个体化。因为两个人可以感知同一个对象，并形成知觉概念，但其内容可能完全不同。另外，知觉内容与三种内部事实有关，即身体和大脑状态、行为倾向及近端刺激，而强外在主义会导致三个后果：一是从行为输出看，它会造成知觉内容与行为倾向的分离，因为在环境、经验和行为这三个因素中，行为或行为倾向起重要决定性作用，而强外在主义要求经验必须符合世界，但有时却会出现行为与环境不相符的情况，从而造成经验与行为关系的断裂。二是从感觉输入看，它没有正确地对待近端刺激，是近端刺激而非远端原因决定着知觉内容。三是从对知觉内容的认识途径看，它未尊重内省的不可错性。知觉内容就是事物在主体看起来的样子，即经验的现象学特征。根据强外在主义，现象学的不同就在于相关环境的不同，而环境的不同能用知觉认识。那么，接受了强外在主义，就要接受经验知识依赖于环境知识。但人们通常认为，认识经验要通过内省，我们的经验知识并不依赖于关于环境原因的知识，而且内省知识具有透明性、不可错性，而知觉知识是可错的。在麦金看来，知觉内容对内省的透明性具有生物学的依据，因为有机体的生存需要环境方面的信息，而负责获取信息的系统有两个子系统：一个是内省子系统，产生知觉经验；另一个是知觉子系统，产生关于这些经验的信念，两者结合才能产生关于世界的可靠信念。当然，要产生最终的可靠信念，前提是这两个子系统都要可靠，但内省一般要比知觉可靠。因此，强外在主义不适合具有内省能力的生物的知觉经验。麦金说："一旦我们为某种生物装备了不可错的内省，知觉内容就被推到了内部，至少是不能完全被接到外部环境……从自然主义上说，

---

① McGinn C. Mental Content. Oxford：Basil Blackwell，1989：54.

只要自然选择发现了内省的不可错性的用处，它就必须保证知觉状态的个体化是不依赖于环境的。"[①]再者，因果的知觉内容理论（the causal theory of perceptual content，CTPC）是强外在主义的理论基础，但 CTPC 中却潜藏着循环论证。根据 CTPC，某种经验的内容是由其典型的远因赋予的，环境中任何能引起该经验的属性都是这种经验表征的属性。经验类型 E 关于属性 F 的充分必要条件是：E 的个例是由 F 的例示引起的。也就是说，经验获得内容，要借助与环境中所例示的属性的因果作用。如果你想把内容 F 给 E，就要让 E 的实例与 F 的实例接触。E 的实例最初并无内容，后来是通过受外部对象的影响才获得了内容。CTPC 背后的想法是：在考虑经验与其对象之间的知觉关系时，我们认为就是那种关系将内容赋予了经验。这样一来，一经验只有在已具有内容 F 时才是关于 F 的知觉，而使某个经验个例成为关于某种属性 F 的知觉的东西，已隐含着那种经验具有内容 F。因为一经验不可能是某种东西的知觉，除非它有某种合适的表征内容。因此我们就不能用知觉关系来解释经验具有内容的原因。也就是说，知觉和内容是同时代的，我们不能认为知觉关系比内容更早并赋予了内容。知觉预设了内容，知觉的能力要求知觉表征的能力，后一种能力不可能由前者赋予。最后，如果强外在主义不能说明知觉内容概念，它也不能说明心理印象，因为它也具有前者的许多特征，如来自于知觉经验，从属于同样的加工原则，具有相同的现象学性质，借现象学方式表征等。

麦金认为，尽管强外在主义对于某些内容是错误的，但弱外在主义对于所有原始的内容则是正确的。要理解它为何正确，最好是考虑内容状态归属的真值条件，以及这些真值条件是怎样由组成这些归属的词语决定的。内容能出现在心灵中，不仅依赖于环境的因素，而且还受制于其他因素，如果没有这些因素，就不会有内容的归属。例如，用于归属内容的语词可以成为真值条件的一部分，因为语义的恒常性在其中起着规则和规范作用。就"事实并非如此"（it is not the case that）这样的否定性语境来说，把一个指示词插到这个语境中并不会让它失去指称某种实在的功能，因为整个句子的真值条件取决于该实在是否是所指示的那样。这种语言现象也适用于信念语境。在用一个指示词报告某个人的信念时，我们认为它有指称（否则我们就不会使用它），而这种报告只有在它确有指称时才正确。换言之，信念是关于可能事态的表征，而这些事态的因素包括世界中的对象、属性等。由于信念是与这些事态的关系，因此它们包含着被表征事态中的一切。例如，如果某个事态包含 x，那么关于获得该事态的信

---

① McGinn C. Mental Content. Oxford：Basil Blackwell，1989：93，94.

念也包含 x。要确认一个信念，就必须确认它所表征的事态，而要这样，又必须确认构成那个事态的对象、属性等。因此，"信念内容的存在条件就是内容所表征的可能事态的存在条件，因为要具有这个信念就要与那个可能事态具有恰当的心理学关系"。信念是主体与某些外部事物的复杂关系，只有这些事物存在，它才能作为其关系项存在。但在麦金看来，这些"只说明心理状态与它们所关于的世界中的事物之间具有存在的依赖性，而没有证明强外在主义论题，即某种因果的或环境的关系是内容归属的一部分"①。

不难看出，有些心理内容是强外在的，有些则不是。麦金指出，这种强/弱的二分并不是任意的，而是与概念之间的其他原则性区别有关，如观察/理论、模块/中枢这两种区别就能反映强外在/弱外在的二分。就观察/理论的区别来说，若一概念属于事物的现象，它最终就只是弱外在的，若一概念超出了现象，它就是强外在的。而如果把超出现象的概念称作理论概念，我们也可以说理论概念是强外在的，非理论概念不是强外在的，因此强/弱的不同与概念的"推论性"等有关，即它们是否超出了现象。就模块/中枢的区别来说，由于感觉模块局限于观察的内容，而理论概念是中枢系统的任务，所以由模块处理的表征通常只是弱外在的，而只能由中枢系统处理的表征一般是强外在的。另外，自然种类概念与观察概念之间也有区别。对于确定观察概念，现象学就够用了，而就自然种类概念来说，现象学与内容之间存在间隙，这种间隙需要由环境关系来填补。强外在主义就是要填充现象学。假如只有现象学事实与确定内容有关，我们就不会有自然种类概念，但我们仍有观察概念。如果我们是要描述表征性的知觉表象，并进而归属观察概念，那么弱外在主义就是必需的。然而，对于自然种类概念，关于表象的弱外在主义是不够的，因为表象并不包括或决定自然种类。正是存在这种表征间隙才推动了关于自然种类概念的强外在主义，如果这种间隙不存在，强外在主义就会失去动力。因此，这两种概念在外在性上的这种不对称性，可以追溯到与现象学表象的不同关系。在分析内容的决定因素时，还要注意观察的相对性。他说："进入某人的经验内容的属性，不一定会进入另一个人的经验内容。观察性不是这些属性的特征，而是关系属性的特征，即与特定的人的感觉和认知器官的关系。因此，我们不能挑出一种特定的属性，说它的任何一种心理表征都一定只是弱外在的，正如不能说某个自然类型概念一定是强外在的一样。这都取决于特定的人怎样从心理上表征这些事项。"②以方形为例，它在某人那里就是理论属性，因为他们是从对三角的知觉来进行推论

① McGinn C. Mental Content. Oxford：Basil Blackwell，1989：39，40.
② McGinn C. Mental Content. Oxford：Basil Blackwell，1989：98.

的，他实际上没有看到任何方形，就像几何学家做几何题那样，但它对有些人来说则是观察属性。这表明，由于每个观察者都有自身的特殊性，所以他们在观察同一个对象时，会形成不同的心理内容，而且其决定因素各不相同。

总之，对于外在主义的范围和限度，我们可以得出如下结论：

强外在主义只适合于一部分心理内容，而且这些心理内容并不是最基本的；弱外在主义适合于所有表征内容，无论它们的主题是什么；有些心理现象（非表征状态）甚至连弱外在主义也不适合，因此我们可以看到，心灵个体化的方法不完全一样，心理种类是迥然不同的种类。我们不能将适用于某一种心理状态的规则推广到其他所有心理状态，在这里并不存在共同的本质。①

## 第四节　外在主义的影响

麦金承认他并未证实外在主义，而只是提出了一种相对合理的构想，也看到外在主义还存在许多理论难题，但他也认为外在主义提出了一些引人深思的哲学问题，对传统哲学思想和心灵的认识产生了冲击。

首先，它对传统的实体主义心灵观作出了深刻反思。如前所述，实体主义心灵观认为，心灵是一种独立的实体，它和其他实体一样具有自主性和排他性。外在主义则认为，心理内容是由外部对象和环境决定的，是分散于主体与世界之间的一种关系属性，因此心灵与实体的自主性（独立自存性）和排他性（有不可穿透的界线）等特征格格不入，因而它不可能是实体。不仅强外在主义与实体主义针锋相对，而且弱外在主义也不例外。根据弱外在主义，心灵并不依赖于主体周围的环境，即心理状态的存在和同一性不依赖于与周围事物的因果关系，而是依赖于世界中的东西，即有某个空间距离的殊相或者这些殊相所例示的客观属性，否则它就不是外在主义了。因此弱外在主义与自主性、排他性也是冲突的。另外，物体实体都既有内在属性也有关系属性，而前者使它们成为实体。同样，心灵也有内在和外在两类属性，如躯体感觉、个性特征、情绪等非表征状态和表征状态的内在特征就是内在的心灵属性。麦金认为，这些内

---

① 参阅 McGinn C. Mental Content. Oxford：Basil Blackwell，1989：100.

在属性并不能使心灵成为一种实体。心灵的定义性属性是表征状态，因此一生物只有具有思想才被认为有心灵，而上述那些内在状态并不符合心灵概念，也无力承担第一性质对物质实体所起的作用，即赋予它们实体性。他说："内在的第一性质确实构成了我们物质对象概念的核心，但心灵的那些非表征特征并未同样构成我们的心灵观念的核心。无论知觉状态还是命题态度，心灵的定义性特征都是表征，而这些特征根本不能起到像物质实体的第一性质那样的作用。因此心灵的核心并不是实体性的。"①心灵只有在与环境发生关系时才存在和表现出来，并随环境的变化而变化，因此心灵之所以不是一种实体，原因就在于外在主义。

其次，它对传统物理主义心灵理论提出了挑战。根据传统的物理主义心灵理论，心灵只有在具有内在的物理基础的情况下才存在。麦金认为，要说明心理状态的物理基础，必须先分析这些状态的个体化条件。除非我们知道什么是具有某种心理状态，否则就不可能确定其物理基础的形式。那么，该给外在主义提供什么样的物理基础呢？显然，物理基础不能完全定位于头脑之中，"我们不能让心灵处于大脑的位置，也不能使内在的大脑状态成为表征性心理状态的（全部）基础"②。这当然与心脑同一论之类内在主义的物理主义不同。根据同一论，心理状态就是大脑状态，如"疼痛＝Ｃ纤维激活"。但它会遇到这样的矛盾：心灵不是实体，而大脑是实体，那么根据莱布尼茨定律，心灵与大脑就是不同的形而上学范畴，因此不可能把它们同一起来。将心脑之间的同一关系换成构成关系也不行，因为构成关系仍能传递实体性等属性，如雕像是由青铜构成的，青铜的实体性也传递给了雕像，那么如果心脑之间是构成关系，大脑就要把它的实体性传递给心灵，但我们知道心灵不是实体，因此大脑不可能完全构成心灵。由此可见，心脑关系可能不像同一关系或构成关系那样密切，心灵的特征与大脑的特征存在种类上的差异，如前者是内在的，后者是外在的，因此心灵的物理基础不可能局限于大脑之内。当然，物理主义还有外在主义的形式。如关于知觉关系的物理主义。看见一个对象从物理上说不仅仅知觉者要有某种内部物理状态，而且还受制于所看的对象，即要与之有某种因果联系，将这种物理关系与基础的神经过程相结合，就可以给出具有适当结构的物理基础。麦金指出，强外在主义符合这种物理主义，因为这里涉及的是与环境的因果关系，它们与知觉关系是同一类关系，但弱外在主义却提出了需要它处理的新课题。因为按照弱外在主义，心理内容由外部事物决定，但心灵与这些事物之间

① McGinn C. Mental Content. Oxford：Basil Blackwell，1989：102.

② McGinn C. Mental Content. Oxford：Basil Blackwell，1989：103.

并没有环境或因果的物理关系，因而内容不能参照像知觉关系那样的因果关系来说明。换言之，这种物理主义所说的因果关系在这里失灵了。这就需要重新思考我们所依靠的这种物理关系。他认为，说明这种关系要诉诸行为事实，而这就要用到生物学的目的论或功能概念，因为它能提供弱外在主义所说的这种物理关系，即适应性关系。他说："目的论物理主义重视生物学，认为它是为心性提供基础的物理事实的家园。而我本人坚定地认为，这是独立地对弱外在的内容作出物理处理的正确方法。无论如何，灵活的物理主义有办法容纳同这些属性的关系，它们即这些属性实质上并不涉及对有机体的物理作用，相反它们是有机体的行为应当适应的东西。"①另外，从形式或结构的角度看，弱外在的内容与测量有相似之处。在归属大小、距离或温度时，我们会把某种数量归属给测量对象，用以表示对象之间的关系，进而在非物理的抽象空间中模拟它们。同样，在归属心理内容时，我们也是把某种（体现为命题的）对象或属性归属给主体，以此表示他的心理学，并进而在非心理空间里模拟他的心灵。在这两种情况下，我们都不是诉诸因果作用。因此，"我们也必须用非因果的术语来解释（体现为命题的）外部事物向心理状态的归属，这其实是诉诸主体的物理事实，这些事实使某种归属成为正确的归属。而这些事实都是行为事实，具有目的论的特征，而且都包含了与所归属属性的关系"②。

最后，外在主义对素朴实在论提供了支持。外在主义并不能否定怀疑主义，但弱外在主义与素朴实在论具有内在的一致性。素朴实在论是一个关于经验与对象关系的论题，认为决定经验的内容与知觉对象的客观属性具有同一性，而弱外在主义也认为说明经验的内容要参照外部对象所例示的属性，因而它提供了素朴实在论所需的同一性。换言之，关于对象的直接经验要求事物的现象学特征容纳其客观特征，经验内容与客观属性之间不能有鸿沟。那么，若直接知觉是可能的，事物的表象就一定是它们的真实情况。经验关于对象的表征一定是它拥有自己的所有客观属性，由此就可看出，定义弱外在主义的同一性论题也是素朴实在论所依赖的同一性论题。根据素朴实在论，知觉内容不只是客观属性的标记或影像，而就是客观属性本身。因此从形式上说，它要求我们从"X在Y看起来是F且x其实就是F"，推出"存在某个P，以至于X在Y看起来是P且X实际上是P"。在这里，属性有双重的作用：一是它们为对象所例示；二是它们是经验的构成要素。这两种与属性有关的关系即例示关系和构成性关系是完全不同的。如果世界是被直接知觉的，属性就必须与相应的对象和主体具

① McGinn C. Mental Content. Oxford：Basil Blackwell，1989：106.
② McGinn C. Mental Content. Oxford：Basil Blackwell，1989：107.

有这两种关系。任何一种形而上学理论若找不到具有这些的东西，就不可能承认知觉的直接性。不难看出，这既是素朴实在论的主张，也符合弱外在主义的原则。另外，素朴实在论认为心灵不是一种实体，因此它还隐含着反实体主义，它要求心灵能延伸到世界之中。

# 第七章

## 内容的因果作用和实现机制

在日常生活中，我们可能不懂具体科学，也没学过哲学课程，但几乎每个人都能轻松地用"信念""愿望""目的""意向"等心理概念来解释自己或他人的心理和行为。可以说，我们每个人都是杰出的常识心理学家或"民间心理学家"（folk psychologist）<sup>①</sup>。例如，对于我拿着茶杯向暖水瓶走去这一行为，人们通常会这样解释：我（感到）口渴了，希望缓解口渴症状，也知道水能解渴、暖水瓶是装开水的，相信去那里能找到开水喝，等等。当然，我们通常不会有意识地作这样的解释，甚至也不会想到有这样的解释，但它的确潜存于每个人的内心深处，是一种不言而喻的解释资源。如刘占峰老师所说："没有它，我们就不能传情达意；没有它，科学研究和日常交流将举步维艰。"<sup>②</sup>而且，我们还认为，发挥因果作用、导致我的行为的是心理内容。例如，我是在把握了信念的内容（如相信"暖水瓶里装有解渴的开水"）的前提下，才有相应的行动（如走向暖水瓶，倒开水喝）。那么，事实是否如此，心理内容是否真有因果作用呢？

---

① 当代心灵哲学通常将这样的常识心理解释称为民间心理学（folk psychology，FP）。FP 是比照"民间医药学""民间物理学"等而提出来的一个新概念，它不是心理学的一个分支，也不是写在书本的学说，而是普通人所具有的依据信念、愿望等来解释和预言行为的心理资源。它潜藏于正常人的心理结构之中，显现于对行为的解释、预言实践之中。围绕 FP 的内容、形式、作用及存在地位等，当代心灵哲学家展开了激烈争论，产生了一系列新颖独特的成果，高新民教授甚至还提出要把是否对 FP 这种常识心理概念图式作出反思，作为心灵哲学的"划界标准"。参阅高新民. 人心与人生. 北京：北京大学出版社，2006：107-143；高新民，刘占峰. 心灵的解构. 北京：中国社会科学出版社，2005：引论.

② 刘占峰. 解释与心灵的本质. 北京：中国社会科学出版社，2011：85.

如果有，它是怎样发挥因果作用的？它能发挥作用的心灵机制是什么？对心灵的构造基础、运作机制有何要求？这些问题不仅与心身、心物关系问题和行动哲学中的行动解释问题交织在一起，而且也影响着智能模拟、心灵构造等具体科学问题的解决，是当代心灵哲学中的崭新的前沿课题。

## 第一节　关系性专有功能与内容的因果作用

当代关于内容因果作用的研究，是围绕如何消除"先占威胁"（preemption threat）、"外在性难题"等对内容因果作用的质疑展开的。先占威胁认为，人的心理状态有很多属性，如物理属性、化学属性、生物属性及语义属性（内容）等，前一些都是基本属性，而语义性是非基本属性。正如符号的句法属性不是符号的物理属性，其因果效力可能为其物理属性的因果效力取代或先占一样，心理内容也不是大脑的物理属性，其因果效力也会为大脑物理属性的因果效力所抢占。外在性难题则源于内容的外部特征或因素。根据外在主义，内容是一种关系属性，不在头脑内部，而存在于心灵与外部对象的关系之中。然而，因果过程是有位置的，是局域性的（local）。那么，不在头脑中的内容何以能对体内的过程产生作用？如果内容不在头脑中，而因果作用又依赖于特定的内部区域，那么内容怎样可能有因果作用？这两种质疑的侧重点不同，但其实质都是表达了"内容有无因果作用""是不是副现象属性"的疑惑。如前所述，麦金不仅坚持意向实在论，承认内容的存在地位，而且还选择了弱外在主义的个体化立场，认为内容有内在和外在两种因素，那么在因果作用问题上，他不仅要维护民间心理学的理论价值，更要回应先占威胁和外在性难题这两种挑战，只有这样才能为内容的因果作用提供坚实的基础。

### 一、对民间心理学的种种质疑及其回应

FP 作为一种解释和预言心理、行为的常识概念图式，包含有大量惯用语，如"张三坚信天上不会掉馅饼""李四梦想一夜成名""王五看见了一位美女"等，它们陈述了什么人对什么命题有什么态度，我们只要说出或听到这样的话语，就能对其他人有所了解。而这实质上利用了人和有内容的态度的关系，所以，FP 解释是以内容为基础的。那么，以内容为基础的 FP 是否正确？心理学

是否应该以内容为基础？人们对此有不同的回答。仅就否定的回答来说，主要有两种形式：一种不太激进，认为 FP 不适合作为科学心理学的模型，在某些乃至所有方面都不能为心理科学提供框架；另一种更为激进，认为 FP 不仅在科学上行不通，而且作为一种理解世界的体系也有严重缺陷，它对心灵的认识是完全错误的，给人们归属了他们并不具有的状态，因此应予彻底取消。麦金认为，只要我们不抱科学主义的偏见，把真理与科学真理混为一谈，进而从 FP 不适合科学直接推出它完全错误，就应当承认 FP 是一种理解人的合理方法，但并非是一种能转变成科学的方法。当然，我们也不能对它照单全收，完全不考虑各种质疑，而是要认真考察它们对 FP 作为原始科学的影响。基于这一认识，他对丘奇兰德、斯蒂克、普特南等人的主张作了批判性的反思。

丘奇兰德认为，FP 是一种经验理论，而且是一种完全虚假的理论，存在严重的缺陷。一是它的解释不完整，对睡眠、梦、创造性思维等根本无力解释；二是它停滞不前、不结果实，是一个退化的研究纲领；三是它不能还原为其他科学，成了孤立于科学发展进程之外的"局外人"。因此它难逃被彻底取消的命运。[①] 麦金对上述论据逐一作出了答复。

首先，解释不完整并不意味着错误。任何科学理论都有盲区、都不完备，若以此作为取消理论的根据，一切理论皆可取消，关键是要看 FP 是否用适合的词汇提出了正确的问题，其范畴是否能让这些问题得到解答。在他看来，FP 基本上为丘奇兰德所质疑的领域"设定了解释日程，因此最终的理论可能必须使用它的范畴，尽管有必要在解释中引进新的理论概念"。

其次，停滞不前并不意味着退化。真正的好理论过多少年都不会变化，但不能因此就说它们是退化的、不结果实的。而且从心理学史上看，相关研究的停滞不前恰恰是由于离开或抛弃了 FP，而不是接受了 FP，重视和接受 FP 反倒是心理学发展的推动因素，如今天最发达的研究都是以内容为基础的，都利用了根据命题表征来定义的算法，而且已经取得了大量成果，因此 FP 加入心理学是好事而不是坏事。最后，不能还原并不意味着不能整合。例如，进化生物学能与生物化学整合在一起，但它的适应性、生存、选择等概念却很难还原为生物化学概念，但人们并不怀疑它的地位作用。同样，把以内容为基础的 FP 整体还原为神经生理学既不可能也无必要，由 FP 不能还原也不能得出它孤立于科学之外。整合关系不同于还原关系，丘奇兰德对 FP 的孤立主义指责是混淆了这两种关系或要求所致，事实上 FP 难以还原但并非不能整合。[②]

① 参阅高新民，刘占峰. 心灵的解构. 北京：中国社会科学出版社，2005：58-62.

② 参阅 McGinn C. Mental Content. Oxford：Basil Blackwell，1989：123-126.

斯蒂克根据其心理句法理论提出了取消 FP 的主张。他认为，FP 的内容归属具有一种观察者相对性（observer relativity），即我们在归属内容时是以自己（观察者）为标准的——"相信 P 就是处于一种信念状态之中，它类似于我们自己在诚实地断言P时所具有的信念状态"①。这就要求在归属信念时，归属者与被归属者的信念内容要有相似性。但是，一方面，不同观察者之间可能存在重大差别，从而不同观察者在描述或归属同一对象的信念时可能会有重大差别；另一方面，如果 FP 的内容归属要以我们自己为标准，那么对于在心理上与我们截然不同的对象，它就会失灵。事实上，人与人之间确有差异，也确实存在心理方面与我们判然有别的对象，如脑损伤患者、动物等。因此 FP 是不全面的，应代之以具有更多包容性的理论概念，这就是要接受心理句法理论，用句法取代内容。麦金承认斯蒂克的主张大体上是对的，有些能用句法理解的心理规则确实难以根据内容来解释，但从 FP 遇到了"反常"或"临界情况"并不能否定它的效用。首先，任何理论概念都有临界的情况，都有一种程度的模糊性，而斯蒂克所说的脑损伤患者、动物等就是 FP 的临界情况，但我们衡量 FP 的效用，关键是看它在其核心案例中的表现，而在这方面它确有殊胜之处。其次，倘若用句法理论取代 FP，又会出现只见心理相似性而不见心理差异性的问题。事实上，句法理论与 FP 的内容概括并非水火不容，我们完全可以将 FP 用于正常的心理归属和解释，而将反常的、临界的情况交给句法理论，因此斯蒂克根据理论涵盖面的论证并不能取消内容。②

普特南并不一概地排斥内容概念，但把它限制于解释理论，认为那里是它最好的归宿，因此它天生与科学无缘。在他看来，功能主义心理学与解释理论存在一系列区别，如功能主义心理学是算法的、形式的，操作上是局域的、亚人层次上的，与自然科学也有连续性，而解释理论是启发式的、非形式的、整体论的、人的层次上的，具有规范性，与自然科学也没有连续性。③而内容明显具有解释理论所特有的一切非科学特征，因而不适合功能主义心理学。麦金认为对此至少可作两点反驳：首先，普特南将内容仅仅局限在了信念等命题态度的概念内容方面，以及自然语言中的语词的意义，它们的确属于他所说的解释理论，也根本不会有与之适用的算法，但这种对内容的认识过于狭隘了，不能延及所有内容概念。例如，动物通常被看作信息处理器或内容载体，它们也能知觉、记忆甚至思维，而它们的内容概念显然与普特南所说的大相径庭。神经

---

① Stich S. From Flok Psychology to Cognitive Science. Cambridge：The MIT Press，1991：136.

② McGinn C. Mental Content. Oxford：Basil Blackwell，1989：127-129.

③ 普特南. 计算心理学与解释理论 // 高新民，储昭华. 心灵哲学. 北京：商务印书馆，2002：694-711.

系统及其中的亚人认知机制也可根据内容来描述，如说它们在"计算 p""发送信息 q"等，这些内容显然能在功能主义心理学中占有一席之地。麦金指出，内容概念和生物学的功能概念一样是自然主义的和科学的，它其实就源于功能概念，那么若功能主义心理学承认生物学概念，它原则上就会对一种内容概念有效。其次，普特南对科学心理学的认识也有偏见。科学心理学不一定有他所强调的形式性，连实验心理学中也必然会使用内容概念，因此科学心理学与解释理论密切相关，它的发展目标也不是功能主义心理学，"对普特南的论证的正确反应，不是将内容从心理科学中取缔，而是承认科学心理学……不是像物理学或功能主义心理学那样"①。

还有一种最具挑战性的论证——"因果论证"。它适用于任何一种内容，直接质疑以内容为基础的解释的融贯性，其基本思路是依据因果关系特别是心理因果关系的操作原则，得出了内容与因果关系不相容、内容是因果上的副现象的结论。鉴于因果论证预设了外在主义，对麦金的主张造成了直接威胁，因此我们有必要对它作专门的讨论。

## 二、因果论证与编码论题

根据外在主义，确认内容状态需要参照主体之外的事物，外部事物是这些状态的构成要素，因此内容状态是关系性的，是与外部非心理对象和属性之间的关系。换言之，它们涉及主体或其内部状态与外部对象之间的某些符合关系。例如，张三拥有"圆"这个概念并因而能相信太阳是圆的，就是他与圆这种属性具有某种关系。因此当我们将"圆"这个概念归属给他时，就会说他与那种属性具有外部的符合关系。因果论证对此的反驳是：这一解释要想成为因果解释，这种符合关系就不能隐含于所说的这种因果作用之中，因为具有因果关系的是局域的、近端的和内部的东西，原因一定位于发生了因果作用的位置。就此而言，心脑之间的因果关系类似于台球之间的相互碰撞，它们依赖于这些实在的局域的属性。"一状态或属性的因果力一定具有内在的基础，它们本质上不可能依赖于与位于别处的东西的关系。因此问题就是：与主体之外的东西所具有的符合关系怎么能与体内所引起的变化因果相关？更公正地说，内容状态怎么能由于构成了它们的外部关系而具有它们的效应？"②因果论证指出，定义内容的外部关系从因果上说充其量是多余的。因果过程是方法论唯我论的，因果

---

① McGinn C. Mental Content. Oxford：Basil Blackwell，1989：132.

② McGinn C. Mental Content. Oxford：Basil Blackwell，1989：132，133.

机制不包含外部关系，而因果解释的目的是描述这些机制的运转和因果相关的属性，因此外在因素不起任何作用，内容不可能是原因。[①]

因果论证有不同的表述方式，如有的说心理原因一定随附于主体的内部状态，有的说只有心理符号的"形状"而非其语义关系能进入因果作用，有的说关于心理因果过程的描述必须尊重"形式化条件"，有的说认知操作在因果上是一个"句法机"，有的说心理算法只对其输入的局域性特征敏感，有的说真值条件在因果作用或功能主义心理学中不可能起任何作用，还有人说把因果的可能性归属给意义是犯了范畴错误，等等。尽管说法不同，但都表达了这样的思想，即心理解释必须引用局域的原因。心理学要提示心灵的因果规律和机制，最好剥夺内容的理论位置。由此看来，以内容为基础的 FP 显然违背了科学理论的第一原则——不得假定副现象的理论实在。

对于因果论证，正反双方争议很大，其中最有影响的一种反驳是"编码论题"（encoding thesis），它想借助内部状态与其表征对象的特殊关系来化解因果论证的挑战。根据心灵表征理论，内部符号系统既有"形状"（句法）又有"内容"（语义），而具有因果力的只是内部符号的句法而非其语义性，那么要承认内容的因果作用，就要在句法与语义之间建立联系，也就是说，必须假定内容以某种方式映射到了符号的内在特征上，因此形状的不同能反映内容的不同。麦金将这种认为内容与形状之间有联系的观点称作"编码论题"[②]。根据这一论题，语义属性与句法属性之所以完全相符，是因为语义被编码进了句法之中。正如二进制编码能保存自然语言编码所携带的信息一样，句法也能编码并保存同符号相联系的语义信息。这样，在心理符号的语义描述与其句法描述之间就有一种翻译图式，借此我们就能根据句法描述来重构内容归属，反之亦然。正由于语义属性与句法属性之间存在一一对应关系，内容才获得了因果的立足点。因为只要内容进入了因果解释，我们便知道有某种内在的句法属性在"驱动着因果机制之轮"。换言之，内容归属能出现在因果解释之中，原因就在于它有一

---

① 菲尔德（H. Feild）、洛尔（B. Loar）、福多、派利夏恩（Z. W. Pylyshyn）等都持这样的思路。麦金与他们的表述方式稍有差异，但基本精神一致。在他看来，符号与对象之间的指称关系对符号的因果力是没有贡献的，它并没有给符号以产生效应的力量。符号的因果机制中并不包含指称关系，意向性不会使世界从一状态转换到另一状态，内容也不是世界的一种机械的特征。参阅哈特里·H. 菲尔德 . 心理表征 // 高新民，储昭华 . 心灵哲学 . 北京：商务印书馆，2002：603-658；Loar B. Mind and Meaning. Oxford：Cambridge University Press，1981；Fodor F. Psychosemantics. Cambridge：The MIT Press，1987；泽农·W. 派利夏恩 . 计算与认知 . 任晓明等译 . 北京：中国人民大学出版社，2007；McGinn C. The structure of content//McGinn C. Knowledge and Reality. Oxford：Oxford University Press，1999：111-151.

② McGinn C. Mental Content. Oxford：Basil Blackwell，1989：135.

个"句法代理人"①。总之，对于内容（外部关系）何以能在心理因果关系中起作用，编码论题说："严格说来，它们并不起作用，其实是作为它们代理人的句法属性起了这种作用。但这两个描述层次之间的映射关系解释了内容在心理学中的作用，并使这种作用合理。"②

麦金认为编码论证有两个问题。第一个问题是一个两难困境，即内容要么编码在句法中，要么未编码在句法中。若是前者，由于因果作用是由其"代理人"即句法承担的，那么诉诸它就纯属多余，根据节俭原则就应当把它从因果关系中剔除；若是后者，它就不会像因果论证所说的那样没有因果作用。他说："若编码论题是对的，以内容为基础的理论充其量就只是句法理论的记号的变化，这就相当于关于一般心理状态的副现象论，因为若实际上是作为基础的大脑状态完成了全部解释工作，那么坚持编码论题并不能恢复心理状态在解释方面的尊严。若心理符号的形状转动着因果之轮，那么我们肯定只用形状谓词就行了，而不必再考虑这些谓词在语义上能转化成什么。"③第二个问题是编码论题并不可信，因为语言的语义根本未编码在其句法之中。如在英语中，意义与句法形状之间就不存在一一对应关系，因为一词多义（同一形状的词有不同意义）、多词一义（同一意义用不同的词表达）等现象比比皆是。事实上，句法和语义的关系是约定俗成的和灵活的，相互之间的共变关系并不是常规情况。

## 三、目的、功能与因果作用

麦金认为目的论是目前思考内容的最好方法。④因为它既能为外在的内容找到理由的根据，也能化解因果论证的挑战。他说："基于目的论的心理状态分类法并不直接是因果的，然而它们执行了一种重要理论功能——是内容所共享的。因此我承认因果反驳有说服力，但我坚持认为解释不只是引用原因。因果反驳忘记了心理状态有一种指向环境的目的，而说明这一目的就会让我们了解到它们的一些重要方面。"⑤

鉴于"关系性专有功能"（relational proper function）概念在麦金的因果作用解释中起着关键作用，我们先对它作个解释。某个器官、特性或过程的专有功能就是设计它来执行的任务、它注定要做的事情或应当做的事情。专有功

---

① 参阅高新民，刘占峰. 心理内容：当代心灵研究的聚焦点 // 李平等. 科学·认知·意识. 南昌：江西人民出版社，2004：279-280.

②③ McGinn C. Mental Content. Oxford：Basil Blackwell，1989：136.

④ Ginn C. Mental Content. Oxford：Basil Blackwell，1989：168.

⑤ Ginn C. Mental Content. Oxford：Basil Blackwell，1989：144.

能的产生途径，要么是通过设计者的意图，要么是通过自然选择之类的随机（mindless）过程。例如，铁锤具有钉钉子的功能就是由于制造者或设计者有这样的意图，而心脏具有泵血的专有功能则是由于有机体所面对的选择压力。专有功能不是从倾向或因果上定义的，它具有规范性，其定义所根据的是某事物应当做的事情，而不是它实际做的或倾向于做的事情。专有功能最终都与有机体的生存或基因的复制有关，而有机体是根据自然选择设计的，有机体所在的环境是建造有机体的"首席建筑师"，它选择了相关特征，因此专有功能还具有相对性，即它们一般是相对于环境的对象或特性而定义的。例如，变色龙色素沉淀机制的功能就是使变色龙与其周围环境保持同色，雄孔雀尾羽的功能是吸引雌孔雀等。对这些功能，我们一般也应根据同环境中某种事项的关系来说明。总之，"环境是孕育有机体的子宫，有机体是特定环境的一种复杂反映。因此功能是一个与环境相对的概念……通常是外部地定义的，即要参照相关有机体外部的事项"①。

　　依据关系性专有功能能对有机体的特性作出分类，这与根据因果机制的分类完全不同，表现在两个方面。一方面，功能与因果机制相关但并非一一对应，同样的因果机制在不同的进化环境中会实现不同的功能，而同样的功能在不同有机体身上也可由不同的因果机制实现。一种机制计划要做的事情与实际做的不完全相同。自然选择必然会安装某种因果机制，但这种机制执行什么功能是由特定环境选择的，因此功能和机制是不能相互定义的。另一方面，因果分类方法不涉及目的方面的信息，而目的论分类方法包含相关特性的目的方面的信息，从而关系性专有功能就具有解释作用。知道了某事物的目的，我们就能知道它为什么会做所做的事情，并能预言它在正常情况下会做什么。麦金说："功能的理解使我们能为有机体的严酷生理机制加上一种系统化的解释理论结构、一种准规范性的理论结构，它使我们能够理解与我们所观察和推测的有机体有关的因果作用。"②这种理解大多属于民间生物学，是我们日常看待自己和他人的一种不言而喻的方式。

　　心灵及其特有的能力和属性也是进化的产物，同样会表现出功能的特征，即心理状态也有自身与众不同的关系性专有功能。更重要的是，"表征性心理状态的关系性专有功能与其外在个体化的内容是一致的。也就是说，内容是功能的一个结果或伴随物。前者的相关性反映着后者的相关性。心理状态不仅既有

---

① McGinn C. Mental Content. Oxford：Basil Blackwell，1989：145.

② McGinn C. Mental Content. Oxford：Basil Blackwell，1989：146.

内容又有功能，而且这两者还密切相关、内在相联"①。以想喝水为例，这一愿望是由有机体的需要引起的，其功能就是让水进入有机体。它指向环境，但直接为了有机体的生存。功能与内容的一致性在于：在为愿望的关系性专有功能提供环境相关项时，我们正好述及了它所关于的环境项目。愿望把水作为其内容的一个因素，而水既对这种内容进行了个体化，也是愿望所具有的功能的构成要素，"水的双重外观肯定反映了系统的或理论的联系，功能决定内容并且也由内容所决定"②。有机体与环境的关系始终表现在两个方面，一方面它们对世界有需要，另一方面它们有能指示环境是否满足需要的感觉，而只要它们能生存，进化就一定安装某些机制，能执行既对需要敏感又对满足需要之物敏感这两项功能。麦金说："目的论理论在这些基本的关系性功能中看到了内容的深刻根源。信念能根据知觉引导行为以满足愿望。因此相信有水这一信念的功能就是与关于水的知觉相结合以引起满足对水的愿望（和需要）的行为：这一愿望只有受关于当下环境状态的信念控制才能引起适当的满足目的的行为。这样一来，心理状态的功能便进入了其内容之中，从而就包含着这些功能本身所关于的世上事态。目的论就是让世界进入心中的根源。它横跨于两者之间。"③

现在我们就可以对因果论证作出反驳了：只看内容状态的因果机制不能发现这些机制所实现的功能，信念、愿望和知觉的因果机制都是方法论唯我论的，但内容并非如此，因此根据因果基础是无法恢复内容的。但只检查因果机制也发现不了心理或身体特征的生物学功能，因为功能的分类方法不是方法论唯我论的，它超出了有机体的范围，也超出控制有机体行为的因果过程。因此如果让内容依赖于功能，我们就能把它的目的定位在与环境具有外在关系的理论结构之中。

麦金认为，关于怎样向心理状态归属命题的完善理论要由两部分组成：一部分解释命题结构的归属，另一部分要解释为什么这些结构以特定方式与世界相联系。他的目的不是要提出一种完善的理论，而是探讨目的论理论与内容结构理论的关系：相关的功能何以能成为关于性或意向性？目的论是怎样变成真值条件的？他承认，心理过程及其行动结果有合理性、合逻辑性，人们正是基于此才认识到了他人心中的命题结构，并据此解释和预言他人的行为。他说："心理结构最终要在逻辑结构内来解释。因果转换被看作一种推理过程。一旦我们把命题归属给了主体，就可以利用逻辑的力量来预言其内部的转换和外部的

①② McGinn C. Mental Content. Oxford：Basil Blackwell，1989：147.

③　McGinn C. Mental Content. Oxford：Basil Blackwell，1989：148，149.

行动。命题心理学就是应用逻辑学。因此命题结构的归属实质上就是描述心理状态之间的转换，它对于主体状态之间的关系非常关键。"①但是，如果命题心理学只对理解逻辑的转换重要，就很难理解我们为什么要超出内部的句子或结构。也就是说，处理命题结构并不能揭示外在内容的原因。在他看来，内容出现在合理性和目的论结合部。合理性承担专有功能，并把它结合到外在的内容之中。他说："当具有特定关系性功能的心理状态与其他此类状态（引起逻辑描述的状态）具有某些转换关系时，就会有表征内容：指称、满足、真值条件，即意向性结构。换言之，当具有句子结构的状态被认为具有特定的关系性功能时，它们就会因此而被认为具有内容。推理过程将我们带到了句法，而目的论使我们从句法到达了语义，随后语义又反馈到了我们对推理的理解。"②心理状态之间的横向关系，以及将它们与世界联系起来的纵向关系本身都不足以赋予内容，但把它们结合起来就能产生内容。因此以内容为基础的心理学有两块基石，只有把这两者整合起来，合理性概念才有真正的语义意义，生物学功能概念才能基于逻辑关系背景得到确定。总之，"外在的内容是逻辑结构与专有功能的相互结合（最好说是融合）。两者都必不可少，单独一方都是不够的"③。

　　根据这种目的论解释，我们就能明白具有解释作用的心理属性的结构。假如我们是通过归属内容状态来解释有机体的行为的。这种解释包含三种因素。一是原因，即我们会引证某种原因，述及某种因果机制。这一因素存在于有机体内部。二是把合理的逻辑关系归属给所说的因果状态，使之处于一种规范性模式之内，这种因素涉及有机体心理状态之间的横向或水平关系。三是依据关系性功能描述这些因果－逻辑状态，说明它们的目的，这种因素引进了有机体状态与环境之间的垂直或纵向关系。因此，把这种解释当成纯因果的解释是极其错误的。另外，上述因素都是事实性的，牢牢植根于实在。因此这些解释就不是工具主义的、虚构主义的或次一级的解释。这种解释的一般形式可以这样描述：假定有机体 x 的特性 t 有使 x 与 y 有 R 的功能。这里，y 是某种环境事件，R 是 x 与 y 之间的某种关系。假设 "P" 代表具有关系性功能的属性。那么假定 x 做出了某个行动 e，而我想参照 x 是 P 来解释 e。那么，当我们说 x 做 e 是由于它是 P 时，我们就是说 e 出现是由于 x 有特性 t，它的功能是使 x 与 y 有 R。这一图式既适用于以内容为基础的解释，也适用于非心理的目的论解释。无论哪种解释，引用心理状态的内容就是给出了它的功能，而这会解释有机体为

①③　McGinn C. Mental Content. Oxford：Basil Blackwell，1989：151.

②　McGinn C. Mental Content. Oxford：Basil Blackwell，1989：151-152.

什么做出了其行为，如它喝水在因果上是因为它有一个愿望，而这个愿望的功能是引起喝水行为。这种解释的好处是我们不了解有机体的因果机制也能预言它的行为。总之，"对指向世界的内容的目的论解释有望为以内容为基础的心理学提供自然主义基础，进而使之避免关于内容归属的合理性和目的的怀疑主义。外在的内容继承包含着它的目的论框架的优点"。因此，内容终究不是理论上的副现象，它"最终不是好高骛远的形而上学，而是脚踏实地的生物学，它非常自然。大自然超出了头脑之外。世界上的对应关系没什么坏处"①。

根据上述图式，麦金的内容二因素论就可以得到合理的解释。心理内容既有外在的因素，也有与因果作用相联系的内在因素。依据与环境的关联程度，强外在的内容可分为三个方面：一是由特定环境关系决定的内容；二是单纯的弱外在内容；三是内在的具有因果作用的内容，即心理状态之间的某种相互作用力。就弱外在的内容来说，只需要两个方面：与存在事物的外在关系，以及表征的具有内在基础的因果作用。②这里，关键是要把下述两种关系区别开：一种是与世界的外在垂直关系，另一种是心理状态本身（以及外围输入和输出）之间的内在的横向因果关系。目的论理论对这两种因素之间怎样关联提出了一种解释。从内部看存在因果机制，而从外部看存在这种机制的关系性功能。这种机制是设计来执行这种功能的，但这种功能又不能从其内在特征来理解。因此内容的这两种因素的关系类似于任何因果机制与其生物学目的之间的关系——既密切又不过于密切。例如，愿望的背后是一种因果机制，它产生的行为导致了愿望的实现，这是内容的内在因果因素。而安装这种因果机制是为实现某种目标，将有机体引导到特定的环境特征，这是外在的关系性因素。当某个心理状态与其他心理状态相结合时，这种机制就会与其他机制发生作用，进而导致行为。由于外在因素由这种机制应当做的事情而非其实际做（或倾向于做）的事情决定，所以机制的运作就可能与其所承担的功能不一致，从而使因果作用脱离外在的内容。结果就是，因果作用与外在内容之间只存在某种松散的适应关系。总之，功能的归属并非由实际的因果作用决定，而只是由理想的因果作用决定，只有专有功能与实际的因果表现协调一致了，内容的这两种因素才能协调一致，而当它们不协调一致时，就会出现内容与表征对象不一致的现象。

---

① McGinn C. Mental Content. Oxford：Basil Blackwell，1989：154.

② McGinn C. Mental Content. Oxford：Basil Blackwell，1989：161.

# 第二节　心理模型理论与内容的机制

任何功能都离不开支持它的结构或机制。例如，心脏有向全身泵血的功能，那么它就一定具有支持或实现这种功能的机制。只有机制有效地实现了那种功能，使心脏做了它应当做的事情（如有利于有机体的生存），才能说它实现了其功能。麦金认为，心理内容应部分地根据生物学功能来理解，特别是应根据心理状态的关系性专有功能来理解。这就意味着心理状态之所以有内容，在内在机制上是源于大脑的生物功能，尤其是其关系性专有功能，而有功能必有结构基础或机制。你即使不接受目的论的内容解释，也应该探索内容的机制。表征系统有一种行为倾向模式，以接受的输入为条件，但这种模式不可能"无中生有"，而是具有能作为其因果基础的范畴基础，这就要求大脑的内部结构要有一定的丰富性、机制要有一定的精密度。他说："不管你对内容的根源持什么观点，但内容必定以某种方式得到了大脑的支持；进化一定安装了某种大脑机制，它建造得恰到好处，能够充当内容的基础。某种机制一定存在，以便让表征状态能做该做之事。"① 那么，支持和实现心理内容的基础是什么，是怎样设计和建构的呢？

## 一、心理构造学的问题及其方法论

麦金强调，他提出的不是传统的概念分析问题，即不是要探讨"拥有内容必须具备什么先验的充分必要条件"问题，也是能用先验论证来回答的问题，因为我们根据内容概念根本无法想象其实现基础，而是属于推测性的经验心理学问题，即要揭示哪种高层次的经验假说能对我们这样的表征系统的已知特征作出最好的解释，哪种机制能作为持有和加工内容状态的基础。所以，他是要探讨心理内容得以产生、存在和发挥作用的条件和基础，或者说是揭示"内容的结构基础，即能实现认知机制的模型"②。在他看来，这个问题必须交给经验心理学和神经科学之类的专门领域，但它也有哲学的意义，因为只要知道了内容是如何机械地实现的，内容问题上的有些哲学困惑就可以消除。例如，要了解内容的某个特征何以可能，我们只需说明它如何能建立在机械基础之上就能得

---

① McGinn C. Mental Content. Oxford：Basil Blackwell，1989：169-170.

② McGinn C. Mental Content. Oxford：Basil Blackwell，1989：preface.

到答案。因此，关于内容机制的研究是一个工程学问题，即要揭示如何建造一台能导致内容归属的装置，但它也处于心理学与哲学的交叉点上，需要用双方的资源来帮助我们理解。

基于内容机制问题的这些特点，他借鉴生物构造学思想创造性地提出了"心理构造学"（psychotectonics）的概念。他指出，就内容机制问题来说，进化在遥远的过去曾碰到过，如今的人工智能研究也遇到了。在进化史上，内容有明显的适应优势，因此基因的任务就是要建造一种能例示内容的机器，而且在自发而盲目的进化过程中它们也取得了成功。那么，人工智能研究者要想造出人类智能、造出能支持和实现内容的装置，最好的办法就是向大自然学习，弄清楚进化是怎样解决这一问题的。具体来说，内容机制必须有哪些部件，应怎样把它们组装在一起，设计一台具有表征内容的机器应使用什么设计原则？这其实就是关于"实际具有内容的系统怎样产生内容"的问题，因为如果我们知道这种系统可能是怎样建造的，就能对如何实际地建造真实的系统形成一个有用的假设。如果我们能缩小各种可能设计的范围，就有条件确定具有内容的有机体的实际设计。因此，心理构造学就是要研究这样的问题："如何构造心理系统——心灵的大厦是怎样拔地而起的——心理能力是借助什么设计原则制造出来的。"[1]这个问题与生物学中的问题很相似，如怎样建造一种能实现基因遗传的装置。显然，生物之所以能遗传，就是因为它们具有能保证生物特性从亲代传递到子代的相应机制。那么，通过探讨怎样才能设计出一种遗传机制，我们就能得到关于 DNA 和双螺旋结构的观点，这种结构是陆生有机物的实际机制。同样，对于心理构造学也可以提出"心灵如何建造"的问题，并由此出发来探讨和揭示内容的机制。

麦金认为，就心理构造学或工程学来说，最好的理论是心理学家熟悉而多数当代哲学家很陌生的一种理论，它主张思维是以心理模型为基础的，这就是心理模型理论（mental model theory）。在他看来，这种理论的重要哲学价值尚未被充分认识到，其作为一种关于意向性基础的理论的解释力尚未得到充分挖掘。但如果开发利用得好，它完全可以为心理构造学提供指导。

## 二、心理模型理论的基本主张

心理模型理论最初是"现代认知主义之父"克雷克（K. Craik）提出来的一种思维理论，他在 1943 年出版的《解释的本质》中详细阐述了其模型论思想。

---

[1] McGinn C. Mental Content. Oxford: Basil Blackwell, 1989: 171.

他首先问什么是思维、思维能力有什么特征，然后追问什么样的机制或设计原则能例示这些特征，什么样的内在结构对于赋予有机体思维能力是充分必要的。他以为，只有回答了上述问题，才能对思维作出恰当的科学解释。为此，他提出了"关于思想本质的假说"[1]。他认为，思想的一个根本属性是其预言能力，如在建造一座桥的过程中，它就能对桥的安全性、承重力、寿命等作出预言。而思想的过程大致可分为三个阶段：①把外部的事件或过程"翻译"成语词、数字或其他符号；②通过演绎、推导等"推理"过程得到其他符号；③把这些符号"重新翻译"成外部的事件或过程，或者认识到这些符号与外部事件的对应关系。这些步骤也可以在计算机上模拟，由此便可建立起模型：首先把外部过程"翻译"成其在模型中的表征（齿轮的位置等），然后通过装置中的机械过程到达其他表征（齿轮的其他位置等），最后将这些重新翻译成最初的物理过程。这一推理过程与所模拟的实际物理过程具有类似的结果，但心灵中并没有模拟对象的物理或化学成分，也没有隐秘的非物理实在，模型只是一种物理的工作模型，只要求与其模拟对象具有相似的关系-结构（relation-structure），拥有相同的工作方式，而不要求在外观、构成要素等方面与真实的过程完全一样。

克雷克的"模型"不只是"表征"或"符号结构"的文体上的变体，正因此其心理模型理论才成了一种真正的心理表征理论。因为我们建立关于世界的心理表征就是通过建立关于它的心理模型，这是心理表征的解释机制。而操作心理模型构成了认知问题解决的工作机制。可以说，思维系统就是一台模拟机（simulation engine），是一种对实在进行模拟、复制、模仿、类比的装置。意向关系的基础就是这种真实的模拟关系，而模型上所运行的程序模仿了外在过程，也就是说，心理的因果过程复制了世界的因果过程，心理规律模仿了物理规律。世界与心灵或者其构造基础之间存在同形关系。心理模型与其表征对象不仅结构相同，运作方式也相同，它们的操作也模拟了对象的操作。因此大脑同造船工程师在制造船模时所做的事情相同，只不过使用了自身特殊的材料罢了。可以说，"我们头脑中都有一位辛勤的模型制造者，在利用存在于头颅中的原材料工作；更清楚地说，大脑有能力产生模仿外部事态的结构，而正是这些模拟结构使思维成为了可能"[2]。

当代模型论最有影响的倡导者是约翰逊-莱尔德（P. Johnson-Laird）。因他曾在剑桥工作，所以人们有时也把模型论称为"剑桥论"（the Cambridge theory）。他根据模拟编码（analogue code）与数字编码（digital code）之间的区

---

① 参阅 Craik C. The Nature of Explanation. Oxford：Cambridge University Press，1967：50-52.

② McGinn C. Mental Content. Oxford：Basil Blackwell，1989：176.

别阐述了模型论的核心思想。在他看来，两者的关键区别不在于编码成分的内在特征，而在于编码与其表征对象之间具有不同的关系。首先，构成模拟编码的符号的属性是作为被表征之物的功能而变化的，而数字编码的特征独立于所表征之物的属性。其次，在模拟编码中，被表征事态的属性在某种程度上反映在编码本身的特征之中，而在数字编码中并不如此，它们的表征关系实质上是任意的。换言之，符号与对象之间的量值协变是模拟编码的标志，而量值的独立性则是数字编码的特征。最后，自然语言和二进制编码等都是数字编码，因为句法或语音特征并不完全随指称的属性的变化而变化，地图册、图形和图表等是模拟表征，它仅仅依赖于某种抽象结构的同一性。显然，模型并没有句子结构，心理模型是模拟表征，如果用形式化表示就是：假定有对象、现象或过程 D，它由 $x_1$, $x_2$, …, $x_n$ 之类的部分组成，这些部分有属性和关系 $R_1$, $R_2$, …, $R_j$。这样一来，D 的模型（不管是心理的还是外在的）就是一种由 $x'_1$, $x'_2$, …, $x'_n$ 组成的实体 D′，这些部分有属性和关系 $R'_1$, $R'_2$, …, $R'_j$。在这里，存在一种从 R 的实例映射到 R′ 的实例的系统的功能，它保存了这些实例之间的量值关系。换言之，存在某种将"R"的值与"R′"的值联系起来的规则或规律，它保存了这些值的"结构"[①]。

根据上述分析，对克雷克的三个阶段可以重新表述如下：一是外部事态被"翻译"成一种模拟表征。在最简单的情况下，这涉及知觉上产生了一种适当的模型，外部事态促使大脑建立了该事态的内部模拟。二是那种模型由各种程序和算法加工，以便加以转换，直到把它与其他模型联系起来，并在其上面做实验，而这些程序本身是外在过程的模拟。三是这些内部的操作会产生相应的输出（行为或新信念）。这三个阶段是工程师在模拟一座桥时的必经过程，也是人们解决一般问题必需的三个阶段。总之，根据模型论，"导向问题的思考，就是在贮存和产生于大脑的模拟表征上进行实验；可以说，是在大脑的摹本或复制品上进行排练。行动之前的思考就是在大脑中模拟计划的行动，然后看看实际做这种行动之前会发生什么。实践理性的假说性思维就是在内部模型上进行实验，并产生实际的内部结果：如果这种模型实验对自主体关于自身的内在模型具有不幸的结果，他就不会做所模拟的外部行为过程"[②]。

基于模型概念的构造理论有各种形式。一种是较弱的形式，认为模型只起辅助性或补充性作用，可以与其他种类的表征结构共存，但后者在内容理论中的作用更为根本。它特别强调模型不是内容的基本机制，模型装置也不等同于

① McGinn C. Mental Content. Oxford：Basil Blackwell，1989：179.

② McGinn C. Mental Content. Oxford：Basil Blackwell，1989：180.

命题内容，模型仅仅是二元表征系统的一部分，另一部分是有语言学特征的表征结构。另一种是较强的形式，也是克雷克和麦金所坚持的形式。它认为，内容的机制是以模型为基础的，模型凭自己就足以实现内容，能完成全部基本的表征工作，而不需要依赖于其他表征系统。因此模型为内容理论提供了一种自足的基础。当然，句子能作为表征的助手，但它们附加在模型的基础之上，并不是具有内容所必需的。

对于具有心灵的有机体，我们通常从三个层次进行描述：一是硬件层次，描述大脑神经元及其状态、过程；二是软件层次，描述程序、计算和抽象结构，它们构成了在大脑硬件上实现的认知系统；三是人的层面，描述主体所具有的通常也能为其意识所利用的信念、愿望和感觉等。那么，对心理模型的描述在哪个层次？麦金认为，它不可能在人的层次，而应在软件层次，因为它们不是公认的常识心理学构造。模型需要硬件来实现，受到现有硬件结构的限制，模型也具有可多样实现性，即同一软件模型可在不同生物身上的不同硬件上实现。根据我们操作的构造层次，在描述模型时也可以选择不同的术语，克雷克选择了神经生理学术语（如神经激活模式等），但如何描述是一个经验问题，有很大的灵活性，甚至还需要设计全新的概念。[①]

## 三、心理模型理论与句子理论

在心理构造问题上，当代最有影响的理论是句子理论。为了进一步把握心理模型理论的精髓要义，有必要对这两者作个比较。根据句子理论，心灵就是"句子机"（sentential engine），表征系统是加工句子的装置。如福多所述："头脑中必定存在心理符号，因为只有符号有句法，而我们最有效的心理过程理论——其实也是唯一能利用且已知不是错误的心理过程理论——需要这幅关于心灵是句法驱动的机器的图画。"[②]因此，要想造出能表征事态的心灵，就要建造能贮存和加工语言符号的机器。而内容的机制是思想语言。对内容的特征的最好解释就是：我们的头脑中都有奇妙的字处理器，即能产生和改变句子并使句子之间相互转换的装置。

模型理论和句子理论都属于关于内部结构的理论，但两者之间存在根本的区别。

第一，模拟和描述是两种迥然不同的关系，句子不模拟所描述之物，模型

---

① McGinn C. Mental Content. Oxford: Basil Blackwell, 1989: 185.

② Fodor J. Psychosemantics. Cambridge: MIT Press, 1987: 19, 20.

也不描述所模拟之物，模拟和描述要求与它们关联的东西具有不同的特征。例如，句子是数字的，而模型是模拟的、类比的；句子有语法结构，而模型与其模拟的事物有相同的结构，但这种结构不是语法结构；句子有语义属性，而模型没有，它们是利用截然不同的东西伸向实在的。

第二，两者的目的不同。句子理论解释命题内容本身，而模型理论解释内容的构造基础。命题内容是命题性的东西，具有命题的所有独特属性，对它的研究属于逻辑理论或语言学范畴，而模型不是命题实在，也没有句子结构或逻辑形式，研究心理模型属于心理学或其分支心理构造学的范畴。模型理论是一项工程学的事业，"它旨在说明如何建造一种能引起命题项目归属的装置，而不是要说明所归属的项目本身是什么。关于命题态度之基础的理论，并不是关于这种态度之对象的理论，这两种理论属于截然不同（尽管相关）的研究领域"[1]。我们可以借助指示（indexing）关系来说明基础与对象的区别和联系。如在测量温度时，我们会用数量指示对象的物理状态，但不会认为这种指示关系的物理基础中包含了数字和数量关系的影子。同样，在用命题指示主体的大脑状态时，我们并不会因此而把逻辑结构插进主体大脑之中。相反，模型理论认为，在向某个内部模型归属这种指示时，我们只需要某种规则，它能将我们从模型带到命题。以地图为例。它既有模拟性特征，也有与这些特征对应的命题，它们描述了地图所模拟的东西。也就是说，这些命题指示了模拟性特征，但并没有它们的模拟结构。这里的规则就是：对于地图的任何模拟性特征，都可以选择出描述该特征所模拟之物的命题。这样一来，所选的命题是所说的特征的命题"内容"，而那种特征就是命题对象的非命题基础。从逻辑上说，心理模型也是如此，即挑选描述心理模型所模拟的事态的命题标记，而这就是所讨论的心理状态的内容。因此，逻辑结构并不在头脑之中，但这并不妨碍把它正确地归属给头脑中的东西。麦金指出，命题标记不一定在所指示之物中，由此可以看出，从必然能为信念的命题／句子对象找到结构的基础，并不能证明存在一种思想语言。因此我们可以把关于态度对象的句子理论与关于其基础的句子理论结合起来，而这实际上就是模型理论的观点。

第三，两者对大脑（或其亚人认知构造）所使用的结构和操作要求不同。具体来说，心理模型理论比句子理论的要求更高。句子理论需要一个固定而有限的字母表，它能产生有限的词汇，同时还需要有限的符号加工操作，它们可以汇编和转换全部句子。语言的符号能力只受它将简单符号组合成复杂符号串

---

[1]　McGinn C. Mental Content. Oxford：Basil Blackwell，1989：182.

的能力的限制，而这只是语言的内在特征的问题。也就是说，字处理机只注意所处理的符号的"形状"，而不注意它们所代表的属性，它生活在纯句法的世界上，而对语义不敏感。句子机可以由它自身内部的规律推动。然而，模拟机则与外部世界关系密切，它的模型必须实际地复制所模拟的实在，还必须有办法与表征对象的复杂性相匹配。因此它使用的结构和操作必须符合所表征的实在。简单说，句子理论似乎用得少做得多，而模型理论是用得多做得多。显然，大脑在模型理论中工作更辛苦，要求的技巧也更多。而研究表明，句子理论低估了大脑的能力，而模型理论符合大脑的实际情况。

第四，两者的解释力也不同。一方面，句子理论相对简单的操作原则是以解释力的贫乏为代价的，它认为这些原则本质上是句法的，因此未回答语义学问题。麦金说："关于句子机的观念并没有解释意向性的本质，而只把这个问题转移到了被称作'思想语言语义学'的神秘棚子之中。"①而模型是内在地具有语义的，因为它们把意向性的机制刻在了其身上。因此模型理论比句子理论更深入，它说明了如何考察事物的基础。另一方面，模型理论的解释范围更广。我们追求的是一般的表征内容理论，能用于任何拥有内容的生物。但有些生物有外部语言，有些则没有，如果认为没有语言的生物具有内容，就要承认它们有内部的思想语言，但如果它们有这样的内部语言，为什么进化没把它转换成外部语言呢？模型理论则不会遇到这样的问题，因为它只要求我们接受无言语的生物的大脑中具有与外部事态相似的结构，而这些结构是不能变成外部语言的，因为它们根本不是语言学结构。这样它就既能用于有语言的生物，也有用于无语言的生物。

第五，模型理论尊重了进化或个体发展的渐进性和连续性，并得到了经验的验证。表征状态肯定是从无到有，但对这个转变过程的解释应避免突变主义，而遵守发展的连续性原则。但句子理论在此原则上却遇到了困境：如果内容是随句子产生的，那么要么句子已经存在却没有内容，要么它们不存在而是之后突然存在并具有了意义，这两个选择都不合理。而模型理论则能利用非意向世界上业已出现的原则，即结构的相似性。那么，为了建立内容的基础，发展机制只需正确地利用先前存在的结构，使之复杂，赋予其功能，将它们定位于其他结构的背景之下，并把它们与感觉输入和运动输出系统地关联起来。于是，发展机制在产生内容时就有可用之物，而句子理论似乎只能静等语言出现，因为我们在非意向世界上找不到内部句子的征兆，句子实质上是心灵的产物。因

---

① McGinn C. Mental Content. Oxford: Basil Blackwell, 1989: 202.

此，反突变论原则就支持心理模型而不是心理句子。另外，这两种理论在经验上也不等价，实验心理学等研究在某种程度上能验证心理模型理论而非句子理论。总之，麦金说：

> 哲学家习惯于用语言学来想象心理意向性，把它看成一种指向内部的腹语。……在思维时，我们默默自语，或者某种东西（我们的大脑）默默对我们说话。因此表征内容进入了心灵；它是所有隐匿的言语活动的可见征兆。思维的基础据认为是在用一种听不到的语言描述世界。模型理论完全放弃了这幅图景。它对思维的表征是：它（有时）是由语言表达的，但并不依赖于语言，也不是产生于语言。内容的基础更像工程师的车间，里面并无人说话。你大脑的凹回中并不存在同时发生的言语活动，而只是产生了大量实践模型。你不是一位隐秘地说着某种迄今尚未被破译的语言的人，而更像一本很精致的地图册……的制作者。这幅差异明显的图景初听起来可能不可信、天真甚至极其古怪，但我希望我已证明它比你最初认为的要更站得住脚。乍一看，它可能引不起我们在语言学上和谐的心灵的共鸣，但它作为一种关于内容基础的解释理论是完全站得住脚的。言语人并不是最好的工程师。[1]

## 四、心理模型理论的解释效力

提出模型理论，是为了解释内容（人的或亚人的）的基础。但内容既有命题内容（如思想）也有图像内容（如意象），克雷克表征理论最初针对的是后者，那么，它能否支持命题内容？它如何能解释命题态度的内容的独特特征？我们如何根据心理模型来解释命题内容？麦金认为，在回答这些问题时，基础与对象之间的区别及相关的指示概念起着重要作用。

第一，思想是命题性的，思想的结构就是其定义性命题的结构，但模型没有命题结构，那么模型是否就不能解释概念结构呢？在麦金看来，产生这种疑惑是由于混淆了基础与对象、机制与命题。构造理论不是想成为逻辑理论。解释思想的结构是一个工程学问题，对此我们必须提出某种能实现内容的底层机制，而不是寻找一种与命题具有相同结构的机制。这样一来，我们就能说命题恰当地指示了这种机制，但它并不反映这种机制，即这种机制并不具有命题形

---

[1] McGinn C. Mental Content. Oxford：Basil Blackwell，1989：207，208.

式。这与数量与分子运动的关系相似：数量指示分子运动，但分子的集合并没有指示数量的结构。地图与指示性命题有关联，它们的模拟结构保证了这种关联，但其本身并没有命题结构。同样，用心理模型说明概念结构，所需要的只是模型要有适度的复杂性，但用不着它与指示性命题的复杂性完全相同。总之，逻辑形式、命题结构不是内容的基础，它们同样是以模型为基础的。当基础获得了适当程度的结构时，这种结构就能映射到命题结构上，从而把心理学空间转化成逻辑空间，这时我们就可以说，有机体具有了命题内容的状态。

第二，思想由于内容而进入了逻辑和认识关系网，每一思想都在逻辑空间中占有独特的位置。这个关系网必须奠基于心理模型系统的结构。当然，这一基础并不是由彼此间具有逻辑关系的命题结构构成的网络。这就意味着蕴含关系的基础并不是一种蕴含关系。因为命题相互蕴含，而模型并不如此。命题指示是逻辑关系的专有承担者，心理模型只是从逻辑空间中挑选逻辑相关的指示。模型之间有因果和组合关系，但没有蕴含关系。因此这些非逻辑关系是彼此间具有蕴含关系的思想产生的基础，但这两种关系不能混淆。麦金指出，内容之间的逻辑关系属于关于态度对象理论，不属于关于它们的基础的理论，而关于这种推理的基础的理论具体情况如何，是一个经验问题。引进还是取消逻辑的规则可能与模型的各种组合和分解相对应，因此尽管模型之间缺乏逻辑关系，但不能由此否定可能存在这样一种经验理论。[1]

第三，模型理论还能解释呈现方式之间的不同。以内容的不透明性为例，假如有两个内容都是关于金星的，其中一个用"启明星"表达，另一个用"长庚星"表达，这两者的指称相同，但含义不同。模型理论对此该怎样解释？麦金认为，可利用模型的片面性（partiality）来解释。[2]模型对于模拟的对象并非无所不能，而是具有选择性，只选择了对象的部分属性，因此总是关于特定方面的模拟。同样，我关于金星的心理模型也只模拟了它的部分属性。于是，我对同一个对象可能就有两个不同的模型，一个我用"暮星"表达，另一个我用"晨星"表达。正如金星的两张照片，一张是早晨拍的，另一张是傍晚拍的一样，它们在如何描述金星方面不同。因此两个心理模型也能模拟一个对象的不同方面，从而它们表征对象的方式不同。诉诸模型的片面性既能解释同一对象有两种呈现方式的情况，也能解释不同对象有同一呈现方式的情况。以孪生地球思想实验为例。水与 XYZ 呈现给主体相同的面貌，"头脑中"的东西相同但思想关于的东西不同。对此，模型理论同样可以诉诸片面性来解释：模拟的两

---

[1] McGinn C. Mental Content. Oxford：Basil Blackwell，1989：190.

[2] McGinn C. Mental Content. Oxford：Basil Blackwell，1989：191.

种实在有相同的属性，而模型本身包括的东西不足以把这两种实在区别开，因为它们并不模拟对象的化学成分。我和我的孪生地球人有相同的模型，但它们有不同的原因论和不同的运转环境。它们是由于这些外在关系而模拟了不同实在，但根据内部结构无法在它们之间作出选择。也就是说，模拟关系不仅仅由头脑中的东西决定，而且也由原因论和环境决定，这就是心理内容能以相同方式表征不同对象的原因。

第四，模型理论还能解释内容和概念的整体论。内容或概念相互关联构成了整体论体系，但这种整体论可分为两个亚类：一是总体的整体论（integral holism）和境遇的整体论（circumstantial holism）。前者认为某一组概念只能集群地具有，而不能个别地具有，后者则认为所具有的概念必然是作为一个整体而起作用的，而非彼此孤立地起作用。假如 T 是 S 所拥有的全部概念，而 C 是从 T 中挑出来的某个特殊概念。那么若说 C 与 T 的其他成员有整体主义关系，表达的是下述两个主张。①S 为了拥有 C 必然要拥有 T 的某个子集。也就是说，C 和 T 的相关子集必然是同时拥有的；S 不可能拥有 C，除非他也有其他总体相关的概念。②C 在 S 思想中的运用潜在地可由任何从 T 中取出的其他概念的使用控制。也就是说，如果 S 除了 C 之外还有某些概念 R，那么当 C 在 S 的推理中起作用时，C 和 R 必然发生（至少是潜在地）相互作用，但 S 为了具有 C 则不必具有 R。一是总体整体论，二是境遇整体论。若将这两类整体论放在一起，我们就可以看出：主体所拥有的所有概念可分为整体相关的几个部分，它们在推理或决策发生与境遇有关的作用。例如，树与树叶是总体相关的，与鸟则不这样。然而，如果这两个概念都被拥有时，关于树的思想与关于鸟的思想必然发生与境遇有关的作用。那么，模型理论该怎样解释这两类整体论呢？麦金认为，总体整体论可根据模型的内在的合成性来解释。模型就像画画一样，必然会同时表征多种特征，如要画单身汉必须同时画一个男子，要画一棵树必须同时画树枝、树叶等，这里就涉及表征集群。同样，对象的属性是集群出现的，那么要想模拟一个例示了许多属性的复杂对象，你必须有能复制那种复杂性的模型。因此，根据模型的本质就能预言总体整体论，因为模拟本身就是整体论的。就境遇整体论来说，要设计具有这种特征的系统，就必须保证模型相互之间具有自由的作用，即要在它们之间建立平滑的因果通道。以一座玩具城市为例。它包含很多相互关联的子模块，如房子、桥梁、道路、公园、人等，有些模块不能离开其他模块（如建筑就离不开砖石），但有些则不必如此（如某幢高楼与某条道路是可以随机搭配的）。因此，各个部分是作为一个整体而协调运转的，发生在其中一部分的事情会影响其他部分。也就是说，存在的是局域的集群和整体的相互作用。同样，若把你的全部信念（世界观）看成一个世界模型，每个信念也会借助在整个系统中的位置而与其他信念发生境遇性关系，但这个大模型不是只能整体安装。在构造关于世界的总模型时，心灵必须了解每个因素适合的位置，从而允许境遇的整体论。它也必须在每个子模型中建立必需的结构，以便能与其世界上的原型相符合，从而也产生了总体的整体论。

第五，模型理论能解释思想的预言力。克雷克在阐述模型理论时指出，思想的根本特征之一就是其预言能力，思维能力实质上是一种解决问题的能力，即思想只有在问题语境下才有内容，而解决问题需要预言。因此，若能说明怎样设计一台预言机，就能解释思维的本质。他认为模型理论的主要价值就在于能解释思想的预言力。在麦金看来，这是克雷克的一个远见卓识，因为思想就是通过模型运行的，预言依赖于模拟，预言机制就是意向性的机制。

第六，模型理论能对意向性作出真正的自然主义解释。意向性是一种自然现象，它的产生没有奇迹可言，那么解释它也不能用超自然材料或违背物理学规律。句子理论并未解决意向性的自然化问题，它只是把一种意向关系换成了另一种意向关系（即思想语言的语义学），而模型理论把意向关系解释成模拟关系（辅之以自然目的论），从而让我们跳出了意向概念的神奇怪圈。根据模型理论，思想所依赖的机制在自然界中普遍存在，心理模型的原始祖先是像年轮与树龄、脚与泥土中的脚印等之间这些常见的自然关系。心理模型就是把这种简单机制改进成了意向性。而进化也是利用了这种用一物模拟另一物的基本能力，并将之转化成内容的基础。大脑是能产生类似结构的精巧装置。它们都利用了关系结构同一性这种自然关系。麦金说："大脑作为一种有意识性的机器，它有构造复杂的模拟结构的手段，因此我们不要求它办不到的事情。要处理不能由头脑中的东西决定的内容，我们可能必须增加某种因果关系和语境，但这不是放弃自然主义，也不是放弃把模型作为心灵借以理解世界的基本的自然机制。"①

## 五、心理构造学是心理模型理论与目的论的合璧

心理模型可以充当内容的机制，但单靠它们也不行。因为模型的加工与外部世界无关，而意向性要关于外部的东西。不仅如此，它还会碰到"小人难题"。因为正如地图要表征某种东西，就要有看地图的人一样，心理表征要表征外部事态，也要有阅读它们的内在小人（模型建造者和解释者）。而内容到了小人心中又成了模型，要让它关于外部事态，又要有更小的小人，如此类推，以

① McGinn C. Mental Content. Oxford：Basil Blackwell，1989：198.

至无穷。

麦金承认这样的问题确实存在，但它只说明模型本身不能对意向性作出完满的解释，说明"模拟结构作为孤立的抽象物是不能实现意向性的"。要实现内容，它们还需要一个目标。他说："只有在被置于某个由目标、行为倾向和因果关联的状态网络所构成的背景之下，模型才能实现内容。心理模型位于与世界具有相互作用的活有机体内部，它们例示了某些复杂的输入／输出关系，而有机体又利用他们的模型来实现各种目的。若没有这种背景，心理模型就趋于无效和无用；而若提供了这种背景，心理模型就会变成意义的携带者，进而才有语义生活。"①就此而言，信念类似于我们使用的一张地图。也就是说，实现的模型有某种具有重要目的论意义的因果作用，即导航。若没有这种作用，头脑中的模型就会像一张没有用处的地图。换言之，地图既有表征地理状况的作用，也有导航功能。它要真正进行表征，就要有导航功能，而要发挥导航功能，又要能进行表征。同样，心理模型要真正进行表征，也要有一种功能，当然若没有适当的机制即模型，这种功能也不能被履行。因此，要对内容作出完满解释，必须把心理模型理论与目的论结合起来。

由此我们就可以找到避免小人谬误的途径，即把模型置于因果目的论的背景之下。这时，"阅读"心理模型的就不是头脑中的"小人"，而是模型所执行的功能。麦金说："把语义生活给予模型的不是头颅中的某种幽灵，而是围绕模型的因果目的论关系模式。如果你制造了一台机器，它内部有功能活跃的模型，那么你就已经造出了一个有内容的系统，而无需再在机制中安装一个小人。因此，为了让心理模型成为信念的机制，我们不必预设关于心理模型的信念。心理模型不需要解释，它们只需要运用。但同样，它们能够具有这些作用，也只是由于它们所具有的结构。作用和结构都不是可有可无的。这两个方面在解释内容时是相互补充的。"②

解释内容的某些特征也必须把模型理论与目的论结合起来。例如，思想具有真值，可作真假评价，而模型不是命题性的，不能作真值评价。麦金认为，思想的命题内容确实有真假，而模型不是真假的承担者，但模型能为具有真值的内容提供基础。在他看来，对内容基础的要求，不是它与所支撑的东西有相同的属性，而是它要有合适的属性，以便能发挥所需的支撑作用。而解释思想真假的心理模型属性就是其准确性、逼真性。也就是说，心理模型有一种属性，它们关于对象的模拟要么准确要么不准确、要么好要么坏、要么逼真要么不逼

---

① McGinn C. Mental Content. Oxford：Basil Blackwell，1989：199.

② McGinn C. Mental Content. Oxford：Basil Blackwell，1989：199，200.

真，而"真思想的基础就是准确的模型，它模拟了实际事态，而引起假思想的模型模拟了未得到的事态。我们用真命题指示准确的模型，用假命题指示不准确的模型。因此心灵状态可作真值评价"[1]。但内容的真假评价是有规范性的，而这是单纯用模型的关系结构的同一性或非同一性所无法解释的。要解释它就要诉诸目的论。由于目的论是规范性的来源，我们可以把模型与功能相结合来产生规范性。从生物学上看，设计模型建构系统就是要产生准确的模拟而非不准确的模拟。因此，关系－结构的同一性是模型的目标，是其生活的目的，是赋予它的功能，也是它最初存在的原因。当一模型与外部的某种东西相匹配时，它就要有应有的表现，而当没有匹配时就会有错误的表现。如果真是由模型的专有功能支撑的，它就会继承这个优点，而如果假是由模型的非专有功能支撑的，它也会继承那个缺点。于是，准确的模拟与不准确的模拟之间的对比就有了规范性的意义。

## 六、内容理论的总体框架

麦金对其内容理论有一个概括性的阐述，说明了内容理论中各个子问题之间的关系。先看图 7-1。[2]

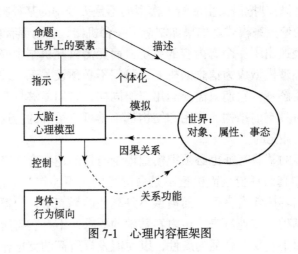

图 7-1　心理内容框架图

最上面的方框表示由世界上的实在（对象、属性、逻辑算子等）构成的命

---

[1] McGinn C. Mental Content. Oxford：Basil Blackwell，1989：189.

[2] McGinn C. Mental Content. Oxford：Basil Blackwell，1989：209.

题，它们既描述世界又要参照世界进行个体化。就存在方式来说，命题居于"逻辑空间"之中。就与大脑的关系来说，它们指示头脑中的状态。而头脑中的状态又是实现命题性心理状态的基础，这就是中间方框所说的心理模型。指示这些模型的命题本身并不在头脑之中。由于这些命题是由世界上的实在个体化的，心理模型就间接地是由世界上的实在所指示的。于是，心理模型就与世界上的实在具有模拟关系。而这种模拟关系是不同于命题与世界的描述关系的。模型通常但不总是由所模拟的实在所引起，心理模型的原因论中还存在认知的生成性（generativity）。这里的原因论既包括共时态原因，如引起当前表征的原因，也包括历时态的原因。因为模型与相应事态在进化史上所形成的固定关系决定着其表征关系。当模型在进化中形成时，一方面，它们就成了意向性的功能基础，只要相应对象出现，它就会"指向"它；另一方面，它们又是身体的运动控制的因果基础，即它们是行为倾向的基础。这是最下面的方框所表示的。而这些倾向又容许把它们与世界的事物联系起来的目的论描述，即它们有针对世界上的事物的关系性专有功能。于是，这些倾向的基础即模型就具有了关系性功能，这是说它们能引起身体以某种能满足有机体需要的方式行动。这就是虚线表示的关系。可见，说明头脑状态的这种关系性功能会把我们带回世界上的实在（它们由模型所模拟，又对命题进行个体化），并进而把我们带回心理状态的外在内容。因此这里存在一个闭环——世界—命题—模型—关系性功能—世界。世界上的实在既是起点也是终点。就内容理论来说，模型是实现下述功能的结构，这些功能决定着指示模型的命题。就心灵本身来说，尽管头脑中有它的机械基础，但它不在头脑之中，不是实体，而是一种关系属性。在图7-1中，它包含上面的两个方框并伸向世界的圆圈。而人则是实体，它包括下面的两个方框，但不包含最上面的方框和世界的圆圈，因为它不是从外部进行个体化的。总之，根据上述分析，信念就是由将人与世界联系起来的整个关系系统构成的，也就是说，一个信念就是头脑中的一个模拟状态（或是由它实现的），而这个状态又是由一个外在的个体化的命题所指示的，而且这种状态又有与对命题进行个体化的实在相关的关系性功能。

不难看出，麦金的内容理论对于当代人工智能研究也有重要启示意义。因为当代的智能模拟还停留在句法模拟而非语义模拟阶段，因此发展出真正的智能遇到了一个难以克服的"瓶颈"。而麦金别出心裁地提出，要想构造内容或智能，必须向大自然学习，研究进化产生心灵和内容所利用的机制和条件。在他看来，大自然制造出了意向的心灵，就是因为它利用进化为人类安装了特定的心理模型，进而心灵能模拟世界，从而使自己的思维、综合、想象、创造等都与世界相关联。因此人工智能的首先任务是研究人类心灵及其意向性的进化过程，并对它作静态、活体解剖，然后将所得的启示、教训灵活应用到机器之上。麦金在这些方面都作了尝试，但显然还很不够，至多算有了一个好的开端。

# 第八章

## 经验、表征与主观性

认识世界和改造世界是我们对待世界的两种基本方式。就认识世界而言，我们认识的是独立于心灵的"本然世界""自在自然"，还是呈现给心灵的"现象世界""人化自然"？我们形成认识是源于主体的结构还是源于对象的性质？用心灵哲学的话语来说，心灵对世界有各种各样的表征方式，这些表征方式究竟是主观的还是客观的？换言之，心灵表征世界是由于心灵的特殊结构还是由于世界的客观特征？我们的认识的哪些方面源于主观的结构、哪些方面反映了实在本身？要回答这些问题，我们既要考察心灵的情况，也要探究世界的客观构成，而且如果我们将关于世界的表征划分为主观表征和客观表征，我们又要进一步回答：两者之间有什么区别与联系？是否存在控制主观表征和客观表征的一般原则？两种表征方式哪种更根本？其中之一是否可以取消？这些问题不仅是心灵哲学研究的问题，而且也是形而上学关注的问题，不仅涉及认识论，也关乎本体论和世界观。正如内格尔所说：它们"是有关道德、知识、自由、自我及心灵与物理世界关系的最根本的问题。我们予不予以回答，将实质性地决定我们关于世界、关于自身的观念，以及对生命、行为和其他人之间的关系的态度。……如果有人能说明内在的观点与外在的观点如何关联，其中的每一方可以作怎样的发展和修改以便将另一方考虑进来，以及它们如何携手控制每个人的思想与行为，那么这就相当于提出了一种世界观"[①]。麦金认为，世界不会以其本来面目呈现给我们，我们无法绝对客观地知觉世界，但由于人类理性的作用，我们具有认知的超越性，能够摆脱自身知觉观点的束缚，理解绝对客观

---

① Tagel T. The View From Nowhere. Oxford: Oxford University Press, 1986: 3.

的层面。他说："独立于人类心灵之外的世界本身，除非用理论的方式，是无法为人类心灵所掌握的。我们的确看得见外在物体及其性质，但是没有办法全然客观地看见它们（就像是物理学显现的那样）；我们必然局限于自身主观的知觉面向。然而，人类的理性却让我们走出知觉主观性的框架，展现世界纯粹客观的面貌。虽然知觉不可避免地夹带了主观性，但概念本身却能不受主观层面的侵扰。这可说是人类理性神妙之处——超越主观知觉的观点，客观独立地描述世界本体。智灵之运作，像是远离主观表象的精巧装置。这几乎把我们一分为二，有个主观的自我，还有个客观的自我。"①那么，为什么世界必须以主观的方式显现给我们？我们是如何获得关于世界的客观概念的？要回答这些问题，关键是要搞清楚主观的观点和主观表征的特征、规律、本质，以及它们与客观的世界概念之间的联系。

## 第一节　主观表征的特征

麦金选取第二性质的经验和索引思想作为主观表征的两个典型代表，并通过将它们与第一性质的经验和非索引性思想进行比较，详细说明了主观表征的基本特征。我们首先看他关于第二性质的分析。

关于事物有两种性质的思想至少可追溯到古希腊，例如，德谟克利特就认为，形状、大小等性质是原子的基本性质，色、声、味等可感性质是由原子的基本性质所决定并通过人的感官表现出来的。后来，英国科学家波义耳把事物的凝性、广延、大小、动静等称为第一性质，认为它们是物体的原始本质，而颜色、声音等是第二性质，它们是第一性质在感官上引起的感觉。笛卡儿、伽利略、伽森狄、牛顿、霍布斯等也都在大致相同的意义上使用过这一对范畴。洛克进一步发挥了两种性质的学说，并对两种性质作出了定义。他说："我们所考察的物体中的性质可以分为两种：第一种不论在什么情形之下，都是和物体完全不能分离的；物体不论经历了什么变化，外面加于它的力量不论多大，它仍然永远保有这些性质。""第二性质，正确说来，并不是物象本身所具有的东西，而是能借其第一性质在我们心中产生各种感觉的那些能力。"②不难看出，洛

---

① 柯林·麦金.从矿工少年到哲学家——我的二十世纪哲学探险.傅士哲译.台北：时报文化出版企业股份有限公司，2003：96.
② 洛克.人类理解论.上册.关文运译.北京：商务印书馆，2012：107，108.

克实质上对第二性质提供了一个倾向定义或者倾向论题，即所谓第二性质就是物体在知觉者身上产生感觉经验的能力或倾向，而第一性质并不是这些产生经验的倾向，它们是与物体不可分离并产生与自身相似的观念的性质。据此，我们可以将物体的性质分为两类：凝性、广袤、形象、运动、静止、数目等是第一性质，而颜色、声音、滋味等是第二性质。根据这个倾向论题，一个物体是否有某种颜色或滋味，最终的标准是看它在知觉者看起来或者尝起来是怎样的，而形状或大小之类的性质却并非如此。因此，我们对第二性质的分析就要根据这些产生感觉经验的倾向。麦金认为，我们从这种关于第二性质的倾向论题可以认识主观表征的特征。

第一，第二性质是主观的，因为第二性质是根据与经验的关系定义的，而对经验的认识源于对第一人称的亲知。具体来说，经验在第二性质的分析中起着决定性作用，因此，要掌握第二性质的概念，就要得到相关经验的知识，而这种知识只能由拥有相关经验的人得到，也就是说，掌握第二性质的概念依赖于从第一人称观点获得的对感觉经验的亲知。例如，要掌握概念"红"，我们必须知道什么是某种东西看起来红，因为后者是物体是红的满足条件，但要理解某个物体是方的，我们无须知道方的东西看起来或感觉起来怎样，因为形状并不涉及与经验的关系。对此，我们也可以借助内格尔关于主观观点的看法来理解。所谓"观点"（point of view），"既指观察、观看某对象的角度，观察的切入点及路经，又指观察所由以发生的前结构、条件或图式"①。内格尔认为，意识经验都有主观的特征，说某个经验状态是主观的，就是说它只能从某个特定的经验观点才能感受到，因为"每种主观现象从根本上说都与一种独特的观点相联系"②，因此，心理的主观方面只能从生物本身的观点来理解。也就是说，意识经验总与一种观点有关，没有这种观点，这种状态就不会被人觉察到，因而也就不存在。因此，主观的观点既是主观状态被认识的条件，也是它的存在的重要一维，进而是它区别于其他现象的特征。内格尔说："不采取经验主体的观点的话，我们就完全没有条件去思考经验的主观特征。"③用这种观点看到的只是主体内部可以而且只能向主体所呈现的东西，即内在状态看起来或表现出来的样子，就此而言，第二性质是主观的，因为它们只能从特殊的经验的观

① 高新民.心灵与身体——心灵哲学中的新二元论探微.北京：商务印书馆，2012：222.
② 托马斯·内格尔.成为一只蝙蝠可能是什么样子//高新民，储昭华.心灵哲学.北京：商务印书馆，2002：107.
③ 托马斯·内格尔.成为一只蝙蝠可能是什么样子//高新民，储昭华.心灵哲学.北京：商务印书馆，2002：118.

点得到。

第二，第二性质具有相对性。第二性质是相对于知觉者的属性，是世界依赖于主体心灵的一个方面，它们与感觉经验不可分离。以颜色为例，假如火星人也有视觉，能辨别颜色，而且辨别的程度和范围与人类相同。然而，他们对颜色的知觉与人类相反：我们眼里的绿色，在他们眼里却是红色，反之亦然。例如，我们看见玫瑰花时感觉是红色，而外星人却感觉是绿色；同样，我们眼中绿油油的草坪在外星人眼中却是红色。那么，我们和火星人到底谁看见了玫瑰真正的颜色呢？麦金认为，我们在玫瑰花的颜色上都没错，因为颜色对知觉者而言是一种相对的性质，"所谓知觉错误，只能在某一类的知觉主体之内谈论才有意义（比如说，因为黄疸，让我看什么东西都变成黄色）；如果跳出同一类型的个别成员，进而比较组与组之间的差异，使用错误一词就显得毫无意义。所以，我们不能把物体的颜色和知觉心灵摄取的感官经验切割开来；颜色乃实在界仰赖主体心灵的一个面向"①。但并非物体的所有性质都相对于知觉者，都依赖于主体的心灵，如形状和大小，就不依附于心灵之上：如果对于同样的物体，在我们眼中是大而圆的，而在火星人眼中是小而方的，那么我和火星人肯定有一方是错误的。因此，麦金说："某种第二性质要有例示，物体与所选择的某个知觉者群体之间就要获得某种关系。正是这种相对性使得所知觉到的事物的第二性质的不同不会蕴含真正的分歧，而所知觉到的第一性质的不同至少意味着某个知觉者是错误的。"②

第三，第二性质不能还原为基础的物理属性。例如，颜色不能还原为光的波长。麦金认为，人们之所以主张第二性质能像第一性质那样还原为基础的物理属性，是由于混淆了物体性质与产生经验的倾向相联系的两种方式。具体来说，如果某个物体有一种第一性质，那么它在某些条件下就倾向于产生那种性质的经验；但这种倾向是外在于这种性质的，即这种经验不是由这个物体所具有的那种性质构成的，它只是这个物体具有那种经验的一个因果结果。但就第二性质来说，这种倾向是内在的，即对于什么是第一性质，我们并没有一种能从中推出这种产生经验的倾向的独立描述。如果我们混淆了物体性质与产生经验的倾向相互关联的内在方式和外在方式，就会认为第二性质和第一性质一样存在从倾向到其因果基础的还原。麦金说："就第二性质来说，我们最需要的是：对于这种性质的任何例示，物体中都应该有某种基础可以解释知觉者的经

① 柯林·麦金.从矿工少年到哲学家——我的二十世纪哲学探险.傅士哲译.台北：时报文化出版企业股份有限公司，2003：94.

② McGinn C. The Subjective View. Oxford：Clarendon Press，1983：10.

验；我们不应该期待更强的主张，即这种性质的任何例示都实际地有这样的基础。我猜测，正是这方面的混淆使得有些人把关于颜色的洛克主义倾向论题与从颜色到表面物理属性的还原结合了起来，但事实上，一旦正确地理解了洛克主义论题，这种还原就可以排除——颜色内在地是倾向性的。"①

第四，第二性质没有解释效力。一方面，第二性质不能解释物体之间的因果相互作用，如颜色和滋味对于事物的因果力就没有贡献，而第一性质在解释物体之间的相互作用中起着重要作用，正是基于此物理科学在说明支配事物的规律时才只提到第一性质而不提第二性质。另一方面，第二性质也不能解释我们关于它们的知觉。这两个方面都与倾向论题直接相关：前一个方面是由于物体之间的相互作用与知觉者的经验无关，而第二性质明显依赖于知觉者的经验。后一个方面来自于因果解释的本质。以红色为例。由于"是红的"表示"看起来红"，所以，说某种东西是红的，并不能解释它为什么看起来红，因为这个解释是循环解释，尽管这种解释并非毫无意义，但要得到令人满意的解释，我们显然要引入第二性质之外的更重要的因素。

第五，第二性质是不可错的（incorrigible），即对它们的认识、察觉或确认是不会出错的。首先，我们对于知觉对象所产生的经验的认识是不会出错的，而根据倾向论题，这就是认识到了对象所拥有的第二性质。第二性质的满足条件是由从经验内部给予的特征决定的，因此它是不可错的，而由于我们的经验在某个物体所拥有第一性质方面会误导我们，因此第一性质的归属难免会出错。其次，我们可以借用笛卡儿的"妖怪"来解释。②假如这个机智而狡诈的妖怪干扰我们的感觉器官，从而事物看起来与实际情况有所不同，但在这种情况下，事物的第一性质有可能出错，而第二性质则不可能出错，因为它们的存在是由事物在感觉上呈现的样子确立的，这个妖怪不可能让我们弄错事物的颜色和滋味。麦金说："这里的区别在于：从经验内部得到的任何信息都不能合乎逻辑地推出某个物体有哪些第一性质，却可以从我们经验的这个特征推出某个事物具有哪些第二性质。"③

索引性思想有与第二性质相似的特征。①它也有主观性，"索引词是主观的，其意思是说它们表达了说话者或思想者的视角"④。由此可见，索引性思想的主观性有其特殊之处：它与思想的以自我为中心的索引性呈现模式有关，因

① McGinn C. The Subjective View. Oxford：Clarendon Press，1983：14.
② 参阅笛卡儿. 第一哲学深思集. 庞景仁译. 北京：商务印书馆，1998：20.
③ McGinn C. The Subjective View. Oxford：Clarendon Press，1983：12.
④ McGinn C. The Subjective View. Oxford：Clarendon Press，1983：37.

为索引性呈现模式具有视角性的特征，即它体现和反映了一种关于世界的"观点"，这种视角是由心理主体所拥有的东西，正是主体的主观性使我们能把构成了一种视角的索引性呈现模式本身看作是主观的。麦金说："所有索引词都与我相联系，而这种我呈现模式（the I mode of presentation）具有主观的特征，因为它是由一个人对自己的特殊视角构成的。"① 要想理解什么是一个对象具有一种索引属性，就必须知道拥有以自我为中心的呈现模式是什么样子。② 索引词也具有相对性。例如，假如有两个人A和B，他们位于不同的地点，如果A把B所说的"这里"称作"那里"，他们之间并没有真正的分歧，只有在他们把同一地点称为"这里"时，才会有真正的分歧。③ 索引词也没有解释效力，一方面它们不是关于自然的因果作用机制的理论的解释谓词，另一方面它与索引属性的涉主体的（subject-involving）特征有关：索引性谓词没有向事物归属的物理属性，因此它们对于解释事物的因果力没有贡献。④ 索引词并不指称不同的自然种类，而是表达了对于世界的一种主观视角，因此它们不能还原为事物的真正本质。⑤ 关于事物的索引属性的归属、信念、确认等是不会错的。以张三说"我现在感到疼痛"或"我在思索我在此地存在"为例。张三在认识此时此地他本人感觉疼痛或在思索他存在方面是不会错的，但如果用非索引词替换索引词（例如，用"张三"代替"我"、用"5月8日"代替"现在"、用"北京"代替"这里"），由此所形成的新判断是有可能出错的，因为对于感觉疼痛的人是张三、疼痛的时间是5月8日或者地点是北京，我的认识很有可能会出错。由此，"索引词的出现对于心理状态的自我归属的不可错性是必不可少的……能直觉到的索引性确认与非索引性确认之间的区别是：前者不打算超出主观上给予的东西，而后者却把主观的东西置于客观的坐标之内"②。

在主观表征的各个特征中，主观性是最基础的属性，它既是相对性、解释的无效性、不可还原性的基础，也是确认的不可错性的基础，不可错性"是对主观性论题的某种确证"，"是主观性的一个标志"③。当然，第二性质和索引词的主观性的表现方式不同：就第二性质来说，其主观性主要表现为其涉经验的本质，且索引性的主观性主要表现在其涉主体的特征。

① McGinn C. The Subjective View. Oxford: Clarendon Press, 1983: 17.
② McGinn C. The Subjective View. Oxford: Clarendon Press, 1983: 46.
③ McGinn C. The Subjective View. Oxford: Clarendon Press, 1983: 45.

# 第二节 主观性规律

如前所述，主观表征具有主观性，因此支配它们的规律和原则是主观性规律，那么，这种规律与支配世界的客观规律有什么关系？它们有无自身的独特地位？是否要还原为后者？麦金认为，心灵在我们关于世界的知觉和思想中都有主观的贡献，心灵在表征世界时会对事物的理解加上一道主观的"网格"，并受其自身内部确定的原则所支配。

## 一、第二性质的逻辑

众所周知，对同一物体来说，两种相反的第一性质是不能相容的，如我们不能说某种东西同时既圆又方。同样，同一物体的两种相反的第二性质也不能相容，如我们不能说某个物体的表面同时既是红的又是绿的、某种东西同时既甜又苦。麦金认为，这两种不相容的地位是不同的，前者表达的是现象学的必然性，后者表达的是本体论的必然性，"颜色的不相容性是关于世界在知觉经验中看起来怎样的必然性，而形状的不相容性是关于世界在不考虑经验的可能内容的情况下可能怎样的必然性"①。这类似于通常在表象的必然性与存在的必然性之间所作的区别：一般认为，"世界本身可能是什么样子"与"它在知觉意识中的表象是什么样子"是不同的，因为世界的有些状况可能是任何意识形式都无法表征的，而有些表征所呈现的也可能根本不是世界的状况。例如，木制桌子在某个人看起来可能是冰制的，长庚星看起来可能与启明星不同，由于错觉两条长度相等的线段看起来可能不等长。因此，本体论的模态规律与现象学的模态规律并不必然一致。就物体的性质来说，第二性质的不相容性说的是关于经验的必然真理，而第一性质的不相容性陈述关于独立于经验的客观世界的必然真理。对此，我们可以作多种论证。

首先，两种不相容性的区别在于有无相对性。前面提到，第一性质没有相对性，第二性质具有相对性。例如，在某种意义上同一物体的表面可以既是绿的也是红的，同一物体可以既是甜的又是苦的，因为这种东西可能向不同的知觉者呈现了相反的现象。不难看出，第二性质的不相容性是相对于同一个知觉者而言的，因此，就"任何一个表面都不能既红又绿"来说，其潜在的形式是

---

① McGinn C. The Subjective View. Oxford: Clarendon Press, 1983: 24.

"任何一个表面都不能既在 $t$ 时对知觉者 $x$ 是红的又在 $t$ 时对 $x$ 是绿的"，但第一性质的不相容性（如"任何东西都不能既圆又方"）不需要这种相对关系。另外，同样的物体对同一个知觉者可能会产生不同的感觉。例如，你在摸同样的水时，一只手可能感觉热一些，另一只手可能感觉凉一些。麦金认为，对此我们可以利用另一种相对关系来解释，即相对于感受野中的一个地点（或区域）：感受野中的任何地点都不能同时例示相反的第二性质。麦金说："一旦采用与一个感觉地点或区域的相对关系，所说的第二性质的不相容性的现象学特征就是不可避免的；而形状等的不相容性并不需要这种相对关系。"①

其次，从倾向论题可以对颜色的不相容性的现象学特征作出直接论证。根据倾向论题，我们可以根据"看起来红"来分析"红"，如果我们用模态命题替换这些分析，就可以得到这样的命题："任何一个表面对于某个知觉者都不能既看起来是红的同时又看起来是绿的。"换句话说，关于颜色的倾向分析把颜色的不相容性解释成了表象的不相容性；而对于第一性质则不允许作这样的解释。麦金说："说不同的颜色和滋味相互排斥，说的是事物看起来应该例示这些性质的组合是不可能的，而说不同的形状和大小相互排斥，说的是事物——与现象无关——拥有这些性质的组合是不可能的。"②

最后，根据否定两种不相容性的后果来论证。假如事物有可能同时既圆又方，这会让理论力学和常识力学失效，我们对物体之间如何相互作用将无法作出融贯的描述，因此，排除这种情况是客观世界存在的本质要求。第二性质的情况与此不同。由于第二性质与事物的因果力无关，所以相反性质的同时例示并不会对力学造成灾难性后果，事物之间仍会像以前一样发生相互作用。在这种情况下受影响的是关于对象的知觉，因为就某个物体来说，如果它拥有相反的第二性质，我们就很难想象关于它的经验是什么样子。

麦金认为，尽管本体论的必然性与现象学的必然性之间存在一致性，但这并不影响所说的解释方面的区别。他说："就第二性质而言，存在的不可能性的根据在概念上先于表象的不可能性；就第一性质而言，表象的不可能性的根据在概念上先于存在的不可能性。"③也就是说，这两种情况的根据和后果是颠倒的。这种区别受到了前面关于两种性质的分析的推动，就第二性质来说，存在的不可能性来自于倾向分析加上表象的不可能性；而就第一性质来说，表象的不可能性来自于存在的不可能性加上经验的这样一种重要属性，它是事物的客

---

① McGinn C. The Subjective View. Oxford：Clarendon Press，1983：26.

② McGinn C. The Subjective View. Oxford：Clarendon Press，1983：27.

③ McGinn C. The Subjective View. Oxford：Clarendon Press，1983：28.

观属性的表征载体。

应当注意的是，麦金的主张似乎受到了裂脑人病例<sup>①</sup>的挑战：当一个人的大脑被分成两个功能单元时，他左眼受到某个物体表面刺激看到了红色，而右眼受到同样的刺激却可能看到绿色。在这种情况下，同一物体表面在同一时间的同一感觉区域对同一个主体看起来既是红的又是绿的。由此似乎可以推出第二性质的不相容性并不是必然的。麦金认为，事实并非如此，就裂脑人来说，这里并没有单一的主体：如果某种东西在 $x$ 看起来是红的，而在 $y$ 看起来是绿的，那么我们就知道 $x$ 与 $y$ 不是同一个人，因此裂脑人病例与这种必然性观点并不矛盾。

## 二、索引逻辑

索引词是主观的，它们表达了说话者或思想者的视角，因此，"索引逻辑描述了什么是具有第一人称视角""索引逻辑是索引性呈现模式的逻辑（或理论）；它向我们说明了任何主体必须怎样从某种有结构的视角来表征世界。"<sup>②</sup>例如，"我现在在这里""我不是你""过去发生的事情不在未来"等都表达了涉及呈现模式的先验必然性，它们说明了特殊的呈现模式包含什么、不包含什么，也说明了世界如何能从一个主观的观点来表征。

为了更深入地阐述索引逻辑，我们把这种索引逻辑概念（认为索引逻辑是呈现模式逻辑）与另一种索引逻辑概念（认为索引逻辑是语境逻辑）作个比较。后者认为，索引句的真值通常会随语境的变化而变化，一个索引逻辑真理就是一个不可能说错的逻辑真理；索引逻辑主要研究语义解释对语境的依赖性，因此索引词的有效性存在于语境解释始终产生真理的情况之下。麦金认为，这样设想索引词是不正确的。首先，这两个逻辑真理概念（一个是与某种视角有关的真理，另一个是任何语境之下的真理）在它们选择的索引逻辑真理中并不是等价的。后一个定义认为，"我在说话"在索引逻辑中是有效的，因为这个句子只要被说出来就为真，而且它的解释也依赖于语境。但麦金认为这并不合理，因为这个句子的普遍的真不仅取决于"我"的意义，还取决于"说话"的意义，

① 在正常情况下，大脑是由左右两个半球组成，中间通过 2 亿条胼胝体纤维，再加上前联合及其他次要连接，将前脑两侧的神经活动整合在一起，形成单一的知觉。但是对于癫痫病患者，为了防止癫痫从一侧皮层半球传递到另一侧，就需要将胼胝体和前联合切断，切断后的大脑就会分开，分别形成各自的意识。神经生理学家将这种人称为裂脑人。参阅：克里斯托夫·科赫.意识探秘——意识的神经生物学研究.顾凡及等译.上海：上海世纪出版集团，2012：407，408.

② McGinn C. The Subjective View. Oxford: Clarendon Press, 1983: 37, 38.

而这本身不是一个索引性表达式，因此"我在说话"不属于真正的索引逻辑真理。前者排除了不合理的情况，因为它要求索引逻辑真理只依赖于索引性呈现模式的本质属性。其次，即使"语境逻辑"解释和"呈现模式逻辑"解释在外延上并无不同，但要清晰地认识到索引逻辑真理的本质，我们也需要描述索引性呈现模式的这个特征，因为对于索引词的义义来说，具有视角性与在语义上依赖于语境同样重要。

如果认为索引逻辑表达了关于世界如何索引性地呈现于思想之中的先天必然真理，那么我们就可以将它与第二性质作个类比。首先，索引逻辑和第二性质的逻辑都涉及世界如何向某个人表征。例如，红和绿不相容与这里和那里不相容，都要参照事物是如何呈现给主体的来解释，它们都是主观性的规律。其次，客观的世界描述会忽略第二性质的逻辑，因为它没有把第二性质纳入它的范围之内，与此类似，客观的世界描述也不会考察呈现模式的逻辑，因为它也没有为索引词留有位置。最后，就和主体的统一性的关系来说，索引逻辑与第二性质也类似，因为我们拥有索引逻辑的真理就构成了一个单一的自我。就裂脑人来说，麦金认为，在这里"我"这个词必定指称不同的自我，对于这些自我，索引性视角的规律是在不变的形式下成立的，因此单一的自我自身不可能既呈现为"我"又呈现为"你"，或者说一个地方不能既呈现为"这里"又呈现为"那里"，这里呈现模式是相互排斥的。他说："凡最初人们倾向于认为它们并非这样不相容的情况，仅仅是我们必须处理不止一个主体的情况；与此类似，就不相容的颜色对于一个知觉主体似乎是一种可能性来说，也需要这样一种描述方法。"①

## 三、主观性规律是不能还原的

有些哲学家虽然也承认两种性质的不相容性之间有差别，但认为两者之间存在还原和被还原关系，即第二性质的不相容性可以还原为第一性质的不相容性。阿姆斯特朗（D.Armstrong）指出，第二性质的不相容性是第一性质的不相容性的一种特殊情况，物体表面的颜色与物体的物理属性具有同一关系，我们之所以认为颜色的不相容性具有特殊的现象学必然性，是由于我们的知觉是不完整的：它只告诉了我们存在不相容性，却没有说明不相容性的真正原因。他说："假设表面的颜色与表面的纯物理属性之间的偶然的同一关系是正确的。为了简化论证，再假设物体表面构成了它的红的物理属性是一种相对细一些的网

---

① McGinn C. The Subjective View. Oxford：Clarendon Press，1983：41.

格，而物体表面构成它的绿的物理属性是一个相对粗一些的网格，那么一种网格就不可能同时既细又粗，因此这种不相容性最终就是不太难理解的物理属性的不相容性。"[1]坎贝尔（K.Campbell）尽管不支持这种关于颜色的客观主义解释，但也赞成还原论的主张。[2]这种还原论主张还有一种较弱的形式，它认为，第二性质彼此排斥的每个实例都能找到一种客观的相关物，这种客观的相关物可以随情况而变化，因此不能认为它与所说的第二性质有同一关系，但第二性质的不相容性仍可以作出客观的解释。例如，红色的某个实例的第一性质基础可能与绿色的某个实例的第一性质基础不相容，而这些情形又与下一种颜色的某个例示不同。另外，有人还提出，客观的相关物还包括知觉者的感官的物理特征，因此看起来红和看起来绿在知觉者的生理学方面始终会有不相容的实现。

如果上述还原论主张成立，无疑会对麦金构成致命的威胁。麦金认为，现象学的必然性是自成一格的，它们来自于主观的知觉意识的本质，上述的各种还原论都有自身的错误，因此企图将第二性质的逻辑还原为第一性质的逻辑，注定是不会成功的。

首先，还原论无法解释最初的命题的统一性和特殊性。例如，对"没有一种东西能同时既红又绿"这个命题来说，要得到还原论解释，我们就得牺牲它的直觉的统一性。我们必须假定它是由于这样一个析取命题才为真的，即这个命题是末端开放的，它列出了所有实际的和可能的第一性质基础及其不相容性。但我们最初的命题只表达了两种性质不可能同时例示。如果我们为了修正错误而认为颜色谓词携带着客观相关物的存在量化，即颜色的每个例示都有某种对应的第一性质，这种性质排除了与其他颜色相对应的第一性质例示，那么我们又会失去了最初的必然性的特殊性。

其次，还原论解释无法保留第二性质的必然性的认识论地位。由于最初的命题是一个先天的真理，赞同它并不要求对第二性质的基础拥有经验知识。但如果要对它们进行还原，我们就要知道两个经验事实：一个是哪种第一性质基础与给定的第二性质相关，另一个是这些基础不相容。前者是一个经验问题，而且我们只有知道了这种必然性与哪些第一性质有关，才能理解这种必然性，其他方法都纯属猜测。后者取决于有哪种第一性质基础被发现，但是我们似乎不能预先确定红和绿的基础是先天不相容的，因为物体的物理基础是否相互排斥可能是一个经验问题。"总之，我们相信最初的命题的理由似乎与根据客观相

① Arm strong D M. A Materialist Theory of the Mind. London：Routledge，1968：279.

② 参阅 Campbell K. Colours // Brown R，Rollins C D（ed.）.Contemporary Philosophy in Australia. London：George Allen and Unwin，1969：139.

关物作出的解释所提出的经验问题无关：不管事物从经验上说是什么样子，我们都会接受红与绿的先天的不相容性。"①

最后，第一性质基础方面是否有对应的必然性也是可以质疑的。假如我们发现：事物在我们尝起来很甜是由于分子之间有平稳的撞击，而尝起来苦由于分子之间有尖锐的撞击。根据自然规律，任何分子都不可能既有平稳的撞击又有尖锐的撞击，但这在逻辑上却是可能的，而如果存在这样的情况，我们就必须说有些东西可能同时既甜又苦，这与我们所认为的必然性是矛盾的。麦金认为，我们不可能因此而发现第二性质是相容的，所有这些只是说明：我们在寻找第二性质的不相容性的根源时，我们找错了地方。

总之，主观性规律是无法用物理主义术语来理解的，将第二性质的不相容性还原为第一性质的不相容性也是行不通的，"每种感觉都带有一组第二性质，它们所显示的准逻辑关系是从所涉及的经验的主观本质产生的，这些关系不能还原为任何客观的东西"。我们只有知道了拥有关于世界的意识经验是什么样子，才能发现这些模态规律。也就是说，"只有当我们拥有了第二性质的经验，我们才能掌握它们所产生的主观性规律。相反，我们在不对世界采取任何特殊的知觉观点的情况下，也可以对与第一性质有关的必然真理作出评价——它们根源于非感觉的东西"②。

对于索引词，也有人提出将索引逻辑真理还原为与非索引性表达式有关的逻辑真理，即用合适的非索引性表达式代替索引性表达式，从而改写索引逻辑真理。麦金认为，如果这种还原成功，就会取消一类特殊的索引逻辑真理，并随之取消它们所包含的主观性规律，但事实上这种取消是不可能实现的。首先，还原无法保持初始语句在不同语境或视角中的单一性，因为翻译之后的语句缺乏索引性表达式所具有的语义联系。例如，"我不是你"可以翻译成一系列句子，如"约翰不是吉姆""澳大利亚第一任邮政局长不是个子最高的人"等。其次，对应的永恒句没有保留初始句的认识论地位，特别是永恒句不是先天地认识到的。例如，我先天地知道"我现在在这里"这个句子为真，但我并不是先天地知道我 2014 年 1 月 5 日在哪里。与索引句中的语词联系在一起的呈现模式必然与这个句子所断定的东西相关，但这并不适合于对应的非索引句子。麦金说："基于这些理由，索引逻辑真理必须被看成是自成一格的。事实上，这样还原索引逻辑是无望的，这应该能强化这个论题，即索引词的出现真的丰富了一种语言的表达力：如果索引逻辑不能根据非索引性的东西来解释，索引词的意义就

---

① McGinn C. The Subjective View. Oxford：Clarendon Press，1983：32.

② McGinn C. The Subjective View. Oxford：Clarendon Press，1983：34，35.

不能根据非索引词的意义来理解。"[①]

综上所述，第二性质的逻辑和索引逻辑都是不可还原的，前者是关于事物看起来怎样的规律，这些规律来自于知觉经验的本质。同样，索引逻辑也不能根据非索引性的东西来解释，索引逻辑真理是自成一格的。麦金说："在我们关于世界的知觉和思想中，心灵都有一种主观的贡献……其结构就是对世界进行心理表征的方式。这些表征方式显示出一种逻辑，这种逻辑本身是进行表征心灵的主观构成的结果。可以说，在把世界表征为具有第二性质与索引属性时，心灵对事物的理解加上了一道主观的"网格"，这个网格受其自身内部确定的原则支配，而且不反映客观出现在世界上的东西。"[②]

# 第三节　主观表征的结构

心灵在认识世界时会给世界加上一道主观的"网格"，那么这种网格具有什么样的结构？心理表征与被表征的对象是怎样联系的？解决这些问题将有助于我们更好地理解什么是一种"视角"，从而也有助于我们更清晰地理解主观的观点。

## 一、AE 论题与 EA 论题

弗雷格（G. Frege）在阐述索引词的特征时说："每个人都以一种特殊而原初的方式呈现给自己，他不会以这种方式呈现给别人。"[③]其他人不可能以这种特殊的方式掌握呈现"我"的指称的思想。他认为，我－思想（I-thought）是根本无法交流的，由此也说明它们是主观的。麦金认为，弗雷格的阐述中所包含的量词的范围具有歧义性，依据向"每个人"还是向"一种特殊而原初的方式"归属更宽的范围，我们可以对它作出两种不同的解读，可以得到两个关于与"我"相关的呈现模式的立场。一种立场麦金称作"AE 论题"，表示不同的人是以不同的方式呈现给自己的。胡塞尔（E. Husserl）就支持这种论题，他说，

① McGinn C. The Subjective View. Oxford：Clarendon Press，1983：42.
② McGinn C. The Subjective View. Oxford：Clarendon Press，1983：43.
③ Frege G. The thought：a logical inquiry//Strawson P F（ed.）. Philosophical Logic. Oxford：Oxford University Press，1967：25，26.

"'我'这个词在不同情况下命名是不同的人，而它这样做是通过一种不断变化的意义来完成的"，"每个人都有自己的'我-呈现'（以及与之相随的他个人的我概念），而正因此这个词才会对不同的人具有不同的意义"①。另一种麦金称之为"EA 论题"，是指所有人都拥有同一种呈现模式，也就是说，人们在使用"我"时都以同一种方式来思考自己。②

弗雷格并没有说明他支持哪种解读或哪个论题，但由于两者有明显差异，而且对理解索引性呈现模式的本质至关重要，所以人们也根据他的含义／指称理论对他的意图作了推测。有人认为，由于弗雷格认为经典的含义／指称理论适合于"我"这样的索引词，而且意义（即呈现模式）决定指称，所以他会支持 AE 论题。也有人认为弗雷格当时意识到索引词对之前的含义／指称理论——特别是其含义决定指称的原则——带来的问题，因此他刻意选择了模棱两可。

麦金认为，弗雷格不可能支持 AE 论题，如果他接受了 AE 论题，他就要么必须放弃含义／指称理论的关键原则，要么必须对"我"的含义坚持一种不可信的看法。他指出，弗雷格将"我"与其他索引词作了不同的理解，但实际上无论能否跨语境使用，所有索引词都应有统一的选择。前面提到，弗雷格认为，你不可能像呈现给自己那样呈现给我，但他对"现在"和"这里"并不这样认为。他说："今天很冷"所表达的思想也可以在明天用"昨天很冷"来表达，"这里""那里"同样如此。③换言之，某个时间或地点能以同样的方式呈现给不同时间或地点的思考者，但同一个自我却不能以相同的方式呈现给不同的自我。既然我能理解你昨天用"今天很冷"表达的思想，我在这里能理解你在那里用"这里有风"表达的思想，那么我为什么不能理解你用"我受伤了"所表达的思想呢？换句话说，为什么"我"和"你"会缺乏呈现模式之间的跨语境联系呢？麦金认为，弗雷格之所以将"我"与其他索引词区别对待，是因为他关于"我"的看法背后隐藏着一种笛卡儿式的情感。比如，如果我说"陈丽受伤了"没有表达我在说"我受伤了"时表达的思想，我的自我就根本不能呈现给我，因此"我"的指称不能从第三人称视角来了解。假如我对张三说"这种疼痛很可怕"，他希望表达我的思想，但他可能是无法做到的，因为呈现给他的并不是我的疼痛本身，而是它的行为症状。换言之，由于第一人称知识与第三人称知识在认识论上是不对称的，我们不能思考同一个与某种特殊感觉有关的思

---

① Husserl E. Logical Investigations. London：Routledge，1970：315，316.

② McGinn C. The Subjective View. Oxford：Clarendon Press，1983：59.

③ Frege G. The thought：a logical inquiry // Strawson P F（ed.）. Philosophical Logic. Oxford：Oxford University Press，1967：24.

想。麦金指出，所有索引词都以一种相同的呈现模式来进行表征，因此，EA 论题是正确的。

## 二、支持 EA 论题的根据

根据 EA 论题，在任何一个思想中，如果其言语表达式含有某个索引词，那么这个索引词的指称就都是以相同的方法被概念化的。例如，当某个人有"我很冷"的思想时，他设想"我"的指称的方式与其他人在具有同样思想时设想自己的方式是相同的，"现在""这里"等也是如此。如果我们把思想当作概念集合，那么 EA 论题实际上就是说：与一个索引词类型相对应的概念对于那个类型的任何个例都是相同的。麦金说："一种呈现模式（一种含义）与一个思想者心灵中的东西相对应，其借助的是对他的思想对象的表征，因此它就构成了弗雷格所称的认知的意义。"① 麦金认为，我们支持 EA 论题至少有以下四个理由。

首先，索引词在不同场合的语言学意义是不变的。任何否定了这种语义恒常性的含义理论都不可能正确，任何承认这种语义恒常性的理论也都必须在思想的层次上发现类似的恒常性，因为如果思想的语言表达式有共同的概念因素，它们也必然会有。这与专名和限定摹状词完全不同：后者若不是意义不同，就不可能有不同的指谓，因此能用这些语词表达的思想就不可能与能用索引词表达的思想相同。因此，关于索引性呈现模式的 EA 论题与它们的语言学意义是一致的，而 AE 论题要么必须否定语言学意义的恒常性，要么必须否定思想的结构与句子意义的结构之间的联系。麦金说："由索引词意义所表达这种朴素的观点是：在思考处于"我""现在""这里"之下的事项时，人们使用了一个恒常的概念——一个人自身的概念、现在的概念、空间邻近的概念——而不是可变的、相对于场合的概念。"②

其次，呈现模式与行动之间存在某些本质联系。根据弗雷格的看法，表达式的认知意义决定着它的认知作用，而认知作用反过来又决定人的行为倾向。假定思想内容与行为之间存在这样的关系，那么根据与之相关的行为倾向对呈现模式进行个体化就是合理的，有相同的倾向就会有相同的呈现模式。索引思想引起的行为倾向与相关的索引句的语言学意义是一致的。如果你和我都想到了"我将遭到一头熊的攻击"，那么若其他条件相同，我们就倾向于有相同的行动。同样，"现在"在导致行动的实践推理中也有一种恒定的认知作用。EA

---

① McGinn C. The Subjective View. Oxford: Clarendon Press, 1983: 64.
② McGinn C. The Subjective View. Oxford: Clarendon Press, 1983: 65.

论题能够对此作出解释，而 AE 论题则认为这是异常的，因此我们应当支持 EA 论题。

再次，EA 论题可以对概念内容与对象的关系作出正确解释。我们可以想象在有些情况下，两个心灵或者同一心灵在不同的时间和地点的概念内容是固定的，而索引性思想的对象却是变化的。通常，我们会把旅行时所经历的各地都看成"这里"，这时知觉到的场景是变化的，而且与知觉到的环境相关的是不同的概念。假如我们干扰某个人的感觉输入使之保持不变，那么当他在各地旅行时，世界呈现给他的状况就相同，他也使用相同的概念，但当他考虑"这里很冷"时，他想到的却是不同的地方。而根据 AE 论题，拥有相同概念的心灵不可能有不同的思想对象。而根据 EA 论题，"与索引性呈现模式乃至特殊事物相联系的是思想或话语的语境，而不是思想者心中的概念，因此后面这些概念可以保持不变，而思想所关于的对象可以发生变化"①。

最后，EA 论题有助于解释索引性的不可还原性。前面提到，胡塞尔支持 AE 论题。他认为，索引意义原则上可以还原为非索引意义，因为"我"的意义可以随不同的使用而变化，由此我们也可以用那些可变的真描述来代替"我"。他说："主观的（索引的）表达式所表示的内容——具有指向场合的意义——与固定的（非索引的）表达式的内容一样，是理想的意义单元。这是由这一事实证明的：理想地说，每个主观的表达式都能被一个客观的表达式取代，后者会保持每个瞬间的意义意向的同一性。"②在他看来，每个人对自己都有许多描述性信念，这些信念构成了他的自我概念，而由于这些信念在一个场合决定着"我"的意义，因此我们为了支持这些描述是可以取消"我"的。由此，AE 论题会得出这样的结论：索引性的意义从语义上说不是基本的，它对语言的表达力并没有真正的贡献。但 EA 论题有力地证明了索引性是不能语义还原的，而由于索引性的不可还原性是索引性呈现模式理论的一个正确的结果，所以 EA 论题比 AE 论题更合适。

麦金指出："'我'或者'现在''这里'的某个个例所表达的概念，与这些类型的其他个例所表达的概念相同；也就是说，呈现模式及与某个索引性（类型）表达式的不同个例相关的认知意义是不变的。这就意味着如果认为含义包含思想的概念内容，即在认知上出现在思想者心中的东西——那么就要放弃弗雷格的含义/指称理论。"③如果把这个结论与前面关于索引表征的结论相结合，

---

① McGinn C. The Subjective View. Oxford：Clarendon Press，1983：67.

② Husserl E. Logical Investigations. London：Routledge，1970：321.

③ McGinn C. The Subjective View. Oxford：Clarendon Press，1983：68.

我们就可以说索引性思想所强加的主观网格具有 EA 结构，即心灵对世界使用了一种恒常的主观视角。①索引性表征的主观性和恒常性（constancy）是有关联的，后者依据的是前者，因为如果索引性视角是心灵所强加的，它的内部结构就不会对世界的客观变化负责，换句话说，如果一种表征具有主观的根源，那么就不会要求它与事先客观地存在于世界上的东西相适应，也不要求它的表征与事物之间的客观差异相一致。因此，如果一个表征系统不打算反映客观的差异，而是要将事物置于主观的观点之下，那么用一种呈现模式来表征无限多的事物就没有什么错。

## 三、第二性质的统一性公理

麦金指出，任何索引性呈现模式理论都有一个条件，即应当尊重索引性表达式的恒常的语言意义，这个条件能抵抗关于索引意义的各种还原论企图，第二性质与此有类似之处。为了说明第二性质的结构，他借用了坎贝尔的"统一性公理"（axiom of unity）概念。②坎贝尔在研究颜色时提出了"统一性公理"这个概念，表示的是各种关于颜色词的意义的理论都有一个约束条件，即它们应该为每个意义明确的颜色词赋予单一的颜色属性。与此相反，还原论者主张，颜色应还原为基础的物理属性，因为颜色词并不是意义明确的，颜色属性如果不能在第一性质层次上重构就不是真正的属性，换句话说，颜色术语被看成了自然种类术语，统一性公理对它们是不合适的。麦金认为，统一性公理是反对还原论主张的一支潜在力量，"关于第二性质的统一性公理与关于索引词的 EA 论题具有相似的反还原论作用，它们都强调不能用第一性质术语或非索引术语把握的属性是具有实在性的"③。他说，第二性质语词与自然种类语词各自所产生的分类目的是不同的，就自然种类来说，它们的分类是用第一性质术语作出的，这个分类系统必须对事物的客观情况负责，这种分类必须与客观世界相符合，而第二性质的分类无须与世界上客观存在的东西相适应，因此不能因它们不符合在客观基础上所作的分类而批评它，相反它们的作用是根据感觉现象对对象进行分类，因此第二性质的主观根源会使统一性公理合乎情理，也就是说，它使第二性质分类无须与客观世界状况相一致。他说："与基础的第一性质相比，

---

① McGinn C. The Subjective View. Oxford：Clarendon Press，1983：69.

② 参阅 Campbell K. colours // Brown R，Rollins C D（ed.）. Contemporary Philosophy in Australia. London：George Allen and Unwin，1969：132-133.

③ McGinn C. The Subjective View. Oxford：Clarendon Press，1983：72.

第二性质的主观性是它们的恒常性的根据，就像在主观基础上强加一种索引性视角是它的 EA 结构的根据一样：在这两种情况下，问题都不是一个表征系统的义务是要与世界的客观本质相符合。在这两种情况下，有效的考虑是这种想法，即心灵贡献了一种主观的网格。"①

## 第四节　主观观点的必然性

　　心灵在认识世界时会给事物加上一道"主观的网格"，从而使关于世界的表征具有主观的内容，而且这种内容不能还原为其客观的基础。那么，我们能否表征事物的本然状态？或者说，我们能否只要客观的表征内容而取消主观的表征内容？以第二性质和索引词为例，是否存在没有第二性质知觉和索引性呈现模式的纯客观心灵？质言之，主观的观点是必然的还是偶然的，它是否能取消，原因何在？要特别注意的是，这里关注的是我们的认知机能是否能表征事物的本然状态。我们不是考虑主观属性能否被纳入客观的世界概念、我们能否对心理状态作出客观描述，而是考虑"我们能否理解一个不向（外部）世界归属主观构成的特征的表征心灵"。这实际上涉及命题态度和知觉经验的意向内容的必要条件问题：某个思想的内容中包含了第一性质概念，它是否也必须包含第二性质概念？经验内容把对象表征为拥有第一性质，它是否也必须把它们表征为拥有第二性质？②一般来说，上述取消问题包含两个方面：一个方面与我们关于外部事物的概念有关，另一个方面与我们关于外部事物的知觉有关，从而它也可以分为两个子问题：一个是我们能否认为物理对象只有第一性质和索引属性而无第二性质和非索引属性；另一个是知觉经验是否仅仅关于第一性质和索引属性，前者涉及我们能否对事物形成一个绝对概念的问题，后者涉及主观的观点能否从知觉中取消的问题。就两者之间的关系来说，第二个问题具有优先性，因为绝对概念的本质问题取决于它能否用知觉术语来解释。取消问题至关重要，它不仅关乎主观观点的存在地位，也影响着它是否能还原的问题。本节我们重点研究第二个问题。

---

① McGinn C. The Subjective View. Oxford：Clarendon Press，1983：72.

② 参阅 McGinn C. The Subjective View. Oxford：Clarendon Press，1983：74. n.2，n.3.

## 一、取消第二性质经验的种种理由

围绕取消第二性质经验，人们提出了各种各样的理由，有些理由建立在错误的前提之下，有些虽然是从正确的前提出发的，但并不能成功地论证取消主张。下面，我们具体考察一下这些理由。

第一个理由可称作"错误论"（error theory），即第二性质的知觉源于错误。它认为，我们之所以觉得第二性质是由外部事物所例示的，是由于出现了知觉错觉。其实，第二性质是由处于心灵之中的东西例示的，但我们通常会将它们"客观化"，因而，"我们的知觉装置在将第二性质从心灵投射到世界时，就让我们犯了一个与它们的正确位置有关的错误"①。因此，应当将第二性质从经验中取消。

第二个理由可称作"无知论"。它认为，我们关于第二性质的知觉与无知而非错误有关。例如，我们知觉到颜色，是由于我们的感官还不够敏锐，不能像科学那样描述物体的表面。托马斯•里德（T. Reid）就指出，有关第二性质本质的"粗俗概念"是"混乱和不清楚的，而不是错误的"，第二性质"是众所周知的效应的一种无人知晓的原因或机缘"②。索引词也是如此。根据无知论，我们使用索引词，只是由于我们不知道事物的非索引性描述。

第三个理由认为，知觉应该概括概念，知觉内容原则上应该能够反映我们如何想象世界，由此我们就能形成一个物体概念，它的所有属性是因果有效的，这实际上就是科学描述的目标，因为科学的物体概念要取消所有理论上多余的东西。知觉也应该服从同一个条件，也应该遵守节俭原则。

第四个理由是由试图理解绝对的客观事物概念的经验论者提出来的。一般来说，经验论者给概念提供内容的方法是设想知觉概念的实例的情况。如果一个概念不能这样提供内容，就会被视为是可疑的。如果有时候我们自己的知觉机能不能为某个成问题的概念提供基础，人们就会假设其他存在者会有更高级的机能，它们能完成所要求的知觉世界的任务。也就是说，也许我们不能以设想它那样来知觉世界，但有些存在物可以这样。因此，经验论者认为，绝对概念只在偶然的情况下才是非知觉的，也就是说，第一性质原则上能够在没有第二性质的情况下被知觉到。倘若不是这样，经验就不可能关于客观世界，因为客观世界就是由具有第一性质的对象构成的，而由于经验终究会延伸到外部世界，所以它必定表征了事物的第一性质。

---

① McGinn C. The Subjective View. Oxford：Clarendon Press，1983：76.

② Reid T. Essays on the Intellectual Powers of Man. Cambridge：MIT Press，1969：258.

不难看出，对于将第二性质从关于世界的经验中取消，有很多值得尊重的理论根据，这也从一个角度反映出主观观点能否取消的问题是一个真问题，具有重要的哲学意义，因为即使上述理由都不成立，我们仍然需要探讨第二性质能否实际地从经验中取消，它们是否应该取消，而如果不能取消，其根据何在。

## 二、不可分离论题及其形而上学意义

不可分离论题（the inseparability thesis）是贝克莱明确地阐述的，他在《人类知识原理》中提到：

> 我希望任何人都思考一下，试试自己是否可以借着思想的抽象作用，来设想一个物体的广延与运动，而不兼及其别的可感觉的性质？在我自己，我并没有能力来只构成一个有广延、有运动的物体观念。我在构成那个观念时，同时一定要给它一种颜色和其他可感知的性质，而这些性质又是被人承认为只在心中存在着的。一句话，所谓广延、形象和运动，离开一切别的可感知的性质，都是不可想象的。①

布拉德雷（F. H. Bradley）、胡塞尔、维特根斯坦都赞同贝克莱的这一主张。例如，布拉德雷曾指出："一种东西，除非它具有第二性质，否则广延是不可能被呈现或想到的。"②维特根斯坦也说过："视野中的斑点不是必须是红色的，但它应该有颜色，它是被所谓颜色空间包围着的。音调应该具有一种高度，触觉的客体应有一种硬度等。"③麦金认为，这个论题运用于思想和运用于知觉的情况是不同的，贝克莱等人显然着眼的是知觉问题，他们是为了强调知觉的主观方面是不可取消的，而且鉴于第二性质的主观性，我们也不能理解客观的事物概念，但我们应该坚持关于知觉的不可分离论题，反对关于概念的不可分离论题，因为概念没有现象学特征，而这种特征恰恰定义着主观性规律的应用范围。

一般来说，所谓关于知觉的不可分离论题是指这样的主张："对于任何实际的和可能的感觉——经验的内容是由这种感觉提供的——必定既关于第二性质又关于第一性质。"④用逻辑形式来表达就是

□∨S（S给出了第一性质的经验，当且仅当S给出了第二性质的经验）

① 乔治·贝克莱.人类知识原理.关文运译.北京：商务印书馆，2010：27.
② Bradley F H. Appearance and Reality. Oxford：Clarendon Press，1897：14.
③ 维特根斯坦.逻辑哲学论.郭英译.北京：商务印书馆，1985：2.0131.
④ McGinn C. The Subjective View. Oxford：Clarendon Press，1983：81.

这里"S"表示的是感觉模态。因此，这个论题说的是一切可能的知觉经验都是关于这两种性质的，它涉及的是任何可能的感觉必须满足的条件，而不是特定感觉的本质属性。这就意味着，一切能想到的知觉经验都能从主观上来表征世界，因为它们都有由在知觉者身上产生经验的倾向所构成的性质；从反面来说，它也意味着我们必须这样知觉世界，即它还具有第一性质，它们不是这样主观构成的。麦金认为，上述两个方面都是正确的，而贝克莱的主张更是关于知觉的一个必然的真理。当然，贝克莱是要用不可分离性论题论证其唯心主义："那些原始的性质（指第一性质——引者注）如果同那些别的可感知的性质不可分离，紧连在一起，而且即使在思想中也不能分离，那么它们分明只是在人心中存在的。"①另外，贝克莱的推理依赖于一个可疑的原则，即假如一种性质Q是主观地构成的，再假如性质P只能在也例示了Q的东西中被例示，那么P本身必然也是主观地构成的。同时，它也依赖于对第二性质所作的一种有偏见的描述，即第二性质位于心灵之中，也就是说，它们述及的是经验本身，而不是外部对象。由此，贝克莱认为，第一性质和第二性质是由同样的东西例示的，从而使前者成为经验的性质。

很多哲学家都对贝克莱的不可分离论题提出了质疑，主要有两个方面。一是认为它的适应范围有限。例如，贝内特（J. F. Bennett）指出，贝克莱的观点适合于视觉而不适合于触觉，因为触觉能在没有任何第二性质经验的情况下提供第一性质的经验。②坎贝尔认为，看见颜色的差别与看见颜色的性质是不同的，前者对于视觉知觉是必不可少的，但后者并非如此。③另一种质疑是诉诸基本粒子的性质。众所周知，基本粒子没有吸收和反射光的属性，因此它们是无色的，如果将基本粒子的无色性与不可分离论题相结合，我们就要得出这样的结论：物质的构成成分从逻辑上说是知觉不到的，而这是荒唐的，因为尽管电子等没有颜色，但它们只是在偶然的情况下才看不见。

麦金认为，上述质疑并非无懈可击，因为"无色"有两种含义。例如，我们说电子是无色的，这既可以指它们不能像其他事物那样产生颜色经验，不能以所必需的方式与光发生作用，也可以指它们在任何可能的环境中都不可能看起来有某种颜色，它们没有能力借助任何机制产生颜色经验。在第一个意义上说电子无色是合理的，因为它们不能以通常产生颜色经验的方式与光发生作用，

---

① 乔治·贝克莱. 人类知识原理. 关文运译. 北京：商务印书馆，2010：27.

② 参阅 Bennett J F. Locke, Berkeley, Hume: Central Themes. Oxford: Clarendon Press , 1971：90-94.

③ 参阅 Campbell K. colours // Brown R, Rollins C D（ed.）. Contemporary Philosophy in Australia. London: George Allen and Unwin, 1969：148-149.

但由此不能推出它们在第二个意义上也是无色的，因为它们能以不同的方式在知觉者那里产生颜色经验，如通过电荷和某些灵敏的感受器。在他看来，贝克莱的看法是站得住脚的，但它不是要说明事物本然的情况，特别是它并未表明物体具有客观的颜色，它说明的是知觉意识的情况。因而，不可分离性论题是一个主观性规律，它说明了事物在知觉上是什么样子，任何事物如果不同时看起来有某种特定的颜色，它就不可能看起来有某种特殊的形状。

索引词也有类似之处。麦金认为，不可分离论题在这里主要是"主观观点的不可取消论题"[①]，即由于索引性表征具有主观的或以自我为中心的特征，因此我们只能用以主体为中心的方式来思考世界。对此主要有三种回应[②]：第一种回应认为，空间、时间和自我拥有一种主观的内在本质，由于我们不能把我们关于它们的思想与自己的主观视角分开，因此这就说明它们本质上是主观的，换言之，它们是我们的主观构成的方面。但是，根据另一种非索引的概念模式，这说明我们关于世界的表征可能没有主观因素。第二种回应坚持从数量上区分两类表征的对象：既有物理学的空间和时间，也有直接的有意识觉知的空间与时间，前者本质上是客观的，而后者本质上是主观的。第三种也是麦金支持的回应是要解释不可取消性论题。它认为，这个论题不是说明了空间与时间本身的情况，而是说明了我们及我们的表征机能，也就是说，它阐述了一个关于对空间和时间具有直接认知的必然真理。麦金说："我们的机能使得事物必然被表征为拥有某些属性，但却不会由此推出这些属性是事物客观地或内在地拥有的。当我们了解到某种事项肯定向我们（或任何存在者）呈现为某种样子时，对此始终会有两种可能的解释：要么是由于这就是这种事项客观的和内在的情况；要么是由于它的呈现所借助的理解模式本身就是它必然那样呈现的原因。我的主张是：对象看起来有第一性质必然是由于第一个理由，而它们看起来有第二性质必定是由于第二个理由。与此类似，索引性的时间和空间属性……根源于我们的机能，而归属非索引性的时间和空间属性是通过认识它们的客观的内在本质。"[③]

麦金认为，只要接受了上述区别，不可取消论题就会展示出新的意义：某种特征不能从我们的表征中取消，要么是由于我们旨在涵盖世界上客观存在的一切，而所说的这种特征有这样的地位；要么是由于取消它就会剥夺某种心理机能。当我们想象某种存在者没有索引概念和第二性质时，他缺乏的并不是不

---

① McGinn C. The Subjective View. Oxford：Clarendon Press，1983：90.

② 参阅 McGinn C. The Subjective View. Oxford：Clarendon Press，1983：91，92.

③ McGinn C. The Subjective View. Oxford：Clarendon Press，1983：93.

能记录世界的某种客观特征，而是被剥夺了知觉和直接觉知的能力，因为他缺乏的东西构成了这些能力。而一些唯心主义哲学家最主要的错误，就是以为不可取消性的意义是针对事物自身的情况，而不是针对我们的认识机能。[①]

### 三、不可分离论题的根据

根据前面的分析，经验既有客观的内容又有主观的内容，主观内容是不可取消的。那么，我们需要对主客观不可分离的地位提供某种根据。对此，目前主要有三种理论。

一是胡克（C. Hooker）所倡导的媒介理论（the medium theory）。他说："我们能将所编码的信息与它的编码方式或媒介截然分开。这种信息是视觉经验的客观成分的来源，这种方式和媒介提供了这种经验的主观成分的来源。……这两种成分被共同有意识地经验为其中之一会内置于另一个之中：我们知觉到了有颜色的形状。"[②]同样，当一个对象被知觉时，必须把经验内容的两种成分区别开：一种是关于对象所提供的第一性质信息的觉知，另一种是这种信息借以呈现的有意识的媒介，后者就是对象的第二性质的经验。根据媒介理论，第二性质的知觉是第一性质借以被知觉的媒介，是构成第一性质的知觉表征的材料，其作用类似于句法对语义性的作用。麦金认为，媒介理论的重要价值是明确提出了要对第二性质因其主观本质而被知觉到的原因作出解释。而它对知觉的不可分离论题的解释是：所有信息都编码于某种媒介之中，对于知觉意识，这种媒介就是对颜色、味道等的觉知。但是，媒介理论也有严重的缺陷。首先，媒介理论对感觉经验承诺了一种极其错误的理论：从现象学上看，第二性质是同样能向其归属第一性质的事物的属性，但媒介理论认为这实际上是错觉。根据媒介理论，经验本身天生会将用法与提及混为一谈，将符号的属性转移给符号所表征的东西，但我们通常不会将媒介与信息相混淆，例如，人们不会因为"smith"中有五个字母就认为史密斯有五个字母，也不会认为约翰的名字是用红墨水写的，就认为约翰是红色的。其次，媒介理论将经验的具有信息的方面限定于其第一性质内容是不合理的，因为当我们发现其第二性质时，肯定会对对象有所了解，但当我们发现一个人的名字中有几个字母时，我们对这个人却一

---

① McGinn C. The Subjective View. Oxford：Clarendon Press，1983：93，94.

② Hooker C. An evolutionary naturalist realist doctrine of perception and secondary qualities // Savage W （ed.）. Perception and Cognition：Issues in the Foundations of Psychology. Minnesota：University of Minnesota Press，1978：424.

无所知。如果第二性质的经验从信息上看是无效的，它的多样化就会成为一个谜：为什么不对所有第一性质信息使用相同的媒介呢？最后，第二性质并非对对象毫无解释。例如，所有蜜蜂都知道，颜色包含花蜜的信息，味道包含食物等的信息，但根据媒介理论，这些信息毫无价值，由此可知，它并未对不可分离论题作出恰当的解释。①媒介理论也未能解释索引概念的不可取消性，因为索引属性被正确地归属给了对象，而且它们也包含真实的信息。

二是笛卡儿和洛克等所倡导的效用理论（the utility theory）。笛卡儿指出，人们有两种能力：一种是理智能力，它使用第一性质概念，提供有关世界的理论知识；另一种是实践能力或"管理生活"的能力，它主要用于把握与我们利害攸关的事物的第二性质。②从进化论的角度说，进化为我们和其他动物提供了知觉第二性质的能力，从而使我们能够掌握攸关我们生存的重要属性。也就是说，第一性质知觉提供了客观世界的信息，第二性质知觉提供了关于知觉对象与知觉者的需要和兴趣之间关系的信息。由于纯理论知识与我们的需要和利益无关，它可以忽略第二性质，但关于世界的实践知识应当以与利益相关的方式来表征，而第二性质知觉就是为了实现这一功能。因此，不可分离论题之所以正确，是因为如果有机体要用知觉能力帮助生存，那么知觉经验若没有第二性质经验，就发挥不了应有的实践作用。麦金认为，效用理论并不能有效地解释不可分离论题。首先，不可分离论题是一个关于经验的一个必然真理，但生物的感觉经验具有某种生物学功能却是偶然的，因此，效用理论不能解释我们为什么实际地感知到了第二性质，也不能解释为什么任何能想象到的生物必须知觉到第二性质，"效用理论能够解释为什么生物能知觉这些而非那些第二性质，却没有能力解释为什么任何第二性质都被知觉到了——这是一个有必然性的问题"③。其次，效用理论不能解释能知觉第二性质的原因，用进化论无法说明为什么攸关利益的属性不应该用第一性质的术语来表征。如果与利益有关的信息能以其他方式携带，我们就应该承认知觉者可以离开第二性质，但这实际上是不可能的。

三是意向性理论。它认为，第二性质是由其主观性才导致知觉指向外部世界的，"知觉必然关于具有第一性质的对象，但这在某种意义上依赖于第二性质的知觉，因此，如果没有后者就不会有前者"④。从直觉上来看，知觉意向性的机制就是，第一性质的知觉导致了经验对象（experience of objects），而第二性质

---

① McGinn C. The Subjective View. Oxford：Clarendon Press, 1983：97, 98.

② 参阅笛卡儿. 第一哲学沉思集. 庞景仁译. 北京：商务印书馆, 2012：79.

③ McGinn C. The Subjective View. Oxford：Clarendon Press, 1983：99, 100.

④ McGinn C. The Subjective View. Oxford：Clarendon Press, 1983：102.

的知觉导致了对象经验（experience of objects），第二性质在知觉主体与外部对象之间建立了一座桥梁，使对象与心灵发生直接联系，而这是借助于它们的关系性或涉主体性（subject-involvingness）。也就是说，具有第一性质的对象因与知觉者的主观成分发生作用而参与了意识经验，因此，第二性质在心灵与对象之间建立一种"内在的"关系，借此关系心灵成分与世界成分联系在了一起。如果知觉只是关于第一性质，就不会有这种与主观成分的联系，心灵就只能以"外在的"方式反映世界。麦金说："第二性质可以充当知觉意向性的机制，因为它们朝向两个方向：它们是外部对象的真实属性，同时也是由它们所产生的经验定义的。第一个特征能让关于它们的知觉与客观事物相联系，第二个特征能让具有内在本质的心灵成为所联系的东西。这就让第二性质的这两个……有矛盾的方面得到了协调：它们被知觉为（并且实际上就是）外部对象的属性，然而，它们却是主观地构成的。"①意向性理论对不可分离论题的解释是：第二性质的经验是必然的，因为如果没有它，知觉意向性就不可能，因此否定不可分离论题就相当于让知觉在缺乏必要机制的情况下产生。事实上，知觉的产生是由于在先的心理成分与世界的同时出现，第二性质跨越了交界面。知觉内容的主观成分在外部与内部之间建立了一种内在的关系，而客观成分本身无法做到这一点，因为它只与外部的东西联系在一起。麦金认为，意向性理论值得深思，因为一方面它能够成为一种知觉理论，另一方面它能对不可分离论题作出较令人信服的解释。

上述理论对索引词也会遇到类似情况。首先，媒介理论对索引词是无效的，因为索引属性被正确地归属给了对象，而且它们包含真实的信息，因此用法/提及错误的理论对索引属性也不合适。其次，类似于效用理论的动因理论（the agency theory）也不合适。根据动因理论，索引性思想是动因的一个必要条件，如果没有它们，我们将失去行动能力，但索引性思想与动因的关系是推论产生的（consequential）而非构造性的（constitutive），世界在与意志发生关系之前，已经索引性地呈现给了我们，因此动因理论并未发挥正确的作用。意向性理论对索引词的作用可以作出合理的解释。在索引性思想中，世界是以涉主体的方式表征的，即是借助于与人自身的某些关系表征的，因此，心灵在运用索引性视角时作出了主观的贡献，这种视角与呈现的对象相联系，从而使它们成了思想的对象，"以某种方式主观构成的心灵与客观世界同时出现，这里心灵凭借关涉主体的表征与世界建立了直接的认知关系"②。例如，当我把某个地方称作"这

① McGinn C. The Subjective View. Oxford：Clarendon Press，1983：102，103.

② McGinn C. The Subjective View. Oxford：Clarendon Press，1983：105.

里"时，"这里"就指向了两个方向，即我既以某种方式理解它，又使它与我的主观视角建立了联系，因此，意向性理论就认为，索引概念借助这种方法与世界建立了一种直接的认知关系，而这种关系不会出现在非索引思想之中，因为非索引性思想不会使用这种在主体与对象之间建立直接联系的认知装置。

## 第五节　主观经验与客观表征的关系

"明显的图像"（manifest image）和"科学的图像"（scientific image）是美国哲学家塞拉斯（W.Sellars）采用的术语。前者可理解为一种观念或框架，人们借助于它而意识到自己是世界中拥有信念、愿望和意向的人，后是用假设的理论结构来解释可感事物之间的关系。塞拉斯认为，科学的图像是唯一真实的图像，理论科学决定着何为真实、何为不真实，它是关于世界的常识知识的一种自然发展，但它并不依赖于后者。在纯描述的方面，科学的图像是对明显的图像的一种改进，但明显的图像不完全是描述性的，它还有规范性的特征。与科学知识相比，日常知识在本体论和认识论方面是第二位的，而在方法论方面是第一位的。①不难看出，两种图像之间的关系实质上是日常知识与科学知识或者观察框架与理论框架之间的关系。麦金是要利用这两种图像来处理关于世界的主观表征和客观概念的关系问题：明显的图像认为，在知觉中呈现给我们的世界包括第二性质，而科学的图像认为，科学所描述的世界与这种或那种生物的知觉特性无关，它只处理第一性质；科学的图像旨在得到绝对性，而知觉的表征内容必然还有相对性。那么，这两种图像之间的区别是如何产生的？它们之间是否真有冲突？如果有，如果对它们作出协调呢？只有解决了这些问题，心灵如何认识世界的问题才能得到解决。

### 一、两种图像的区别何以产生

一般来说，基于知觉的对象图景是我们给定的一幅图景，也是我们认识的出发点，而科学的图景是反思的结果，它排除了主观因素的影响。但这里需要

---

① 参阅 Borchert D M（ed.）. Encyclopedia of Philosophy, Thmoson, 2006,（8）: 734; 尼古拉斯·布宁，余纪元. 西方哲学英汉对照词典. 北京: 人民出版社, 2001: 583; 冯契, 徐孝通. 外国哲学大辞典. 上海: 上海辞书出版社, 2000: 509; 谭鑫田, 等. 西方哲学词典. 济南: 山东人民出版社, 1991: 410.

回答一个问题，即是什么导致我们将关于可知觉的对象的概念与知觉的观点区别开了？是什么让我们能够形成只有第一性质的物体本身的观念？对此的一种解释是：之所以排除第二性质，是因为科学研究发现解释事物之间的作用只需要第一性质而不需要第二性质，我们只是发现科学的图像包括了一种性质而不包括另一种性质，对此并无什么先验的理由，因此在认识论上我们甚至有可能发现事物本身是红的或甜的。[①]

麦金认为，这种理解两种图像之间区别的方法是错误的。因为说只有第一性质与事物本身的状况相对应，这两种图像的内容不同，都有先验的真理。这里的关键是：某种性质是第一性质还是第二性质，即它能否根据产生经验的倾向来分析，是一个先验的问题，我们只需反思这些概念就知道色、声、味等是第二性质，形状、运动等是第一性质。因此，可感性质的概念所隐含的倾向性就有两个结果：一个是这些概念不能对所适用的对象提供唯一正确的描述，因为它们蕴含着相对性；另一个是我们不能用这些概念解释我们对它们所挑选的性质的知觉。例如，把"红色"归属给一个对象是相对的和非解释性的，而把"方形"归属给一个对象是非相对的和解释性的。但是，任何对象都有唯一的非相对的描述，而且我们也需要了解对对象作出真正解释的性质，第一性质能满足这两个条件，第二性质却满足不了，由此我们就能把关于物体的观念与知觉区别开。麦金说："由于关于事物本身是什么情况的概念与这两个条件——唯一性和解释力——联系在一起，而且也由于我们先验地知道第二性质满足不了这两个条件，我们必然会得到这种看法：对象本身只有第一性质。因此，第二性质不属于科学的图像，其原因就是它们先验地不能满足科学的图像所要求的条件。而且考虑到贝克莱的观点，这意味着任何理智的存在者所拥有的明显的图像和科学的图像具有不同的内容，是一种先验的必然性。"[②]

对索引性描述也可作同样的解释：由于索引属性既有相对性也是因果无关的，因此它们先验地不能被纳入科学的图像。不可能存在某种物理理论，它会把索引属性看成世界的真实的解释性状态，也不存在索引词在其中起重要作用的物理规律。

## 二、两种图像是否冲突

人们通常认为，常识的物体观与科学的物体观之间存在明显的冲突。例如，

① 参阅 Jackson F. Perception. Cambridge：Cambridge University Press，1977：79.

② McGinn C. The Subjective View. Oxford：Clarendon Press，1983：115.

常识认为物体有色、声、味等第二性质，而科学认为它们并非真有第二性质；常识认为色、声、味等真的"在那里"描述着物体，而科学认为它们实际上只存在于心中。人们对上述冲突有各种各样的反应。第一种反应认为，常识是完全错误的，知觉对于第二性质的位置是遇到了错觉，科学否认事物真有颜色是正确的。第二种反应认为，常识和科学所说的世界从本体论上说是不同的世界，前一个世界上的物体有第二性质，后一个世界上的物体没有第二性质，它们对于各自的世界并没有错，错就错在想运用于对方的世界。第三种反应对科学采取了工具主义或虚构主义（fictionalist）态度，认为常识描述了事物的实际情况，科学提供的世界图景是从常识抽象而来的，科学并不否认事物有第二性质，因为它并不是要描述实在本身。第四种反应对第二性质的归属持相对主义态度，认为只要我们认识到向物体归属第二性质总要相对于某种立场，就能消除上述冲突。例如，相对于知觉立场，事物真的是红色的，但相对于科学立场，它们又并不真的是红色的，因此，如果没有说明以哪种立场为标准，我们就无法说明某种东西是不是红色。第五种反应认为，常识和科学的目的和作用不同，科学是要得到有关世界的理论知识，而常识和知觉的目的本质上是实践性的，因此，只要说明任何一方都不会侵占对方的作用，冲突就可以消除。

麦金认为，上述反应没有一种令人满意，因为对于事物实际上是否有色、声、味等第二性质，常识与科学之间并无真正的冲突。以颜色为例，根据主观主义观点，我们不能说向事物归属颜色是不对的，因为它们确实有能力让知觉者产生适当的感觉经验。而科学所否认的是物体拥有客观的或内在的颜色，即物体具有颜色就像它们具有形状那样，也就是说，它否认能离开观察者而拥有颜色。由此可见，如果科学与常识之间真有冲突，常识就应该主张事物不仅实际上或真正地具有颜色，而且是客观地具有颜色，即独立于观察者而具有颜色，但常识显然没有这样的主张。因此，就物体实际上是否具有第二性质来说，科学与常识之间实际上并不矛盾，科学承认物体实际上或真正地具有颜色，但否认它们客观地具有颜色，常识同样认为事物具有颜色，但也不认为这是一个客观的问题。麦金指出，产生科学与常识相冲突的假象的根源在于"实际上"（really）这个词的歧义性："在最初的不相容的主张中，它被歧义性地用以既指'真正地'（truly）又指'客观的'（objectively）——如果把'实际上'的这两种涵义区别开，表面的冲突就会消失。"①

麦金特别强调，科学与常识仅对第二性质是不冲突的，至于第一性质则另

---

① McGinn C. The Subjective View. Oxford: Clarendon Press, 1983: 121.

当别论。他说："在确定明显的图像和科学的图像是否冲突时，重要的是要弄清楚你所处理的是第一性质还是第二性质。"①例如，常识认为地球表面是平的，这来自于我们日常的观察，但科学认为地球表面是圆的，而且宇航员从太空也看到了地球是个球体，由此就可以证明常识的信念是错误的。事物呈现出来的第一性质现象可以由科学进行纠正，是因为第一性质是属于事物的性质，与事物如何影响知觉者无关，这与第二性质不同：第二性质的归属不会因科学理论或更敏锐的知觉而修正，是因为拥有它们是事物从特定的知觉观点看起来是什么样子的问题。例如，如果小草在显微镜下看有不同的颜色，我们不会由此推断小草实际上不是绿色，但如果从太空看地球表面是圆的，我们就会由此推断它实际上不是平的。因为说一物体有某种第一性质（如圆形），断定的是它本身的状况，与观察者的反应无关，而说一物体有某种第二性质（如红色），谈论的是它在观察者看起来的状况，正是由于这种区别，科学和常识才在前一种情况下相冲突，而在后一种情况下不相冲突。

### 三、两种图像如何协调

对于如何协调常识与科学的关系，关键是要回答能否对科学的图像作出一种感觉解释，也就是说能否根据某种实际的或可能的知觉经验的内容来解释关于世界的绝对概念（绝对概念是不包含第二性质的）。麦金认为，如果这种感觉解释是说我们有可能拥有或设想一种经验形式，其中只有第一性质能被知觉，那么感觉解释就不可能，因为贝克莱实际上就是由此而判定绝对概念是不融贯的。从另一种意义上看，如果我们诉诸心理的抽象作用，似乎就可以对感觉解释作出辩护。也就是说，如果我们通过有区别地注意经验中呈现的第一性质，即在心理上把它们与相伴随的第二性质分开，就能对仅有第一性质的对象形成一个概念。不难看出，关于科学的图像的感觉解释必然要求助于抽象主义的概念形成理论。但麦金认为，抽象主义存在重大缺陷，因为它要求第一性质与第二性质的概念分离，但根据关于知觉的不可分离论题，这是不可能的。例如，如果没有某个颜色观念，我们就不可能拥有感觉性的形状观念。因此，抽象主义作为一个关于绝对观念的内容的理论存在特殊的缺陷，因为第二性质仍会与抽象出来的第一性质概念相联系，抽象主义无法产生客观的概念。麦金说："不可能说这种绝对概念是借助于某种心理的抽象操作而从感觉呈现派生而来的，

---

① McGinn C. The Subjective View. Oxford: Clarendon Press，1983：124.

因此，我的结论是：根本不可能对它作出感觉的解释。"①

麦金认为，要理解科学，我们需要类似于理性主义者的"纯知性"概念，而解释科学图像的概念如何得到，我们需要一种更具理性主义色彩的认识论，也就是说，概念的生产是心灵的理智能力的职责。在他看来，科学的图像与明显的图像各有千秋、难分伯仲、缺一不可，因此不存在选择一种图像而放弃另一种图像的问题。他说："客观的观点没有主观观点的相对性，但它获得这种绝对性的代价是排除了自身的知觉立场。……放弃了主观的观点，就要放弃关于世界的经验的可能性，而放弃了客观的观点，就要放弃独立于观察者的统一实在的观念。这两种观点都不能达到对方的目的，哪一方都不能被认为设置了可以批评对方没有达到的标准。"②

综上所述，麦金的基本立场是：首先，知觉经验有一些必要的特征，其中最突出的是它把世界上的物体表征为拥有第二性质。其次，这些特征能在经验中出现要归功于知觉者的主观构成，但心灵并不只反映客观存在的东西。最后，经验的这些特征本身符合某些规律，麦金称之为"主观性的规律"，它们是独具一格的。事实上，这个结论是将有关第二性质的三个论题结合在一起的结果，即它们本质上是主观的、它们不能与关于客观世界的经验相分离、它们显示许多不可还原的准逻辑规律。麦金说："如果把这些论题结合起来，我们就可以说知觉经验必然从主观上表征世界，而且这种主观性带有自身的规律。"③

不难看出，麦金的立场与康德学说有类似之处。康德认为，就时间和空间来说，我们知觉经验形式的根源并不在于世界是如何独立于心灵建构的，而在于心灵自身的结构：心灵把其主观范畴强加给了经验，或者说，拥有知觉经验，就是由这些具有主观基础的范畴构成的。康德说："如果我们脱离了唯一能使我们有可能为对象所刺激就能获得外部直观的那个主观条件，那么空间表象就推动了任何意义。这个谓词只有当事物对我们显现、亦即当它们是感性对象时才能赋予事物。"④因此，我们对空间的知觉是它符合欧几里得几何学定理，这不是因为客观的（本体的）空间满足了这些定理，而是由于心灵的设计就是要把这些定理加于我们的空间知觉。简言之，康德是把经验的某些必不可少的特征归因于心灵的内在主观成分，而不是归因于心灵只是被动地反映独立确定的实在。

但是，麦金和康德存在重要的区别。麦金说："我的一般性立场与真正的康

① McGinn C. The Subjective View. Oxford: Clarendon Press, 1983: 126.
② McGinn C. The Subjective View. Oxford: Clarendon Press, 1983: 127.
③ McGinn C. The Subjective View. Oxford: Clarendon Press, 1983: 107.
④ 康德. 纯粹理性批判. 邓晓芒译. 北京：人民出版社，2004: 32.

德主义学说的区别在于：我还认为经验能成功地对世界作出客观表征，因为第一性质的知觉内容并不来自于心灵——它反映了客观存在的东西。"①康德明确指出，我们应当像洛克对待第二性质那样对待第一性质，即把它们看成是以某种方式影响我们的能力而不是"自在之物"的属性。他说：

> 外物的很多属性并不属于自在之物之身，而仅仅属于自在之物的现象，这些属性在我们的表象之外没有单独的存在性；这样说并无损于外物的实际存在性：在洛克时代很久以前，特别自洛克以来，一般来说，这早已经是人们接受和同意的事了。在这些属性里边有热度、颜色、气味等。那么，如果我除了这些东西以外，由于一些重要原因，把物体的其他一些性质，也就是人们称之为第一性的质的东西，如广延、地位，以及总的来说，把空间和属于空间的一切东西（不可入性或物质性、形，等等）也放在现象之列，从头也找不出任何理由去加以否认的。②

麦金认为，尽管这对理解康德关于现象与实在之间关系的解释很有启发性，但不能认为我们的第一性质概念鼓励康德将洛克的倾向论题运用于它们。首先，就与感觉经验的关系来说，第一性质（如形状）与第二性质（如颜色）之间存在直觉的区别，这种区别反映了相应谓词的满足条件的根本不同。其次，要对关于对象性质的知觉作出解释，我们必须认为第一性质并不是产生经验的，而康德的拓展使我们没有办法依据所知觉的对象的属性解释我们的知觉。在他看来，在知觉中向我们呈现的就是独立于心灵的自在之物，第一性质不能被看成洛克所说的能力。他说："客观事物并不存在什么本体，我们是在经验中直接认识它们的。现象界与独立于心灵的客观世界之间的区别是一种本体论的区别；我认为，它是表征单一世界的能力方面的区别。"③

麦金指出，尽管与康德有这些不同，但他和康德一样能改变人们对经验的看法，因为根据他关于第二性质经验的观点，第二性质经验与第一性质经验实质上有相同的地位，因此，承认它们之间的差异并随之承认这种差异的结果，我们就能以一种不同的方式来看待我们的经验。他认为，我们在认识世界时要把概念与知觉分开，知觉不能与主观的观点分离，但概念可以与之分离，我们通过知觉对世界作出主观表征，通过理性获得关于世界的绝对概念，他说：

---

① McGinn C. The Subjective View. Oxford: Clarendon Press, 1983: 107.
② 康德. 任何一种能够作为科学出现的未来形而上学导论. 庞景仁译. 北京：商务印书馆，1982：51.
③ McGinn C. The Subjective View. Oxford: Clarendon Press, 1983: 108.

　　独立于人类心灵之外的世界本身，除非用理论的方式，是无法被人类心灵所掌握的。我们的确看得见外在物体及性质，但是没有办法全然客观地看见它们……我们必然局限于自身主观的知觉面向。然而，人类的理性却让我们走出知觉主观性的框架，展现世界纯粹客观的面貌。虽然知觉不可避免地夹带了主观性，但概念本身却能不受主观层面的侵扰。这可说是人类理性神妙之处——超越主观知觉的观点，客观独立地描述世界本体。智灵之运作，像是远离主观表象的精巧装置。这几乎把我们一分为二，有个主观的自我，还有个客观的自我……我不认为其他动物具备这种认知上的超越性，能够摆脱自身知觉观点的束缚，抵制绝对客观的层面；只有人类知道独立于自然感官察觉之外的世界，到底是怎么一回事。①

---

① 柯林·麦金.从矿工少年到哲学家——我的二十世纪哲学探险.傅士哲译.台北：时报文化出版企业股份有限公司，2003：96.

# 结　语

　　麦金对其心灵哲学思想的论证更多的不是基于历史事实的归纳，而是基于对心灵或意识的存在条件和根据的追溯所进行的演绎。其基本思路是：既然心灵或意识是一种客观的现象，那么它一定有其产生和存在的条件和根据，而这些条件和根据只能是自然的，因为心灵或意识是自然中实际存在的事实，这就意味着大自然已经解决了意识的产生问题和具身问题，因此我们既不能接受超自然解释也不能赞成取消主义，那么我们就只能到自然中去探寻心灵或意识的存在条件和根据，但由于运用我们现有的认知能力和概念工具都难以完成这项工作，因此剩下的可能就只是：我们的认知能力有局限性、我们的概念不完备。可以说，他的心灵哲学思想建立在反思人类认知构成的基础之上，试图证明我们没有一种既能认识意识又能认识大脑的机制或能力，在某种意义上，这可称作心灵哲学研究中的"哥白尼式革命"，即把心身问题研究的目标转向了人类认知能力或认知结构本身。他在表述自己的理论时，根据不同语境使用了"本体主义""存在的自然主义""超验自然主义"和"不可知的实在论"等不同的名称，弗拉纳根等人也用"反构造的自然主义""本体的自然主义"和"新神秘主义"等来称呼它。[1]不同称呼之间并没有矛盾，都是从不同角度和方面揭示了他的心灵哲学思想的实质和特点。

　　称之为"本体主义"或"本体的自然主义"，是借用了康德关于本体与现象的区别。康德在阐述灵魂与身体的协同性（交相作用）问题时指出："众所周知，由这个任务所引起的困难在于预设了内感官的对象（灵魂）与外感官的对象的不同质性，因为在这些对象的直观的形式条件上，与内感官相联系的只有时间，与外感官相联系的还有空间。但如果人们考虑到这两种不同类型的对象

---

① Flanagan O. Consciousness Reconsidered. Cambridge: MIT Press, 1992: 8.

在此并不是在内部相互区别开来，而只是就一个在外部对另一个显现出来而言才相互区别开来，因而那个为物质的现象奠定基础的作为自在之物本身的东西也许可以并不是如此不同质性的，那么这种困难就消失了，所剩下的问题只不过是：一般说来诸实体的协同性是如何可能的。"①也就是说，从"显现"的现象上说，心身之间具有不同质性，由此我们感到有一个关于心身关系的难解的形而上学问题，但从本体或者"自在之物本身"来说并没有这样的心身问题。我们之所以把心身问题看成一个谜，是误把现象当成了本体，它反映了我们对于世界的一种扭曲而片面的观点。麦金认为，心身关系是一种自然关系，但这种关系是康德意义上的"本体"。他还说："绝对的本体主义与其否认不可否认的东西，倒不如在超自然的东西中行进。"②这里的本体主义就是康德式的本体论，即认为物自体尽管不可认识，却不能绝对否认它们存在。

称之为"存在的自然主义"或"超验自然主义"，针对的是"有效的自然主义"。后者认为，对自然中的一切我们都能实际地说明其充分必要条件，对之作出自然主义解释。而存在的自然主义是一个具有形而上学特征的论题，认为不管我们能否理解自然事物的产生过程，它们都不会是超自然的或违背基本规律的。麦金认为，有效的自然主义是一种唯心主义，因为它把人的理论建构能力作为衡量自然事物存在的尺度，但没有人能保证我们有无所不知的能力。就意识来说，它是通过自然过程而产生的自然现象，但由此不能推出我们一定拥有理解这些过程及其本质的工具和概念。存在的自然主义适合于意识，也可称之为"超验的自然主义"，即表达了这样的观点：我们知道是一些自然事件使意识成为一种自然现象，但这些事实超出了我们的认识能力。换言之，从客观上说，意识与自然中的其他一切一样是自然的，但我们不能理解这种自然性的本质。

称之为"反建构的自然主义"或"不可知的实在论"，指的是自然主义虽然正确，但我们对于意识的本质却难以建立一种自然主义的解释理论。麦金反复强调，不能把实在本身和我们对实在的认识混为一谈，意识之谜源于我们自身而非源于世界。从客观上说，心身关系并不神秘，是大脑的某种属性导致了意识的产生，只是我们无法认识这种属性罢了，但我们不能把不认识当成不存在或当成奇迹。说它是"新神秘主义"，强调的是它不同于传统神秘主义和现代超自然主义，仍是自然主义阵营内部的一种立场，它坚定地维护自然主义原则，反对各种传统的二元论和宗教神秘主义，但又认为意识是我们难以破解的一个谜。

不难看出，不管使用哪一种名称，都是想从不同的角度揭示麦金心灵哲学

---

① 康德.纯粹理性批判.邓晓芒译.北京：人民出版社，2004：306.

② McGinn C. The Problem of Consciousness. Oxford: Basil Blackwell, 1991: xii.

思想的特色，都想传递他的这种看法：意识是一个难解之谜，这不是因为它是一种非自然的现象或者超自然的奇迹，而是由于我们固有的认知局限性或封闭性，我们难以认识它的本质。用麦金本人的话说就是：意识"只是看起来是奇迹，因为我们没有掌握解释它的东西；它只是看起来不可还原，因为我们找不到正确的解释；物理主义只是看起来是唯一可能的自然主义理论，因为这就是我们所受到的概念方面的限度；它也只是看起来会招致取消，因为我们从我们的概念图式找不到对它的解释"①。当然，认知封闭性有绝对和相对之分，就意识来说，一方面，如果存在上帝或具有更高智慧的心灵，那么意识对他们就不是神秘的；另一方面，如果能改变人脑的结构，拓展人的认知能力，那么意识也有可能对我们是不神秘的。

笔者认为，麦金尽管声称自己坚持的是自然主义立场，但也要看到他的思想中还有另外一面，即二元或多元的倾向。确切地说，他的心灵哲学的基本立场是自然主义与二元论或多元论的"混血儿"。说其是二元论或多元论，一方面是因为他像一般二元论者一样承诺心灵的独立的存在地位，认为心灵具有不同于物质的特征，如它不占有空间或不"删除空间"、是不可感知的、可内省的、不可错的等。意识与大脑、心灵与物质在起源和存在方式上都有根本的差别。他说："意识肯定不同于纯粹的大脑过程。比如说，我听到了'嘭'的一声本身就表现出它是不同于我大脑某部分中的电子活动的不同类型的东西。想到在海滩上行走，这种想肯定不同于我的大脑皮层中的无数的神经元的释放。"②而"心与身在客观实在的层面形成一个不可侵害的统一体"③，我们就是由心灵和物质组成的混合物。另一方面，他又提出了一种新的本体论分类法，即空间、物质、场、心灵这四者之间存在重要的本体论差别，特别是物质与空间有本质的区别，两者虽然都有广延，但前者的本质属性是不可入性，而后者则是可入的。因此，传统的心理 / 物理二分法具有误导性，我们应当将空间从"物理事物"概念中分享出来，给予其特殊的存在地位，心灵也不能被包括进目前的"物理事物"概念之中。

当然，他的二元论或多元论又是以自然主义为前提的。他说："我关于宇宙的一贯立场是绝对的自然主义，因为没有严肃的理由支持上帝、非物质灵魂和精神世界的存在。"④意识等现象尽管神秘莫测，但我们也不能诉诸超自然的原因

① McGinn C. Consciousness and its Object. Oxford：Clarendon Press，2004：64.

② McGinn C. The Mysterious Flame. New York：Basic Books，1999：24.

③ McGinn C. The Mysterious Flame. New York：Basic Books，1999：230.

④ McGinn C. The Mysterious Flame. New York：Basic Books，1999：77.

来解释。他说："我赞成的方案是自然主义的方案，而非构造性方案。我认为，我们尽管没法说明大脑中的什么东西产生了意识，但我敢肯定：不管意识是什么，它也没有什么内在的神秘性。"①这就是说，即使要说明意识怎样从物质中产生出来这一困难问题，也用不着通过构造去设想一种有解释力的东西，只须诉诸头脑中的自然力量就行了。在他看来，宇宙的基本实在是物质/能量的统一体，是世界中各种现象、事实、存在的基础，具体的物质形态、电子、场等都是这种基本实在所采取的不同形式，而"意识本身是物质的另一种形式"，"是能量的一种表现形式"②。这种作为世间万物之基础的物质/能量统一体又可以追溯到宇宙大爆炸。他说："意识必定起源于产生宇宙中的一切物质的事件。如果我们认为自大爆炸最初时刻以来的宇宙史是一个物质分化过程，那么，意识就是物质分化的众多方式之一。"③

应当看到，麦金的自然主义是特殊形式的自然主义。尽管他主张应诉诸自然力量来解释心灵，但他所承认的自然力量比其他自然主义者要多得多，他所说的意识的隐结构、空间的非空间结构、心灵原子、作为意识的特殊物质形式等都是其他自然主义者完全没想到的。也就是说，他承诺了"超自然"物的存在，但这种超自然物并不是神秘的、神学的实在，因为在意识的起源、存在和本质问题上，他既反对物理主义还原论，也反对超自然的神秘主义、取消论，他坚持的是"单一实在的多样变体主义"，这其实是介于还原论、同一论、有神论及神秘主义之间的一种中间立场。

麦金像笛卡儿一样，把意识与大脑的一个区别归结为空间与非空间的区别，只是他通过空间概念革命，将空间结构和非空间结构都纳入了同一个空间概念之下，但这不过是把空间之外的二元对立变成了空间之内的二元对立罢了。就当代心灵哲学的发展来说，麦金的立场代表了一种新的走向：无论是自然主义还是二元论，尽管相互之间还有对抗，但相互靠近并借鉴、吸纳对方的合理成分乃至基本原则越来越成为一种"潮流"。就麦金的自然主义二元论或多元论而言，尽管它是一种自然主义，但作为一种后现代立场，它又不认可激进的取消主义和乐观的构造自然主义，它试图"向科学主义的心脏插一枚道钉"，以抵制科学的狂妄；虽说它主张意识是一个难解之谜，但又不同意托马斯·内格尔的不可知论；虽然它承认意识与大脑截然不同，但它坚持反对各种非自然主义。可以说，在这种理论里，自然主义与多元论、实体一元论与形式多元论、可知

① McGinn C. The Problem of Consciousness. Oxford：Basil Blackwell，1991：2.

② McGinn C. Basic Structures of Reality. Oxford Uniersity Press，2011：178，180.

③ McGinn C. Basic Structures of Reality. Oxford Uniersity Press，2011：181.

与不可知、本质与现象、空间与非空间、神秘与非神秘等因素都辩证地熔于一炉，自然主义表现出了与传统的物理主义和唯物主义不同的面貌。因此，对于当代坚持自然主义的心灵研究者来说，只说自己是自然主义者是不够的，你还必须说明自己采取的是哪一种自然主义形式。还要看到，在麦金的自然主义多元论中，在大爆炸之前就存在的物质/能量统一体、前空间结构具有重要的地位，但若真有这样的实在，它们就具有自身的本体论地位，那么当代物理学的本体论就要作出相应修改。由此可见，麦金的奇思妙想不仅对心灵问题作出了新颖独特的解释，而且也提出了科学家没有解决的问题，如大爆炸这个"原点"之前是什么样子，大爆炸前的状态是什么，等等，这不仅拓展了心灵研究的视野，也有助于自然科学研究的深化。

　　如前所述，麦金认为，当代心灵哲学尽管发展迅速、成果众多，但整体上并未取得实质性进展，而是在"DIME 模型"中兜圈子，如果考虑到在心身之谜、意识本质等问题上所遇到的困境，甚至可以说心灵哲学陷入了"危机"。究其原因，症结就在于我们所拥有的特殊认知结构或思维模式，即 CALM 结构。它造成了意识的认知封闭性，使人类无法获得解决心身之谜的概念，从而也使心灵或意识具有了神秘性，对于人成为一种神秘现象。因此，消解心灵神秘性的根本出路就在于发动一场概念革命，重构我们的心灵观和物质观。麦金对心灵神秘性的"诊断"代表了当代心灵哲学的一个新的发展动向，即面对心灵哲学研究的困境，人们越来越注重进行元哲学思考，强调要对心灵哲学研究的思路、方法和概念工具等进行"反观自照"，以揭示困境或"危机"的症结和根源。例如，内格尔经过为心灵哲学"把脉"，指出意识是心身问题难解的根源，意识之所以难解，又是由于它有主观性，因此意识的复杂难解，实际上是主观性的复杂难解。而已有的心灵研究都不能令人满意，其根本原因就在于没有触及意识的要害，遗忘了主观性和主观的观点。根据他的诊断，"过去对心身问题的探索之所以不成功，关键是过去的提问方式有问题，以及解决问题由以出发的前观念或理论有问题"[①]。那么，要解决心灵哲学的问题，就要重新思考提问的方式，"形成关于心身问题的新的观念"[②]。他说，说明心理现象不能用已有的物理学概念和理论，必须用别的概念和理论，"物理学只是理解的一种方式，适用的对象是广泛但仍有限的材料。坚持用适合于专门用来说明非心理现象的概念和理论去说明心灵……既是理智的倒退，又是科学上的自残。心理与物理的差

---

① 高新民. 心灵与身体——心灵哲学中的新二元论探微. 北京：商务印书馆，2012：220.

② Nagel T. The View From Nowhere. Oxford：Oxford University Press，1986：51.

异远大于电和磁之间的差异。我们需要全新的工具。"①他所找到的新工具就是泛心论，认为物理实在之上除了根本的原－物理属性之外，还有原－心理属性。塞尔（J. Searle）也指出，意识和主观性对于心灵是必要的，心灵状态"具有不可还原的主观本体论"②。当代心灵哲学接受了笛卡儿主义的词汇及随之而来的一系列假定（如客观主义的本体论、方法论等），从而认为"心的"与"物的"之间是对立关系，但这是错误的，因为"这套词汇是过时的，这些假定是错误的"③。就唯物主义心灵理论来说，它"在否定实体二元论者宣称世界上有两种实体或属性二元论者宣称世界上有两种属性的同时，无意中接受了二元论的范畴和词汇表。它接受了笛卡儿的讨论术语。总之，它接受了心智的与物理的，物质的与非物质的，心与身的词汇表就其所指完全是适当的。……正是这套词汇及伴随的范畴，是我们最深层的哲学困难的来源"④。他说："像'心'、'身'、'心灵的'、'物质的'或'物理的'这样的表达式，就像'还原'、'因果关系'与'同一性'这样的概念一样，只要它们被施用于对身－心问题的讨论之中，那么它们就是我们的困难的根源，而绝非是解决问题的工具。"⑤其实，我们不该接受这套传统的术语系统及与之相伴的假设，要走出心灵哲学的困境，必须"挑战传统词汇后面的假定"，即接受生物学的自然主义。它既强调心灵状态的生物学特征，又避免唯物主义和二元论，因为它同时涵盖了以下四个论题：①意识状态（包括其主观的、第一人称特征的本体论特征）是处在实在世界中的实在现象；②意识状态完全是由大脑中的较低层次的神经生物学过程所引起的；③意识状态是作为脑系统的特征而实现于脑中的，因此它们是在一个比神经元与触突更高的层次上实存的；④因为意识状态是实在世界的实在特征，所以它们是以因果方式来发挥功用的。⑥这些诊断及其"处方"尽管存在差异，但都指出了心灵哲学研究的一个误区，即要么不符合科学的世界观，要么未照顾到心灵的主观特征或"主观的观点"，也都指出了走出困境的路，即要想在自然界中为心灵或意识找到位置，必须彻底更新概念系统，找出能同时容纳"心"与"身"的概念图式，这无疑对我们深化国内心灵哲学研究具有重要的启示意义。

再者，麦金对人类思维模式和概念图式的局限性的揭示是发人深省的。CALM 模型及其概念图式确实是借助类比或隐喻从物理的思维模式和概念中派

① Nagel T. The View From Nowhere. Oxford：Oxford University Press，1986：52.
② 约翰·塞尔. 心灵的再发现. 王巍译. 北京：中国人民大学出版社，2005：19.
③ 约翰·塞尔. 心灵的再发现. 王巍译. 北京：中国人民大学出版社，2005：7.
④ 约翰·塞尔. 心灵的再发现. 王巍译. 北京：中国人民大学出版社，2005：49.
⑤ 约翰·塞尔. 心灵导论. 徐英瑾译. 上海：上海人民出版社，2008：97.
⑥ 约翰·塞尔. 心灵导论. 徐英瑾译. 上海：上海人民出版社，2008：101，102.

生来的，我们的整个概念图式都充斥着空间概念，这些概念提供了我们思想的骨架。如斯特劳森（P. Strawson）所说，殊相与共相，以及主词与谓词之间的区别都以空间差异的观念或经验为基础。我们之所以把两个殊相看成同一共相的具体实例，是因为我们认识到它们在不同的空间位置上，倘若没有空间概念，我们就难以形成单一属性有多个实例的概念。这就意味着命题概念预设了空间区别的概念，进而预设了位置概念。因此，从根本上说，我们的概念图式是以空间概念为基础的。⑦对任何对象，我们都会通过拓展这种"空间化隐喻"来解释。例如，对于意识，我们会利用它与身体的关系，将其置于空间性的概念框架之中，这会为意识强加一种异质性的"概念网格"，这种概念网格是由空间物体的观念提供的，只能同化空间性的物体，但它是我们唯一的概念图式，因此尽管我们知道意识没有空间性，但也不得不用这种概念图式来同化意识，由此就产生了很多哲学困惑。麦金说："我们习惯的和固有的空间知觉是一个重要障碍，它使我们无法以能解决心身问题的方式想象世界。我们都感觉到的意识的奇特性确实是与它不能根据通常的空间范畴来想象密切相关的。"⑧要符合意识内在本质地表征意识，我们就要放弃这种空间性的概念图式，但放弃了它，我们就会失去思维工具，因此，我们在解决心身问题时始终会受到这种概念图式的困扰。

　　麦金的概念革命思想契合了当代心灵研究的一个趋势，即重视分析物理的概念图式对心灵哲学研究的深刻影响及其局限性。例如，约翰逊（M. Johnson）就曾表达过与麦金相似的看法："散布在我们语言中的许多隐喻实际上来自于以身体为基础的关系，比如上与下、左与右及内与外。如果我们不是拥有我们这样的躯体，不是活动在我们寄居的世界中，那么我们的隐喻系统和我们的整个心理装置将会大不一样。"⑨维特根斯坦也曾指出，很多错误的心灵图像都是根据表层语法的相似性进行类比的产物。例如，由于"思考""理解"等表达式与"走"、"接受"等词语的语法相似，我们就猜想这些表达式背后有某种物质活动，由于找不到这类东西，我们就认为这是某种精神活动，从而创造出了一个"看不见的影子世界"即精神世界，用来代替那个虚构的、找不到的物质世界。⑩赖尔（G. Ryle）则指出：由于我们不理解心理语言的"逻辑地理格局"，只能借用物理语言来创造心理语言，用物理世界的图景来类比心理世界，由此所形成的

⑦　彼得·F. 斯特劳森. 个体——论描述的形而上学. 江怡译. 北京：中国人民大学出版社，2004：52-54.
⑧　McGinn C. The Character of Mind. Oxford: Oxford University Press, 1996: 48.
⑨　转引自保罗·萨伽德. 认知科学导论. 朱菁译. 合肥：中国科学技术大学出版社，1999：152，153.
⑩　参阅施太格缪勒. 当代哲学主流. 上卷. 王炳文等译. 北京：商务印书馆，2000：607.

心灵观念是一种"副机械论假说",但这实际上是犯了"范畴错误"①。杰恩斯(J. Jaynes)在对心理语言作了发生学的考察后也得出了类似结论:"我们用来指称心理事件的每一词语都是行为世界中的某种东西的隐喻或对应词。我们用来描述真实空间中的物理行为的形容词通过类推变成了描述心灵空间中的心理行为的词。"这种概念图式所建立的心灵"是我们称之为真实世界的东西的一种类似物。它是由一种语汇或词汇域建构起来的,此域的术语都是关于物理世界的行为的隐喻和对应词"②。所有这些研究都触及到了心灵哲学研究的一个深层次的危机,即深受物理学影响的概念图式不适于同化心灵,但除此之外我们又别无选择。这也告诫我们,在探讨心身问题时应对所使用的概念图式保持足够的警觉,防止因概念的误用而产生无谓的争论甚至假问题。

还要看到,麦金的心灵哲学思想对我们正确解读马克思主义意识论也有重要启示意义。根据其单一实在的多样变体主义,从本体论上说世界上只有一种实体即物质(当然,这种物质不是机械唯物主义所说的物质,而是"世界实体",即物质/能量统一体),但这种实体有多种存在方式,意识和其他物质形态都只是这种"世界实体"所采取的不同形式。世界是一与多、统一性与多样性的统一体,其中的"一"就是这种物质/能量统一体,"多"就是包括意识在内的各种物质形式。因此心身关系不过是不同物质形式之间的关系,心身作用也不过是不同物质形式之间的作用。当然,多样的物质形式之间是不可还原的。这实际上与马克思主义意识论有神似之处。但由于过去对马克思主义的意识论思想存在误读甚至是错误的想象,因此往往把它置于属性二元论,甚至把它推向了一元论和二元论相互矛盾的困境。③ 例如,在说明意识的反作用时,虽然许多人不相信有独立的精神实体及其作用,但认为马克思主义意识论承认有独立的心理属性或机能,承认世界上既有物质的作用又有独立的精神作用。在他们看来,如果否认有独立的精神作用,就会陷入副现象论,如果认为精神作用就是物质作用,又会陷入庸俗唯物论或还原论。但这种解读实际上既背离了世界的物质统一性原则,也无法说明意识何以能作为原因起作用、何以有那样的能动作用。再如,由于对意识反作用的手段、方法、工具和机制等缺乏深入考察,所以往往错误地认为意识能独立自主地、不"劳驾"物质而发挥这种作用,从而变相把意识当成了作用所依赖的主体或实体。另外,在构想意识的反作用机制时往往凭想象、类推和思辨对心理世界作了拟人化的理解,将意识描述成一

① 参阅吉尔伯特·赖尔.心的概念.徐大建译.北京:商务印书馆,2005:4-20.

② 朱利安·杰恩斯.关于心灵起源的四个假说//高新民,储昭华.心灵哲学.北京:商务印书馆,2002:466.

③ 高新民,刘占峰.心灵的解构.北京:中国社会科学出版社,2005:480.

个"小人"或控制中心，它既掌控人脑内的观念、思想、情感等，又通过对感觉输入进行审视、加工而形成关于对象的理性认识，而这其实已经把马克思主义意识论变成了丹尼特（D. Dennett）所批判的"笛卡儿式唯物主义"①。要消除这些误读，我们有必要借鉴麦金的思路，用新的眼光和理解前结构对马克思主义意识论作出重新解读。对此，国内已有学者作出了开创性的探索。②

根据这种创新性的解读，马克思主义的世界观或本体论图景是：世界统一于物质，世界上只有一种实体，即处于时空中的运动着的物质，"在物质之外，在每一个所熟悉的'物理的'外部世界之外，不可能有任何东西存在"③。就范畴论来说，本体论的最高的、最基本的范畴只有"物质"。当然，在"相对的"意义上，还可加上"意识"或"精神"，即有物质和意识两个最广泛的范畴，但这仅限于认识论范围之内。根据马克思主义这种对世界的整体把握，从共时性结构看，意识属于运动范畴，不具有独立的、实体意义的存在资格，只是一种依附性的存在；从历时性结构看，意识不是本源性的存在，而是随个体事物的进化发展而由其载体表现出来的。另外，意识要有人们赋予它的那些精神作用，只能作为物质的属性、作为运动才有可能。总之，一切意识现象与其他运动、性质、状态、关系一样，都是物质的存在方式；意识是物质运动的一种形式，是物质的高级运动形式。由于各种运动形式都是能的存在方式，因此也可以说意识是能的一种存在方式。

基于上述认识，笔者就可以对马克思、恩格斯关于意识所作的不同规定作出解释。大致来说，马克思主义经典作家对意识有以下四种表述方式：意识是人脑的机能或属性；意识是"身体的活动"④，或者说可表现为"思想、观念、意识的生产"⑤；意识是外部世界的反映，"观念的东西不外是移入人的头脑并在人的头脑中改造过的物质的东西而已"⑥；意识是"人脑的产物，而人本身是自然界

①　参阅刘占峰.解释与心灵的本质.北京：中国社会科学出版社，2011：160-166.
②　参阅高新民，刘占峰.心灵的解构.北京：中国社会科学出版社，2005：480-509；高新民，殷筱.马克思主义意识论阐释的几个问题.哲学研究，2006，（11）：43-48.
③　列宁.列宁选集.第2卷.中共中央马克思、恩格斯、列宁、斯大林著作编译局译.北京：人民出版社，1972：351.
④　马克思，恩格斯.马克思恩格斯选集.第4卷.中共中央马克思、恩格斯、列宁、斯大林著作编译局译.北京：人民出版社，1995：224.
⑤　马克思，恩格斯.马克思恩格斯选集.第1卷.中共中央马克思、恩格斯、列宁、斯大林著作编译局译.北京：人民出版社，1995：72.
⑥　马克思，恩格斯.马克思恩格斯选集.第2卷.中共中央马克思、恩格斯、列宁、斯大林著作编译局译.北京：人民出版社，1995：112.

的产物，是在自己所处的环境中并且和这个环境一起发展起来的"①。这四种规定实际上是对作为运动的意识在其不同阶段的存在方式及特点的概括。就意识是人脑的机能或属性来说，它说的是作为运动形式的意识的潜在的、倾向性的存在方式。就意识是人的"身体活动"、是外部世界的反映来说，它是从关系、从潜能实现的角度来规定意识的。意识要作为活动、作为过程表现出来，离不开一定的关系和相互作用，而在这种关系网中，至少要有主体、客体、环境及一些中介环节，其中的主体只能是经过长期进化而形成的，包括人脑在内的身体。因此，作为活动的意识一点也不神秘，它其实就是人身体的活动。再者，意识经过其物质主体的活动一定有其结果或产物。即是说，在人与外界打交道的物质活动中，人内部必然发生观念、情感和思想的生产活动，其产物就是精神产品，即"改造过的物质的东西"，它们是某种特殊的物质形态，类似于神经元网络中的特定连接模式。从发生学上说，这种产物又是自然界、社会历史长期发展的产物。就个体来说，人要形成自己的意识产物一方面离不开其自然基础，另一方面也不能没有其社会条件。"总之，意识的'产物论''生产论''过程论''属性论或机能论'，单个地看，都不是关于意识的全部本质的定义，而是对意识作为运动形式的某一方面的特征或其某一阶段的存在形式、显现方式及其特征的揭示与说明。只有把它们结合在一起来理解，才能完整地领会和阐释马克思主义关于意识本质的思想。"②就意识的功能和作用来说，只要谈到作用，就超出了认识论范围而进入了本体论领域，在这里就不能再把意识当成独立的作用或反作用主体。事实上，意识发挥作用的真正主体是人脑，意识的作用实质上仍然是人脑所起的作用，因为作用必然会涉及变化，变化又离不开主体，而"物质是一切变化的主体"③，因此意识要发挥其能动的反作用，离不开其真正主体即人脑的变化。当然，当代研究也表明，人脑内并没有负责认知的"小人"或认知中心，负责认知加工的系统类似于埃德尔曼（G. M. Edelman）等人所说的"动态核心"或丹尼特所说的"多草稿模型"④。综上所述，心与身或精神与物质的关系问题有不同的维度：从认识论的维度看，两者的对立有"绝对的意义"，但从本体论的维度看，它们的对立是"相对的"。换言之，从存在的角

---

① 马克思，恩格斯 . 马克思恩格斯选集 . 第 3 卷 . 中共中央马克思、恩格斯、列宁、斯大林著作编译局译 . 北京：人民出版社，1995：374.

② 高新民，殷筱 . 马克思主义意识论阐释的几个问题 . 哲学研究，2006（11）：48.

③ 马克思，恩格斯 . 马克思恩格斯全集 . 第 2 卷 . 中共中央马克思、恩格斯、列宁、斯大林著作编译局译 . 北京：人民出版社，1957：164.

④ 参阅杰拉尔德·埃德尔曼，等 . 意识的宇宙 . 顾凡及译 . 上海：上海科学技术出版社，2004；Dennett D. Consciousness Explained. New York：Little，Brown and Company，1991.

度看，世界的真正统一性在于其物质性；从范畴论的角度看，本体论中的最高范畴只有一个，即"物质"或"客观实在"或物质性的"是"（存在），而认识论中的最高范畴有两个，即主体和客体、思维和物质。即使"意识""思维"等范畴在本体论的范畴体系中仍有其地位，它们与"物质"也不属于同一个层级：后者属于基本的、第一性的，而前者属于低一级的、从属地位的。①

当然，说麦金的立场对准确解读马克思主义意识论有启发和借鉴作用，并不是说他的立场就是完善的。相反，他自己也承认他的这种立场并未破解意识之谜，因为我们仍不知道大脑是如何产生意识的。尽管神经元及其活动是意识的因果基础，它们都是物质的不同形式，但我们并不知道后一种物质形式是如何从前一种形式中产生的，前意识的物质形式何以能产生有意识的物质形式。在这方面，他的理论远没有马克思主义意识论彻底。

麦金的心灵哲学思想得到了高度的评价。有的学者说他"关于意识起源及本质的思想的确是心灵哲学中的一个最富新意的思想，而且具有逻辑上的完整性和审美上的美感及魅力"②。有的则认为它"富有想象力、具有说服力"，虽极具推测性，但也"没有错误"是"一种融贯的立场"③。不过，它也有遇到了不少反驳。丘奇兰德指出，知觉和内省都负载着理论，如果它们所负载的理论变化了，它们也会发生变化。目前我们的内省负载的是广义的笛卡儿主义心灵理论，但随着科学的发展，我们对意识会提出正确的神经生理学理论，到那时我们就能用纯粹神经生理学的范畴来思考我们自己，就能直接内省大脑神经生理状态。④莫兰德（J. Moreland）认为，麦金的立场"更接近于不可知论的泛心论形式，而不是自然主义"，他所说的大爆炸的原因与有神论的上帝有很多共同特征，因而它实际上与有神论同流合污了。⑤布鲁克纳（A. Brueckner）等人则认为，麦金的立场最终是笛卡儿主义立场，因为根据他关于认知封闭性的休谟主义论证，意识与中介性的属性 P 都具有非物理的和非空间的特征，否则两者就都能解释空间的物理大脑的数据，进而 P 就能够通过理论的推理而被理解，由此他就没有理由认为 P 对知觉是封闭的。但是，如果 P 具有非空间的特征，我们就难以了解它会成为什么样的自然属性。另外，麦金也指出，P 是大脑的一

① 高新民，殷筱. 马克思主义意识论阐释的几个问题. 哲学研究，2006（11）.

② 高新民. 心灵与身体——心灵哲学中的新二元论探微. 北京：商务印书馆，2012：565.

③ Flanagan O. Consciousness Reconsidered. Cambridge：MIT Press，1992：xii，10; Dainton B. Stream of Consciousness.London：Routledge，2000：9.

④ Churchland P. Reduction，qualia，and the direct introspection of brain states. Journal of Philosophy，1985，（82）：8-28.

⑤ Moreland J P. Consciousness and the Existence of God.London：Routledge，2008：109，110.

种属性，即能使之具身意识的属性，但如果属性 P 和意识有非空间的特征，我们就很难理解分布于空间之中的大脑何以能例示这些属性。因此，"麦金试图对心身问题作出一种自然主义的、非构造的解答。但他对非构造性的休谟主义论证——他以之证明我们对中介的属性 P 是认知封闭的——却对其自然主义提出了质疑。这一论证所依赖的关于意识和关于 P 的主张具有笛卡儿主义特征。因此，麦金并未对心身问题作出成功的解答。"①

波特利（G. Botterill）等人认为麦金关于认知封闭性的论证至少有两个重要缺陷。首先，他忽略了在神经科学与常识心理学之间还有许多研究和描述层次，如各种形式的计算主义及认知心理学所说的功能描述。如果跨过这些中间阶段，我们就很难理解某种东西何以在本质上是物理的，从而会把它看成是神秘的。例如，如果你只关注这一事实，即任何活机体都一定是由受测不准原理支配的亚原子波 - 粒子构成的，但忽略了中间的科学描述层次，那么机体本身何以能成为一个整体就很容易被看成是神秘的。其次，他只考虑了对大脑状态进行最佳解释推理，而忽视了这种可能性，即对现象学意识本身也能作最佳解释推理，而且由此就能成功地弥合意识与大脑之间的解释鸿沟。他们指出，人们在科学研究中往往基于低层次过程的实现来理解高层次现象，很少对低层次的现象作出高层次的解释，如用生物学来解释化学反应。就意识来说，采取自上而下的解释模式，就是要根据假设的底层认知机制或结构来解释现象学意识，而前者又可以根据更简单的计算系统来解释，如此递推，最终我们会到达某些已知的大脑神经结构和过程。所有关于现象学意识的自然主义解释都采取了这种一般策略，"尽管我们对这种自上而下的解释策略持乐观主义态度还缺乏特定的理由，但麦金这种原则性的悲观主义当然也没有根据"②。丹尼尔·丹尼特也指出，麦金所说的介于客观生理学层次与主观现象学层次之间的隐结构，其实就是他所描述的软件层次或"虚拟机器"层次。一方面，它不是明确的生理或机械层次，但它能够提供连通大脑机制的必要桥梁；另一方面，它也不是现象学层次，但它能够提供连通内容世界的必要桥梁。这项工作已经做到了，"我们已经想象到，大脑如何能够产生有意识的经验"。麦金之所以否认我们能够完成"彻底的概念革命"，是因为他未对心灵的各种软件作过全面的考察和分析，没有努力去想象他所设定的这个中间层次，而只是指出"在他看来，从这方面着手显然没有任

---

① Brueckner A. et al. McGinn on consciousness and the mind-body problem // Smith Q. et al（ed.）. Consciousness: New Philosophical Perspectives. Oxford: Clarendon Press, 2004: 406.

② Botterill G, Carruthers P. The Philosophy of Psychology.Cambridge: Cambridge University Press, 1999: 63-64.

何希望",并且他还"邀请他的读者同他一道放弃:我们不可能想象软件如何能使机器人有意识。他说,甚至不用试着去想了"。可见,这种"显然"是有欺骗性的,它对我们理解意识是巨大的障碍。①

塞尔也指出,麦金这样的神秘主义者太悲观了。尽管"就我们永远无法找到对于意识的科学说明这一点而言,他们可能是正确的。但由此就放弃一切进展的话,就成了失败主义论调了"②。在他看来,麦金的结论依赖于三个假设:①意识是一种"东西"(stuff)。②这种"东西"是通过内省能力认识的。意识是内省能力的对象,就像物理世界是知觉能力的对象一样。③为了理解心身关系,我们必须理解意识与大脑之间的"连接"。但这三条假设是笛卡儿式的,预期的解决方案也是笛卡儿式的。它们的真正问题在于体现了传统二元论的大多数错误。具体来说:①意识不是"stuff",而是大脑的特征或属性,正如液态是水的属性一样。②世界上的对象是由知觉认知的,意识不能像那样由内省来认知。因为"向内看"(specting intro)模型即内部视察模型,需要把视察的行动与视察的对象区别开,而对意识难以作出这样的区别。③意识与大脑之间没有"连接",正如液态水和 $H_2O$ 分子之间没有连接一样。如果意识是大脑的高层次特征,那么就不可能在特征与特征系统之间有连接。③

笔者认为,麦金的心灵哲学思想确实富有新意,在逻辑上也是融贯的,但也有自身的局限性。

首先,麦金的目标不是要证明其反对者的理论是错误的,而是要向人们说明意识问题为什么如此难解。在他看来,意识的神秘感有一种自然主义解释,即它源于人类固有的认知局限性,而非宇宙的一个超自然的维度。由此可见,他只是考察了意识之谜的原因,只是重新定位了心身问题,而没有解决意识的本质问题。也正是在此意义上,罗兰兹(M.Rowlands)才说它的理论"不是演绎论证,而是解痛剂"④。

其次,麦金关于概念革命所持的悲观结论依赖于一个预设,即概念图式是先天预成的,但这个预设是有争议的。按照皮亚杰的建构主义,与人类认知有关的概念图式是一个动态发展的过程,是"一系列不断的反身抽象和一系列连续更新的自我调节的建构",它"是真正组成性的",并在建构过程中完成了对外部世界各个水平的同化,而且"高级形式的建构不得不经过一段比人们所想

---

① 参阅 Dennett D. Consciousness Explained. New York:Little,Brown and Company,1991:434,435.

② 约翰·塞尔.心灵导论.徐英瑾译.上海:上海人民出版社,2008:131.

③ 约翰·塞尔.心灵的再发现.王巍译.北京:中国人民大学出版社,2005:89,90.

④ Velmans M,et al(eds.)The Blackwell Companion to Consciousness. Oxford:Blackwell,2007:337.

象的更长得多、更困难、更不可预料的过程"①。如果皮亚杰所言是正确的，概念革命就有希望，而如果麦金所说为真，他所说的概念革命又只是一个空洞的口号，因为它根本不可能完成，因而也没有任何意义。

再次，麦金的立场能否成立，在很大程度上取决于意识的隐结构、前空间结构能否被证实，而这又取决于他对大爆炸理论的新解释是否成立。但众所周知，宇宙的起源问题和意识的本质问题一样，是一个未解之谜，那么诉诸某种未知的前空间结构来解决意识问题，只不过是将意识之谜还原为宇宙之谜，这只是用一个谜代替了另一个谜，而不是解谜。又次，麦金的有些表述还比较含糊。例如，我们不能认识的是大脑的隐秘属性，还是这种属性产生意识的方式。另外，对于大脑的隐秘属性，他给出了两种不同的解释：一种说它是大脑状态的一种属性，即一类神经属性；另一种说它是意识隐结构的一种属性，它既不是物理属性也不是现象学属性。但不管是大脑的属性，还是这种既非物理也非现象学的属性，都会遇到像笛卡儿的"松果腺"所遇到的问题，即它是如何与物理的大脑发生作用的。塞尔说："这和松果腺一样，不是一个解决办法。如果你在意识和大脑之间需要有个接连，那么你就需要在意识的隐藏结构与大脑之间有个连接。隐藏结构的假设——即使是可以理解的——我们也不能有所进展。"②麦金基于其神秘主义，说这个问题是不可知的。但倘若如此，假设这样一种神秘属性与假定上帝是意识之源又有什么实质性的差别呢？因为表面上看前者好像是自然主义，后者是超自然主义的，但由于上帝如何产生意识和隐秘属性如何产生意识同样不可知，因此隐秘属性和上帝都不过是表达一种不可知的东西的一个名称而已。最后，麦金认为意识由大脑状态所引起，这意味着心脑不是同一的，因为如果两者同一，那么知觉到大脑状态也就知觉到了意识，这样就不会存在认识论的神秘主义。由此可见，麦金要维护其超验自然主义，就必须排除心脑同一论，而排除了同一论实际上也就暗中承认了二元论。正如克里格尔（U. Kriegel）所说，麦金的认识论主张以二元论的本体论主张为条件，"他的（认识论的）神秘主义的合理性依赖于（本体论的）二元论的合理性"③。

① 皮亚杰. 发生认识论原理. 王宪钿等译. 北京：商务印书馆，2011：110，117.

② 约翰·塞尔. 心灵的再发现. 王巍译. 北京：中国人民大学出版社，2005：89.

③ Kriegel U. Philosophical theories of consciousness: contemporary western perspectives // Zelazo P D, et al (eds.). The Cambridge Handbook of Consciousness. Cambridge: Cambridge University Press, 2007: 38.

# 主要参考书目

安道玉.意识与意义——从胡塞尔到塞尔的科学的哲学研究.北京：中国社会科学出版社，
　　2007.

安斯康姆.意向.张留华译.北京：中国人民大学出版社，2008.

巴尔斯.在意识的剧院中——心灵的工作空间.陈玉翠等译.北京：高等教育出版社，2002.

柏拉图.柏拉图对话集.王太庆译.北京：商务印书馆，2004.

保罗·丘奇兰德.科学实在论与心灵的可塑性.张燕京译.北京：中国人民大学出版社，2008.

保罗·萨伽德.认知科学导论.朱菁译.合肥：中国科学技术大学出版社，1999.

保罗·萨伽德.心智：认知科学导论.朱菁、陈梦雅译.上海：上海辞书出版社，2012.

贝内特，哈克.神经科学的哲学基础.张立等译.杭州：浙江大学出版社，2008.

伯特兰·罗素.逻辑与知识.苑莉均译.北京：商务印书馆，1996.

伯特兰·罗素.哲学问题.何兆武译.北京：商务印书馆，2009.

陈波，韩林合.逻辑与语言——分析哲学经典文选.北京：东方出版社，2005.

陈波.奎因哲学研究.北京：生活·读书·新知三联书店，1998.

程伟礼.灰箱：意识的结构与功能.北京：人民出版社，1987.

戴维森.真理、意义、行动与事件：戴维森哲学文选.牟博译.北京：商务印书馆，1993.

丹·扎哈维.主体性与具身性.蔡文菁译.上海：上海译文出版社，2008.

丹尼尔·博尔.贪婪的大脑.林旭文译.北京：机械工业出版社，2013.

丹尼尔·丹尼特.心灵种种.罗军译.上海：上海世纪出版集团，2009.

丹尼尔·丹尼特.心我论.陈鲁明译.上海：上海译文出版社，1999.

丹尼尔·丹尼特.意识的解释.苏德超等译.北京：北京理工大学出版社，2008.

笛卡儿.第一哲学深思集.庞景仁译.北京：商务印书馆，1998.

笛卡儿.谈谈方法.王太庆译.北京：商务印书馆，2001.

笛卡儿.哲学原理.关文运译.北京：商务印书馆，1959.

恩格斯.自然辩证法.中共中央马克思、恩格斯、列宁、斯大林著作编译局译.北京：人民出版社，
　　1971.

恩斯特·波佩尔.意识的限度.李百涵等译.北京：北京大学出版社，2000.

冯契，徐孝通.外国哲学大辞典.上海：上海辞书出版社，2000.

弗朗西斯·克里克.惊人的假说.汪云九等译.长沙：湖南科学技术出版社，2007.

弗雷德·艾伦·沃尔夫.精神的宇宙.吕捷译.北京：商务印书馆，2005.

高新民，储昭华.心灵哲学.北京：商务印书馆，2002.

高新民，刘占峰.心灵的解构.北京：中国社会科学出版社，2005.

高新民，沈学君.理解与解脱.北京：中国社会科学出版社，2010.

高新民，沈学君.现代西方心灵哲学.武汉：华中师范大学出版社，2010.

高新民，汪波.非存在研究.北京：社会科学文献出版社，2012.

高新民.迈农主义与本体论的发展.北京：科学出版社，2014.

高新民.人心与人生.北京：北京大学出版社，2006.

高新民.人自身的宇宙之谜.武汉：华中师范大学出版社，1989.

高新民.现代西方心灵哲学.武汉：武汉出版社，1996.

高新民.心与身——心灵哲学中的新二元论探微.北京：商务印书馆，2012.

高新民.意向性理论的当代发展.北京：中国社会科学出版社，2008.

高新民.有无之辩与人生哲学.武汉：华中师范大学出版社，2013.

哥德弗雷·史密斯.心在自然中的位置.田平译.长沙：湖南科学技术出版社，2001.

哈尼什.心智、大脑与计算机.王淼、李鹏鑫译.杭州：浙江大学出版社，2010.

韩民青.意识论.南宁：广西人民出版社，1983.

韩庆祥等.人学：人的问题的当代阐释.昆明：云南人民出版社，2001.

韩树英.马克思主义哲学纲要.北京：人民出版社，2004.

洪谦.逻辑经验主义.下册.北京：商务印书馆，1989.

胡文耕.信息、脑与意识.北京：中国社会科学出版社，1992.

霍华德·加德纳.心灵的新科学（续）.张锦等译.沈阳：辽宁教育出版社，1991.

霍华德·加德纳.心灵的新科学.周晓林等译.沈阳：辽宁教育出版社，1989.

霍涌泉.意识心理学.上海：上海教育出版社，2006.

杰拉德·埃德尔曼.意识的宇宙.顾凡及译.上海：上海科学技术出版社，2004.

杰瑞·福多.心理模块性.李丽译.上海：华东师范大学出版社，2002.

景怀斌.心理意义实在论.广州：暨南大学出版社，2005.

卡米洛夫－史密斯.超越模块性.缪小春译.上海：华东师范大学出版社，2001.

康德 . 纯粹理性批判 . 邓晓芒译 . 北京：人民出版社，2004.

康德 . 任何一种能够作为科学出现的未来形而上学导论 . 庞景仁译 . 北京：商务印书馆，1982.

康德 . 未来形而上学导论 . 庞景仁译 . 北京：商务印书馆，1978.

柯林•麦金 . 从矿工少年到哲学家——我的二十世纪哲学探险 . 傅士哲译 . 台北：时报文化出
    版企业股份有限公司，2003.

克里斯托夫•科赫 . 意识探秘 . 顾凡及等译 . 上海：上海世纪出版集团，2012.

蒯因 . 从逻辑的观点看 . 陈启伟等译 . 北京：中国人民大学出版社，2007.

赖尔 . 心的概念 . 徐大建译 . 北京：商务印书馆，2005.

赖欣巴哈 . 科学哲学的兴起 . 伯尼译 . 北京：商务印书馆，2009.

李恒威 . 意识：从自我到自我感 . 杭州：浙江大学出版社，2011.

理查德•罗蒂 . 哲学和自然之镜 . 李幼蒸译 . 北京：商务印书馆，2003.

列宁 . 列宁选集 . 第 2 卷 . 中共中央马克思、恩格斯、列宁、斯大林著作编译局译 . 北京：人
    民出版社，1995.

列宁 . 唯物主义与经验批判主义 . 中共中央马克思、恩格斯、列宁、斯大林著作编译局译 . 北京：
    人民出版社，1971.

林剑 . 关于马克思主义哲学"转向"的思考 . 哲学研究，2003，（11）：13-94.

林剑 . 论人与自然、社会、历史的统一 . 华中师范大学学报，1994，（2）：40-45.

林剑 . 马克思"新唯物主义"哲学视野中的哲学 . 哲学研究，2005，（12）：11-17.

林剑 . 人的存在之思 . 江海学刊，2002，（6）：26-30.

刘高岑 . 当代科学意向论 . 北京：科学出版社，2006.

刘景钊 . 意向性：心智关指世界的能力 . 北京：中国社会科学出版社，2005.

刘占峰 . 解释与心灵的本质 . 北京：中国社会科学出版社，2011.

罗杰•彭罗斯 . 皇帝新脑 . 许明贤等译 . 长沙：湖南科学技术出版社，1996.

罗姆•哈瑞 . 认知科学哲学导论 . 魏屹东译 . 上海：上海科技教育出版社，2006.

罗素 . 心的分析 . 李季译 . 北京：中华书局，1953.

洛克 . 人类理解论 . 关文运译 . 北京：商务印书馆，2012.

马克思，恩格斯 . 马克思恩格斯全集 . 第 3 卷 . 中共中央马克思、恩格斯、列宁、斯大林著作
    编译局译 . 北京：人民出版社，2002.

马克思，恩格斯 . 马克思恩格斯选集 . 第 1 卷 . 中共中央马克思、恩格斯、列宁、斯大林著作
    编译局译 . 北京：人民出版社，1995.

马克思，恩格斯 . 马克思恩格斯选集 . 第 3 卷 . 中共中央马克思、恩格斯、列宁、斯大林著作
    编译局译 . 北京：人民出版社，1995.

马克思，恩格斯 . 马克思恩格斯选集 . 第 4 卷 . 中共中央马克思、恩格斯、列宁、斯大林著作

编译局译.北京：人民出版社，1995.

马克思，恩格斯.马克思恩格斯选集.第2卷.中共中央马克思、恩格斯、列宁、斯大林著作
　　编译局译.北京：人民出版社，1995.

马克思.1844年经济学哲学手稿.中共中央马克思、恩格斯、列宁、斯大林著作编译局译.北
　　京：人民出版社，2000.

尼古拉斯·布宁，余纪元.西方哲学英汉对照词典.北京：人民出版社，2001.

尼古拉斯·汉弗里.看见红色.梁永安译.杭州：浙江大学出版社，2012.

帕特里克·摩尔等.大爆炸——宇宙通史.李元等译.南宁：广西科学技术出版社，2010.

彭孟尧.人心难测：心与认知的哲学问题.北京：生活·读书·新知三联书店，2006.

普特南."意义"的意义.// 陈波.逻辑与语言.北京：东方出版社，2005.

普特南.理性、真理与历史.童世骏，李光程译.上海：上海译文出版社，2005.

普特南.普特南文选.李真编译.北京：社会科学文献出版社，2009.

钱穆.灵魂与心.桂林：广西师范大学出版社，2004.

乔治·贝克莱.人类知识原理.关文运译.北京：商务印书馆，2010.

任会明.自我知识与窄内容.杭州：浙江大学出版社，2009.

沙弗尔.心的哲学.陈少鸣译.北京：生活·读书·新知三联书店，1989.

施太格缪勒.当代哲学主流.王炳文等译.北京：商务印书馆，1986.

斯特劳森.个体——论描述的形而上学.江怡译.北京：中国人民大学出版社，2004.

苏珊·格林菲尔德.大脑的故事.黄瑛译.上海：上海科学普及出版社，2004.

苏珊·格林菲尔德.人脑之谜.杨雄里等译.上海：上海科学技术出版社，1998.

苏珊·布莱克摩尔.人的意识.耿海燕等译.北京：中国轻工业出版社，2008.

苏珊·布莱克摩尔.意识新探.薛贵译.北京：外语教学与研究出版社，2007.

孙正聿.属人的世界.长春：吉林人民出版社，2007.

索尔·克里普克.命名与必然性.梅文译.上海：上海译文出版社，1988.

谭鑫田.西方哲学词典.济南：山东人民出版社，1991.

唐热风.心·身·世界.北京：首都师范大学出版社，2001.

唐孝威.脑与心智.杭州：浙江大学出版社，2008.

唐孝威.统一框架下的心理学与认知理论.上海：上海人民出版社，2007.

唐孝威.心智的无意识活动.杭州：浙江大学出版社，2008.

唐孝威.意识论：意识问题的自然科学研究.北京：高等教育出版社，2004.

唐孝威.智能论：心智能力和行为能力的集成.杭州：浙江大学出版社，2010.

田平.自然化的心灵.长沙：湖南教育出版社，2000.

托马斯·内格尔.本然的观点.贾可春译.北京：中国人民大学出版社，2010.

托马斯·内格尔.人的问题.万以译.上海：上海译文出版社，2004.

托马斯·H.黎黑.心理学史.李维译.杭州：浙江教育出版社，1998.

汪云九.意识与大脑：多学科研究及其意义.北京：人民出版社，2003.

王华平.心灵与世界：一种知觉哲学的考察.北京：中国社会科学出版社，2009.

王文清.脑与意识.北京：科学技术文献出版社，1999.

维特根斯坦.逻辑哲学论.郭英译.北京：商务印书馆，1985.

维特根斯坦.哲学研究.陈嘉映译.上海：上海世纪出版集团，2009.

维之.精神本质新论.北京：生活·读书·新知三联书店，1993.

维之.精神与自我现代化——精神哲学新体系.北京：社会科学文献出版社，2004.

吴彩强.从表征到行动：意向性的自然主义进路.北京：中国社会科学出版社，2012.

夏甄陶.人是什么.北京：商务印书馆，2000.

肖明.现代科学意识论.北京：经济科学出版社，1993.

肖前等.辩证唯物主义.北京：人民出版社，1991.

熊哲宏.认知科学导论.武汉：华中师范大学出版社，2002.

杨足仪.心灵哲学的脑科学维度.北京：中国社会科学出版社，2011.

殷筱.心灵哲学中的唯物主义.北京：中国社会科学出版社，2012.

约翰·海尔.当代心灵哲学导论.高新民等译.北京：中国人民大学出版社，2005.

约翰·麦克道威尔.心灵与世界.刘叶涛译.北京：中国人民大学出版社，2006.

约翰·塞尔.心、脑与科学.杨音莱译.上海：上海译文出版社，2006.

约翰·塞尔.心灵、语言和社会.李步楼译.上海：上海译文出版社，2001.

约翰·塞尔.心灵导论.徐英瑾译.上海：上海人民出版社，2008.

约翰·塞尔.心灵的再发现.王巍译.北京：中国人民大学出版社，2005.

约翰·塞尔.意识的奥秘.刘叶涛译.南京：南京大学出版社，2009.

约翰·塞尔.意向性——论心灵哲学.刘叶涛译.上海：上海世纪出版集团，2007.

约翰·埃克尔斯.脑的进化.潘泓译.上海：上海科技教育出版社，2004.

曾向阳.当代意识科学导论.南京：东南大学出版社，2003.

赵南元.认知科学揭秘.北京：清华大学出版社，2002.

Armstrong D M.A Materialist theory of the mind. London：Routledge，1968.

Beakley B，Ludlow P（eds.）. The Philosophy of Mind： Classical Problems，Contemporary.

Bennett J F. Locke, Berkeley, Hume： Central Themes. Oxford： Clarendon Press，1971.

Bermudez J L. Philosophy of Psychology：Contemporary readings. London：Routledge，2006.

Block N（ed.）. The Nature of Conciousness. Cambridge： MIT Press，1997.

Block N J（ed.）. Readings in Philosophy of Psychology. vol. 1. Havard University Press，1980.

Borchert D M. (ed.). Encyclopedia of Philosophy. Vol. 8. Thmoson, 2006.

Brown S (ed.). Philosophy of Psychology. London: Macmillan, 1974.

Bunge M. Matter and Mind: A Philosophical Inquiry. New York: Springer, 2010.

Bunge M. The Mind-body problem. Oxford: Pergaman Press Ltd, 1980.

Burwood S, et al. Philosophy of Mind. London: UCL Press, 2005.

Carruthers P.The Nature of The Mind: An Introduction. London: Routledge, 2004.

Chalmers D J (ed.). Philosophy of Mind: Classical and Contemporary Readings. New York: Oxford University Press, 2002.

Churchland P M. Matter and Consciousness. Cambridge: MIT Press, 1986.

Cockburn D. An Introduction to the Philosophy of Mind. New York: Palgrave, 2001.

Connor T O, Robb D (eds.). Philosophy of Mind: Contemporary Readings. London: Routledge, 2003.

Cooney B, et al. The Nature of Mind. Oxford: Oxford University Press, 1991.

Crane T. The Mechanical mind. New York: Penguin, 1995.

Crumley J S (ed.). Problems in Mind: Readings in Contemporary Philosophy of Mind. Mountain View: Mayfield Publishing Co, 2000.

Davidson D. Essays on Actions and Events. Oxford: Clarendon Press, 2001.

Flanagan O. Consciousness Reconsidered. Cambridge: MIT Press, 1992.

Fodor J. Psychosemantics. Cambridge: The MIT Press, 1987.

Fodor J.The Language of Thought. Cambridge: Harvard University Press, 1980.

Guttenplan S. Mind's Landscape. Oxford: Blackwell, 2000.

Hear A O. Minds and Persons. Cambridge: Cambridge University Press, 2003.

Heil J (ed.).Philosophy of Mind: A Guide and Anthology. Oxford: Oxford University.

Issues. Cambridge: MIT Press, 1992.

Jackson F. Perception.Cambridge: Cambridge University Press, 1977.

Jacob P. What Minds Can Do? Cambridge : Cambridge University Press, 1997.

Kim J. Philosophy of Mind. New York: Brown University, 1998.

Loar B. Mind and Meaning. Cambridge: Cambridge University Press, 1981.

Lowe E J. An Introduction to the philosophy of Mind. Cambridge: Cambridge University.

Lycan W (ed.). Mind and Cognition: An Anthology. Oxford: Blackwell, 2008.

Macdonald C, et al. Philosophy of psychology. Oxford: Blackwell, 1995.

McGinn C. Problems in Philosophy. Cambridge: Blackwell, 1993.

McGinn C. Basic Structures of Reality. Oxford : Oxford University Press, 2011.

McGinn C.Consciousness and content //N. Block（ed.）. The Nature of Conciousness. Cambridge：MIT Press，1997.

McGinn C. Consciousness and its Object. Oxford： Clarendon Press，2004.

McGinn C. Knowledge and Reality. Oxford： Oxford University Press，1999.

McGinn C. Logical Properties. Oxford： Clarendon Press，2000.

McGinn C. Mental Content. Oxford：Basil Blackwell，1989.

McGinn C. Minds and Bodies. Oxford：Oxford University Press，1997.

McGinn C. The Character of Mind. Oxford： Oxford University Press，1996.

McGinn C. The Mysterious Flame. New York：Basic Books，1999.

McGinn C. The problem of Consciousness. Cambridge：Basil Blackwell，1991.

McGinn C. The subjective view. Oxford： Clarendon Press，1983.

Morton P （ed.）. Historical Introduction to the Philosophy of Mind：Readings with Commentary. Peterborough：BroadviewPress，1997.

Rosenthal D. The Nature of Mind. Oxford： Oxford University Press，1991.

Stich S P，et al. The Blackwell guide to philosophy of mind. Oxford：Basil Blackwell，2003.

Stich S. From Flok Psychology to Cognitive Science. Cambridge：The MIT Press，1991.

Strawson P F. Analysis and Metaphyics. Oxford：Oxford University Press，1992.

# 后　记

　　经过长时间的"青灯黄卷"和几个月的"梳洗打扮","丑媳妇"终于要见"公婆"了。忐忑之余，不禁心潮起伏，感慨万千。

　　尽管本书只是我在学术研究这条"朝圣"之路上的一小步，但我从内心深处极为感激这段写作的时光，不仅仅是由于它让我在这段时间的生活有了一个明确的目标，不至于像一个失去重心的气球一样飘来飘去。更重要的是，在这段时光里有太多值得我去感恩的人和事。首先想到的是极具人格魅力的高新民老师和刘占峰老师。当我面对哲学这座"宝山"却因找不到门径而左右徘徊、不知所措时，是他们从一个概念、一个命题、一个学说入手，耐心指引我踏上登山的捷径；当我进入心灵哲学的"迷宫"却因蒙昧无知、不知所云而垂头丧气、几欲放弃时，是他们带着我一起搞翻译、做课题，交给我迷宫的地图，告诉我前进的方向；当我身处麦金心灵哲学研究的"汪洋"却因不知如何取舍而四顾茫然、进退失据时，又是他们启发我删繁就简、理清脉络，让我领悟了为学的方法。特别是他们矢志不渝的求索精神、追求卓越的严谨学风、字斟句酌的严刻态度，都时时影响着我、感动着我，激励我不断前行。

　　还有始终提醒我莫忘初衷的家人，一直鼓励我的其他老师和同学，一些在写作过程中阅读的好书，这些都为我的心灵提供了成长的养分，为我今后的生活提供了明确的线索。

　　由于学识、能力有限，本书还有诸多不尽如人意之处。在此，向对我寄予厚望的老师、领导和同学表达歉意，并恳请各位专家和同行不吝批评指正。

陈　丽

2016 年 4 月